한 번에 통과하는 논문

히든그레이스
논문통계팀
지음

SPSS | 결과표 작성과 해석 방법

한빛아카데미
Hanbit Academy, Inc.

한번에 통과하는 논문 : SPSS 결과표 작성과 해석 방법

초판발행 2018년 3월 28일
9쇄발행 2023년 12월 8일

지은이 히든그레이스 논문통계팀 / **펴낸이** 전태호
펴낸곳 한빛아카데미(주) / **주소** 서울시 서대문구 연희로2길 62 한빛아카데미(주) 2층
전화 02-336-7112 / **팩스** 02-336-7199
등록 2013년 1월 14일 제2017-000063호 / **ISBN** 979-11-5664-387-6 03310

총괄 김현용 / **책임편집** 김은정 / **기획** 김평화 / **편집** 김평화, 박정수 / **진행** 김은정
디자인 천승훈, 김연정 / **전산편집** 한지혜, 백지선 / **일러스트** (주)히든그레이스 우영희 / **제작** 박성우, 김정우
영업 김태진, 김성삼, 이정훈, 임현기, 이성훈, 김주성 / **마케팅** 길진철, 김호철, 심지연

이 책에 대한 의견이나 오탈자 및 잘못된 내용에 대한 수정 정보는 아래 이메일로 알려주십시오.
잘못된 책은 구입하신 서점에서 교환해 드립니다. 책값은 뒤표지에 표시되어 있습니다.
홈페이지 www.hanbit.co.kr / 이메일 question@hanbit.co.kr

지금 하지 않으면 할 수 없는 일이 있습니다.
책으로 펴내고 싶은 아이디어나 원고를 메일(writer@hanbit.co.kr)로 보내주세요.
한빛아카데미(주)는 여러분의 소중한 경험과 지식을 기다리고 있습니다.

지은이 **김성은** ksej3a@hjgrace.com

(주)히든그레이스 대표 (2013~현재)
- 사회적 기업, 소셜벤처 연구 및 강의 (2013~현재)
- 데이터분석, 머신러닝 프로젝트 조율 (2014~현재)
- 대학원, 고등학교 소논문 작성법 강의 (2015~현재)
- 데이터분석, 머신러닝 강의 (2017~현재)
- 2,000여 건의 논문 컨설팅 진행
- 네이버 블로그 '히든그레이스 논문통계' 운영
- 페이스북 페이지 '대학원 논문통계' 운영

장애와 열악한 환경은
부족함이 아니라,
특별함이다

지은이 **정규형** parbo@naver.com

(주)히든그레이스 전문 강사 (2016~2018)
- 연구 방법 및 통계프로그램(SPSS/Amos/Stata) 강의 (2014~현재)
- 600여 건의 논문컨설팅 진행
- 페이스북 페이지 '나는 대한민국 대학원생이다' 운영

게을러질거면
죽어버려라

지은이 **허영회** stat329@hjgrace.com

(주)히든그레이스 고급통계분석가 / 강사 (2013~2019)
- 논문분석 관련 통계프로그램(SPSS/Amos/Stata/R) 강의 (2013~현재)
- 숭실대학교 통계학 수업 외래교수 (2014~2015)
- 800여 건의 학위논문분석, 논문컨설팅 진행 (2012~현재)
- 사회조사분석가 1급

쉽고, 단순하게
보통의 입장에서
생각하라

지은이 **우종훈** muozin@hjgrace.com

(주)히든그레이스 기초통계분석가 (2015~현재)
- 600여 건의 논문 통계분석, 논문컨설팅 진행 (2013~현재)
- 사회조사분석가 2급

내가 정답이라고
확신하는 것이
상대에겐
틀린 답이 될 수 있다

논문을 잘 쓰려면 통계분석 프로그램을 잘 사용해야 하나요?

처음 논문 관련 강의와 SPSS, Amos 등의 통계 강의를 접했을 때, 매우 어렵게 느껴졌고 수업을 따라갈 수가 없었습니다. 방학 때마다 수업을 들었어도 연구자의 논문 가설을 근거로 직접 분석을 진행해보면 오류가 많았습니다. 또한 출력 결과를 도출해도 그 결과가 어떤 의미인지 해석할 수도, 논문 형식에 맞게 기록할 수도 없었습니다. 논문통계 사업을 하면서, 통계분석을 다루는 양질의 책과 강의가 많이 있음에도 불구하고 '왜 연구자들이 논문을 쓸 때는 제대로 적용하지 못할까?'라는 고민을 하게 되었습니다. 결론은 통계프로그램보다 워드나 한글을 더 잘 다뤄야 하고, 출력 결과를 잘 해석하여 논문 형식에 맞게 기록하는 것이 더 중요하다는 사실을 알게 되었습니다. 또한 연구자의 실제 데이터는 매우 불완전하기에 그 데이터를 분석할 수 있도록 작업하고 통계적으로 유의한 결과가 나올 가능성을 높이기 위해 '데이터 핸들링(Data Handling)' 과정이 필요하다는 사실이었습니다. 그런데 대부분의 책과 강의에서는 이 부분을 당연한 과정이라 여겨 제대로 설명하지 않다보니 많은 연구자들이 어려움을 겪고 있었습니다.

이 책은 논문통계팀이 2,000여 건의 논문을 분석하며 겪었던 시행착오와 해결책을 담은 결과물입니다. 연구자들이 겪었을 어려움을 먼저 겪고 그에 대한 해결책을 모색하고자 노력했고, 통계프로그램을 통한 분석보다는 데이터 핸들링과 출력 결과 해석에 더 초점을 맞췄습니다. 또한 논문 결과표를 작성하고 해석하는 방법을 각 학교 양식에 조금씩 접목하여 보편적인 논문 서술 양식을 만들고자 했습니다. 물론 타 논문 업체나 논문통계 관련 프리랜서들에게 히든그레이스의 노하우를 공개하는 것이 부담스럽기도 합니다. 하지만 이 책을 통해 양적 연구를 진행하는 연구자가 스스로 논문을 작성할 수 있고 지식이 확산된다면 사회적 기업으로써 보람된 일이 아닐까 생각합니다.

이 책의 특징

1 다른 책에는 잘 소개되지 않는 SPSS의 데이터 핸들링과 논문 결과표 작성 방법 설명 실제 연구자의 데이터는 불완전하고 결과가 잘 나오지 않는 경우가 많습니다. 그래서 불완전한 데이터를 어떻게 하면 결과가 잘 나오는 데이터로 변환할 수 있는지, 분석 시간을 줄일 수 있는 방법은 무엇인지 소개하려 했습니다. 또한 출력 결과에 대한 해석과 이를 기반으로 논문 결과표를 작성하는 방법을 설명하여 연구자가 혼자서도 결과표를 작성할 수 있도록 하였습니다.

2 **시각화와 '한번에 통과하는 논문' 시리즈의 내용 연계성 고려** 어려운 내용이 쉽게 전달되도록 기존에 강의했던 PPT 자료를 시각화하여 독자들의 이해를 돕고자 노력했습니다. 또한 『한번에 통과하는 논문 : 논문 검색과 쓰기 전략』과 『한번에 통과하는 논문 : AMOS 구조방정식 활용과 SPSS 고급 분석』의 내용이 연계될 수 있도록 구성하였습니다.

3 **어디서도 들을 수 없는 깨알 같은 논문 쓰기 팁과 노하우** '아무도 가르쳐 주지 않는 TIP', '여기서 잠깐' 등의 코너를 통해 논문분석을 하면서 자주 실수하는 부분과 기억해야 할 점을 적었습니다. 또한 '노하우'의 코너를 통해 논문 통계분석을 진행하면서 겪었던 시행착오와 이를 극복하고 분석하는 시간을 절약하는 방법 등을 상세히 서술하였습니다.

감사의 글

먼저 이 책을 사랑해주신 모든 독자님께 감사드립니다. 1년의 작업을 거쳐, '한번에 통과하는 논문' 시리즈 3권이 모두 마무리되었습니다. 이제, 1권(논문 검색과 쓰기 전략)을 통해 '어떻게 논문을 제한된 시간 안에 쓸지를 데이터분석을 통해 전략적으로 접근'하고, 2권(SPSS 결과표 작성과 해석 방법)과 3권(AMOS 구조방정식 활용과 SPSS 고급 분석)을 통해 '실제 연구자 데이터를 활용하여 분석해보고 논문을 작성해보는 작업'을 스스로 진행할 수 있게 되었습니다. 이 책뿐만 아니라 회사 창업 초기부터 함께 고생한 윤성철, 손재민과 회사 동료인 우종훈, 허영회, 우영희, 박주은, 김과현, 일신세무법인 이재형 과장님에게도 감사한 마음을 전합니다. 또한 집필에 참여해준 정규형 강사와 그의 아내 김성희에게 감사의 인사를 전합니다. 이 책의 등장인물이 되어주시고, 강의와 설교를 통해 현재의 회사 이념을 지킬 수 있도록 기도해주시고 힘이 되어주신 한동대학교 김재홍 교수님과 분당우리교회 이찬수 목사님께 감사함을 전합니다.

'데이터분석'을 통해 사회취약계층의 재능을 찾아 교육하고 전문가로 양성하기 위해 노력하고 있지만, 많은 어려움을 겪고 있습니다. 그러나 저희의 마지막 꿈은 에필로그에 언급한 것처럼 '히든스쿨(HIDDEN.SCHOOL)'을 설립하는 일이고, 이 책을 매개로 그 꿈이 이루어지길 소망하고 있습니다. 현재도 알게 모르게 물심양면으로 지원해주시는 많은 독자님께 감사의 인사를 전합니다. 또한 SPSS와 AMOS 프로그램을 지원해준 데이터솔루션에게도 감사드립니다.

마지막으로 지금까지 '모든 것이 하나님의 은혜였다.'라고 고백하고 삶으로 증명할 수 있도록 히든그레이스 기업과 사명을 허락하신 그분께 감사드립니다. 초심을 잃지 않도록 노력하겠습니다.

장애와 열악한 환경이 재능이 될 수 있다고 믿는

(주)히든그레이스 대표, 김성은 드림

PREVIEW

해당 SECTION의 핵심 내용을
제시합니다.

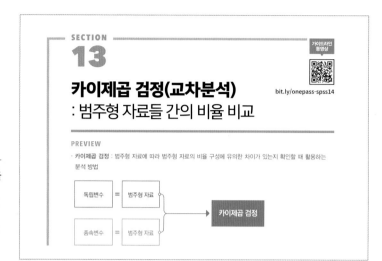

SPSS 무작정 따라하기 /
출력 결과 해석하기

SPSS를 활용하여 논문 결과표
를 도출해내는 과정을 단계별로
제시하고, 출력 결과를 해석해
봅니다.

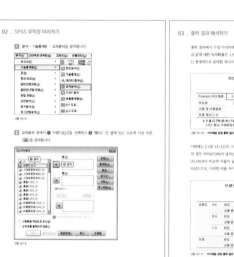

논문 결과표 작성하기 /
논문 결과표 해석하기

논문 결과표를 작성하는 과정을
단계별로 제시하고, 작성한 결과
표를 해석해 봅니다.

06 _ 노하우 : 대응표본 t-검정의 유용성

때로는 독립표본 t-검정에서 집단 간 사후점수 차이는 유의하지 않은데, 집단별로 대응표본 t-검정을 통해 사전-사후 차이를 보면 실험집단에서는 유의하고, 대조집단에서는 유의하지 않게 나타나는 경우가 있습니다. 예를 들면 [그림 15-16]과 같은 경우입니다.

▷ **사전점수의 집단 간 차이** : 37-34=3　　▷ **사후점수의 집단 간 차이** : 42-39=3
▷ **실험집단의 사전-사후 차이** : 42-34=8　　▷ **대조집단의 사전-사후 차이** : 39-37=2

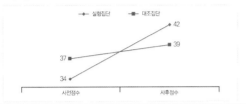

노하우
――――
논문 통계분석을 할 때 발생할 수 있는 시행착오와 이를 극복하고 시간을 절약할 수 있는 방법 등을 소개합니다.

여기서 잠깐!!

통제한다는 것은 무슨 의미일까요?

학력에 따라 건강 상태에 차이가 있는지 검증해보니 유의하게 나왔다고 가정해봅니다. 고졸 이하가 대졸 이상보다 건강 상태가 나쁘게 나왔다고 가정할게요. 하지만 정말 학력이 낮아서 건강이 나빠진 걸까요? 공부를 덜 하면 건강이 나빠진다? 아마도 학력이 낮은 사람들이 대체로 나이가 많고, 나이가 많은 사람들은 상대적으로 덜 건강하기 때문에 그와 같은 결과가 나왔을 가능성이 높습니다. 즉 연령의 영향력이 마치 학력의 영향력인 것처럼 나온 것이죠. 연령의 영향력이 학력에 업혀 들어간 셈입니다.

본문 예시에서도 A사가 남자가, B사는 여자가 많이 이용하고, C사는 남녀가 비슷하게 이용한다고 가정하면, 성별을 고려하지 않고 브랜드에 따른 차이를 검증한 결과와 성별을 고려하여 브랜드에 따른 차이를 검증한 결과는 분명다르게 나타날 것입니다. 성별을 전혀 고려하지 않고 브랜드에 따른 차이를 검증한다면, 그건 성별의 영향력이 마치 브랜드의 영향력인 것처럼 스며들어간 상태에서 차이를 본 것이라고 할 수 있습니다. 따라서 적절치 못한 변수의 영향력을 배제할 필요가 있습니다. 이처럼 A 변수의 영향력이 B 변수의 영향력에 스며들지 못하게 막는 것을 'A 변수의 영향력을 통제한다'고 합니다. 만약 성별을 독립변수에 함께 투입하여 브랜드에 따른 차이를 검증한다면 성별의 영향력은 통제되어 성별의 영향력이 배제된 상태에서 순수하게 브랜드만 끼친 영향을 볼 수 있습니다.

한마디로, 통제한다는 것은 통제변수의 영향력이 독립변수에 업혀 들어가는 것을 막는다는 의미로 생각하면 됩니다. 보건 의학 분야에서는 통제를 보정(adjustment)으로 표현하기도 하니 참고하세요.

여기서 잠깐!
――――
저자가 논문을 쓰거나 논문컨설팅을 진행하면서 얻은 비법 혹은 논문에 대한 저자의 생각을 소개합니다.

아무도 가르쳐주지 않는 Tip

'분산의 동질성 검정' 결과, 분산의 동질성이 만족하지 않는다면?

분산의 동질성을 만족하지 않는다는 것은 분산의 동질성 검정 표에서 유의확률 p값이 .05보다 작게 나타난 경우를 뜻하고, 분산이 동일하지 않음을 뜻합니다. 이 경우에는 **옵션**에 있는 'Welch F'를 체크해서 F값 대신에 'Welch F'값에 대한 유의확률을 확인하여 유의성을 검증할 수 있습니다. 사후분석도 마찬가지로 등분산 가정이 필요 없는 'Dunnett의 T3' 등의 방법을 활용하여 사후분석을 진행할 수 있습니다. 이론적으로는 이렇게 적용하는 게 더 적합합니다.

하지만 대체로 표본수가 많은 사회과학 분야의 설문조사에서는 결과에서 큰 차이가 나타나지 않습니다. 또한 통계 비전공 교수님들에게는 이 개념이 익숙하지 않습니다. 이 때문에, 분산의 동질성 검정을 생략하고 분산 동질성 상관없이 Scheffe 혹은 Duncan으로 결과를 해석하는 논문이 대다수입니다. 하지만 지도 교수님 성향이 어떨지는 확신할 수 없으니, 지도 교수님의 제자 논문을 보고 그 성향을 파악해서 사후분석 방법을 결정하는 것이 좋습니다.

아무도 가르쳐주지 않는 Tip
――――
해당 본문과 관련된 실질적인 논문 쓰기 팁이나 보충 설명, 기억해야 할 점 등을 알려줍니다.

이 책의 실습에서 사용되는 준비파일은 다음 주소에서 다운로드할 수 있습니다.
http://www.hanbit.co.kr/src/4387

5분 만에 이해하는 논문 통계

양적 연구를 진행할 때는 통계분석을 적용한 연구 방법이 매우 중요합니다. SPSS 통계프로그램으로 분석을 진행하기 전에 한번 살펴보시면 도움이 되는 영상을 준비했습니다. 5~7분 정도의 동영상을 분석 방법별로 준비했으니, 책상에 앉아서 보기보다는 지하철과 버스 이동 시간이나 자투리 시간을 이용하여 영상을 반복해서 본다면, 자신의 가설에 따른 연구 방법론을 정확하게 적용할 수 있을 것이라 생각합니다.

❶ 텍스트 자료

강의명	링크	추천여부
카이제곱 검정	bit.ly/5minute001	
t – 검정	bit.ly/5minute002	
분산분석	bit.ly/5minute003	
상관분석	bit.ly/5minute004	○
회귀분석	bit.ly/5minute005	○
요인분석	bit.ly/5minute006	○
신뢰도 분석	bit.ly/5minute007	○
구조방정식 모형	bit.ly/5minute008	○

❷ 동영상 자료

강의명	링크	추천여부	강의명	링크	추천여부
척도와 분석 방법	bit.ly/5minute009		상관분석	bit.ly/5minute018	
카이제곱 검정	bit.ly/5minute010		기술통계	bit.ly/5minute019	
t – 검정	bit.ly/5minute011	○	빈도분석	bit.ly/5minute020	
분산분석	bit.ly/5minute012	○	판별분석	bit.ly/5minute021	
회귀분석	bit.ly/5minute013	○	연구주제 설계	bit.ly/5minute022	
구조방정식	bit.ly/5minute014		설문지 설계	bit.ly/5minute023	
로지스틱 회귀분석	bit.ly/5minute015		통계분석	bit.ly/5minute024	
비모수통계	bit.ly/5minute016		발표 및 번역	bit.ly/5minute025	
군집분석	bit.ly/5minute017				

지은이 소개	003	미리보기	006
지은이 머리말	004	5분 동영상	008

PART 01 | SPSS 논문 통계분석 기초편

SECTION 01

SPSS, 언제 사용할까요? — 018

01 _ SPSS, 누가 활용하면 좋을까요? — 018

02 _ SPSS를 활용한 논문의 전반적 흐름 — 019

SECTION 02

변수 세팅 — 027

01 _ 변수 보기 — 027

02 _ 이름, 레이블(설명) — 028

03 _ 유형, 너비, 소수점 이하 자릿수 — 033

04 _ 값 — 034

05 _ 결측값 — 035

06 _ 열 — 037

07 _ 맞춤 — 037

08 _ 측도 — 038

SECTION 03

데이터 코딩 — 040

01 _ 데이터 보기 — 040

02 _ 엑셀을 활용한 데이터 코딩 — 044

SECTION 04
주요 기본 메뉴 및 상단 메뉴   048

01 _ 주요 기본 메뉴   048

02 _ 기본 메뉴 노하우   049

03 _ 주요 상단 메뉴   050

SECTION 05
파일 합치기   056

01 _ 파일 합치기란?   056

02 _ 파일 합치기 방법   056

SECTION 06
케이스 선택   062

01 _ 케이스 선택이란?   062

02 _ 케이스 선택 방법   062

SECTION 07
파일분할   067

01 _ 파일분할이란?   067

02 _ 파일분할 방법   068

SECTION 08
데이터 핸들링   073

01 _ 데이터 핸들링이란?   073

02 _ 같은 변수(다른 변수)로 코딩변경   074

03 _ 같은 변수(다른 변수)로 코딩변경 방법   075

04 _ 변수 계산   090

05 _ 변수 계산 방법 : 합, 평균   091

06 _ 변수 계산 방법 : 하나라도 결측치가 있는 케이스 확인   097

07 _ 변수 계산 방법 : 로그, 루트   098

SECTION 09

빈도분석   107

01 _ 빈도분석이란?   107

02 _ SPSS 무작정 따라하기   108

03 _ 출력 결과 해석하기   109

04 _ 논문 결과표 작성하기   111

SECTION 10

기술통계분석   114

01 _ 기술통계분석이란?   114

02 _ SPSS 무작정 따라하기   115

03 _ 출력 결과 해석하기   117

04 _ 논문 결과표 작성하기   119

PART 02 | SPSS 논문 통계분석 **실전편**

SECTION 11

통계분석을 하기 전, 꼭 알아둘 사항   122

01 _ 자료의 구분   122

02 _ 변수의 종류   124

03 _ 신뢰수준, 유의수준, 유의확률   126

SECTION 12

타당도 분석(요인분석) / 신뢰도 분석 : 설문 문항의 적합성 검증   131

01 _ 타당도 분석(요인분석)이란?   131

02 _ SPSS 무작정 따라하기 : 타당도 분석(요인분석)   132

03 _ 출력 결과 해석하기 : 타당도 분석(요인분석)   138

04 _ 신뢰도 분석이란?   142

05 _ SPSS 무작정 따라하기 : 신뢰도 분석   143

06 _ 출력 결과 해석하기 : 신뢰도 분석   145

07 _ 논문 결과표 작성하기 : 타당도 분석(요인분석)   148

08 _ 논문 결과표 해석하기 : 타당도 분석(요인분석)   153

09 _ 논문 결과표 해석하기 : 신뢰도 분석   156

10 _ 노하우 : 요인이 잘 묶이지 않을 때   158

SECTION 13

카이제곱 검정(교차분석) : 범주형 자료들 간의 비율 비교   166

01 _ 기본 개념과 연구 가설   166

02 _ SPSS 무작정 따라하기   168

03 _ 출력 결과 해석하기   172

04 _ 논문 결과표 작성하기   173

05 _ 논문 결과표 해석하기   180

06 _ 노하우 : 카이제곱 검정 결과가 잘 나오지 않는 경우   181

SECTION 14

독립표본 t-검정 : 2개의 범주형 집단에 따른 연속형 자료의 평균 비교 분석   196

01 _ 복습하기 : 평균 계산, 기술통계   196

02 _ 기본 개념과 연구 가설   200

03 _ SPSS 무작정 따라하기   202

04 _ 출력 결과 해석하기   205

05 _ 논문 결과표 작성하기   207

06 _ 논문 결과표 해석하기   213

07 _ 노하우 : 사전 동질성 검증의 중요성   215

SECTION 15

대응표본 t-검정 : 2개의 연속형 변수의 평균 차이 검증   216

01 _ 기본 개념과 연구 가설   216

02 _ SPSS 무작정 따라하기   218

03 _ 출력 결과 해석하기   219

04 _ 논문 결과표 작성하기   220

05 _ 논문 결과표 해석하기   224

06 _ 노하우 : 대응표본 t-검정의 유용성   226

SECTION 16

일원배치 분산분석 : 세 개 이상 집단 간 평균 비교   228

01 _ 기본 개념과 연구 가설   228

02 _ SPSS 무작정 따라하기   230

03 _ 출력 결과 해석하기   234

04 _ 논문 결과표 작성하기   238

05 _ 논문 결과표 해석하기   246

06 _ 노하우 : 사후분석이 유의하지 않은 경우   249

SECTION 17

이원배치 분산분석 : 두 개의 독립변수에 따른 종속변수 차이 검증   250

01 _ 기본 개념과 연구 가설   250

02 _ SPSS 무작정 따라하기   252

03 _ 출력 결과 해석하기   256

04 _ 논문 결과표 작성하기   265

05 _ 논문 결과표 해석하기   278

06 _ 노하우 : 그래프 기울기와 상호작용 효과 관계 간의 잘못된 인식   282

SECTION 18

반복측정 분산분석 : 독립변수별 시간 변화에 따른 종속변수의 평균 차이 검증   284

01 _ 기본 개념과 연구 가설   284

02 _ SPSS 무작정 따라하기   286

03 _ 출력 결과 해석하기   293

04 _ 논문 결과표 작성하기   299

05 _ 논문 결과표 해석하기   306

SECTION 19

상관관계 분석 : 연속형 변수 간 일대일 상관성 확인   310

01 _ 기본 개념과 연구 가설   310

02 _ SPSS 무작정 따라하기   312

03 _ 출력 결과 해석하기   313

04 _ 논문 결과표 작성하기   314

05 _ 논문 결과표 해석하기   319

SECTION 20

단순회귀분석 : 연속형 독립변수가 연속형 종속변수에 미치는 영향 검증   322

01 _ 기본 개념과 연구 가설   322

02 _ SPSS 무작정 따라하기   325

03 _ 출력 결과 해석하기   327

04 _ 논문 결과표 작성하기   330

05 _ 논문 결과표 해석하기   334

SECTION 21

다중회귀분석 : 다수의 연속형 독립변수가 연속형 종속변수에 미치는 영향 검증   336

01 _ 기본 개념과 연구 가설   336

02 _ SPSS 무작정 따라하기   340

03 _ 출력 결과 해석하기   342

04 _ 논문 결과표 작성하기   346

05 _ 논문 결과표 해석하기   350

06 _ 노하우 : 상관관계 분석과 다중회귀분석의 차이   352

SECTION 22

더미변환 : 회귀분석에서 범주형 변수를 통제할 때 활용   355

01 _ 기본 개념과 연구 가설   355

02 _ SPSS 무작정 따라하기   359

03 _ 출력 결과 해석하기   369

04 _ 논문 결과표 작성하기   370

05 _ 논문 결과표 해석하기   374

06 _ 노하우 : 회귀모형 설명력을 높이는 방법   377

SECTION 23

위계적 회귀분석 : 변수를 추가해가면서 단계적으로 진행하는 회귀분석   378

01 _ 기본 개념과 연구 가설   378

02 _ SPSS 무작정 따라하기   380

03 _ 출력 결과 해석하기   387

04 _ 논문 결과표 작성하기   389

05 _ 논문 결과표 해석하기   396

SECTION 24

로지스틱 회귀분석 : 연속형 독립변수가 범주형 종속변수에 미치는 영향 검증   399

01 _ 기본 개념과 연구 가설   399

02 _ SPSS 무작정 따라하기   401

03 _ 출력 결과 해석하기   403

04 _ 논문 결과표 작성하기   406

05 _ 논문 결과표 해석하기   413

에필로그   415

참고문헌   418

PART
01

CONTENTS

01 SPSS, 언제 사용할까요?

02 변수 세팅

03 데이터 코딩

04 주요 기본 메뉴 및 상단 메뉴

05 파일 합치기

06 케이스 선택

07 파일분할

08 데이터 핸들링

09 빈도분석

10 기술통계분석

SPSS 논문 통계분석

기초편

PART 01에서는 SPSS로 통계분석을 하기 전에 알아야 하는 SPSS 활용 방법을 다룹니다. SECTION 01에서는 SPSS를 활용한 논문의 전반적인 흐름을 살펴보면서 개괄적으로 SPSS의 활용 방법을 파악하고, SECTION 02~04에서는 변수 세팅 방법과 데이터 코딩 방법, 그리고 기본 메뉴와 주요 상단 메뉴의 활용 방법을 알아봅니다. SECTION 05~08은 분석을 진행하기 전 알아둬야 할 데이터 핸들링에 대해서 살펴보고, SECTION 09~10에서는 분석 중에서도 가장 기본이 되는 빈도분석과 기술통계분석, 그리고 분석에 따른 논문 작성 방법까지 함께 살펴봅니다.

SECTION
01

SPSS,
언제 사용할까요?

bit.ly/onepass-spss2

PREVIEW

· 다음 중 2개 이상 해당되면 SPSS를 사용한다.
  – 통계 프로그램 초보자
  – 명령어 입력보다는 아이콘 클릭이 편한 사람
  – 연구모형이 복잡하지 않은 경우
· SPSS를 활용한 내용은 논문의 연구 방법과 연구 결과에 제시한다.

01 _ SPSS, 누가 활용하면 좋을까요?

SPSS는 논문을 써본 사람이라면, 혹은 써야 하는 사람이라면 한 번쯤 들어봤을 만한 통계 프로그램입니다. SPSS 외에도 Stata, SAS, R, M-Plus 등 통계 프로그램은 많지만, SPSS는 가장 많이 찾는 통계 프로그램 중 하나입니다. 왜 그럴까요? 그 이유는 다른 통계 프로그램보다 비교적 다루기 쉽기 때문입니다.

Stata   SAS

SPSS   VS   . . .

R   M-Plus

그림 1-1 | **SPSS vs 다른 통계 프로그램**

그렇다면 어떤 분들이 SPSS 통계 프로그램을 활용하면 좋을까요?

❶ 통계 프로그램 초보자라면 SPSS로 시작하길 권합니다. SPSS가 다른 통계 프로그램보다 다루기가 쉽기 때문에 초보자가 통계분석을 끝까지 마무리하기 좋습니다. 실제로 처음부터 Stata나 SAS 등으로 시작한 분들 중에 통계분석을 쉽게 포기하거나 통계에 대해 반감을 갖는 경우가 많았습니다.

❷ 명령어 입력보다 아이콘 클릭이 편한 분이라면 SPSS를 사용하는 것이 좋습니다. SPSS를 제외한 대부분의 통계 프로그램은 기본적으로 명령어를 입력해서 분석하지만, SPSS는 윈도우처럼 아이콘을 마우스로 클릭해서 분석합니다.

❸ 연구모형이 복잡하지 않은 경우에는 SPSS를 활용하는 것이 좋습니다. 물론 연구모형이 단순하면 SPSS뿐만 아니라 다른 통계 프로그램으로도 충분히 분석할 수 있지만, 이왕이면 다루기 쉬운 SPSS를 활용하길 권합니다. SPSS를 사용한다고 해서 통계 값이 달라지지 않기 때문입니다.

 여기서 잠깐!!

저희가 컨설팅을 할 때 있었던 일입니다. 연구에 제시된 통계분석 방법은 단순회귀분석이었는데, 의뢰인은 Stata로 분석을 진행하고 싶어 했습니다. SPSS로 분석했을 때 유의하지 않았기 때문이라고 했습니다. 검토하는 차원에서 Stata로 분석을 진행했지만 역시나 결과가 유의하게 나오지 않았습니다. 종종 SPSS가 아닌 Stata나 SAS, Amos 등으로 통계분석을 하면 다른 결과 값이 나올 것이라고 생각하는 분들이 있습니다. 그런데 절대 통계 값이 다르게 나오지도 않고, 또 다르게 나와서도 안 됩니다. 만약 다르게 나온다면 이것이야말로 통계 프로그램으로 데이터 장난을 하는 것이니까요.

02 _ SPSS를 활용한 논문의 전반적 흐름

여기서는 학술지에 게재된 SPSS를 활용한 논문[1]을 보면서 논문의 어떤 부분에서 SPSS가 활용되었고, 또 어떻게 작성되었는지 개괄적으로 살펴보도록 하겠습니다.

---

1 김동배, 유병선, 정규형(2012). 노인일자리사업의 교육만족도가 사업효과성에 미치는 영향과 직무만족도의 매개효과. 사회복지연구, 43(2), 267-293.

논문 제목 : 노인일자리사업의 교육만족도가 사업효과성에 미치는 영향과 직무만족도의 매개효과

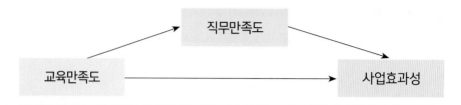

통제변수
개인적 특성(성별, 연령, 학력, 가구형태, 주관적 건강상태, 주관적 경제상태), 일자리사업 특성(사업 유형, 노인일자리 사업 참여 월 소득, 주당 근무일수)

〈그림 1〉 연구모형

1) 노인일자리사업의 교육만족도는 사업효과성에 영향을 미칠 것이다.
2) 노인일자리사업의 교육만족도는 직무만족도에 영향을 미칠 것이다.
3) 노인일자리사업의 교육만족도가 사업효과성에 미치는 영향력에 대해 직무민족도는 매개효과를 보일 것이다.

연구모형을 제시하는 논문도 있고 그렇지 않은 논문도 있지만, 일단 연구모형이 제시되었다면 논문을 전반적으로 파악하기 위해 꼭 확인해야 합니다. 또 연구모형을 보면 SPSS에 어떤 변수가 활용되는지 쉽게 파악할 수 있습니다. 〈그림 1〉의 연구모형에서는 교육만족도라는 독립변수와 사업효과성이라는 종속변수, 직무만족도라는 매개변수가 활용되었고, 총 9개의 통제변수가 있는 것을 확인할 수 있습니다.

Ⅲ. 연구 방법

1. 연구 자료

본 연구는 한국노인인력개발원의 2010년 노인일자리사업 참여노인 실태조사 원자료이다[1]. 노인 일자리사업에 대한 실태조사는 2007년에 처음 실태조사를 하였고 2010년 노인일자리사업의 정책효과와 대안마련을 위해 기초적 근거 제공을 위해 두 번째 실태조사가 이루어졌다. 본 연구에서 활용한 2차 실태조사의 조사기간은 2010년 8월 25일에서 9월 17일까지 실시되었고 사업유형, 지역규모, 시도 등을 고려한 비례층화표본 방법으로 시행되었다. 본 연구의 대상자는 2010년 전국 노인일자리사업 참여노인 중 노인일자리사업 교육[2]에 참여한 1,220명이다.

---

1) 2010년 노인일자리사업 참여노인 실태조사 원자료는 한국노인인력개발원 자료요청서 및 보안서약서를 작성한 후 본 연구와 관련 변수를 제공받았다.
2) 노인일자리사업에서 실시하고 있는 교육은 직무, 소양, 보수교육으로 나누어지는데, 본 연구는 이 교육 중 1개 이상 받은 경험이 있는 사람을 분석 대상으로 하였다.

논문에서 SPSS를 활용한 내용은 (서론과 이론적 배경 다음에 나오는) 연구 방법, 연구 결과와 밀접한 관련이 있습니다. 일단 '연구 자료'나 '연구 대상'에서는 데이터 수집 과정과 절차, 수집 기간, 최종 분석 수 등을 제시하는 부분이기에 SPSS를 활용하는 내용은 없습니다.

2. 측정 도구

1) 독립변수 : 교육만족도

본 연구의 독립변수는 노인일자리사업의 교육만족도이다. 2010년 실태조사에서 노인일자리사업 참여자가 노인일자리사업 교육에 대한 평가를 하는 문항이 5점 리커트 척도로 구성되어 있다. 구체적으로 전반적인 교육만족도, 교육진행방식, 교육 난이도, 교육 횟수 및 시간, 교육환경, 교육 유익 정도, 교육의 기본소양 관련 정도, 교육의 실제 직무내용 관련 정도, 교육의 사업 참여 동기 부여 영향 정도, 교육의 실제 직무수행 도움 정도로 총 10문항으로 구성되어 있으며, 각각의 문항에 대해 5점 리커트 척도로 측정하여 점수가 높을수록 교육만족도가 높음을 의미한다. 본 문항의 Cronbach's alpha = .902로 나타났다.

연구 방법에서 '측정 도구'는 SPSS에서 진행하는 데이터 핸들링(Data handling)과 신뢰도 분석 등을 제시하는 파트입니다. 예를 들어 교육만족도가 총 10개의 문항으로 이루어져 있다고 작성되었는데, 이를 통해 10개 문항에 대한 평균이나 합을 독립변수로 활용했을 것이라 추측할 수 있습니다. 만약 측정 도구에서 문항의 의미가 반대인 것이 있다면 역으로 코딩했다는 내용도 작성해야 합니다. 이러한 데이터 핸들링은 SPSS에서 변수 계산과 같은 변수(다른 변수)로 코딩변경을 통해 진행합니다. 또 신뢰도 분석 결과인 Cronbach's alpha도 제시되어 있습니다. 신뢰도 분석 또한 SPSS에서 신뢰성 분석을 통해 진행합니다.

 여기서 잠깐!!

데이터 핸들링은 통계분석을 진행할 수 있도록 데이터를 가공(?)하는 것입니다. 쉽게 말해, 문항 10개로 평균이나 합을 낸다든지, 의미가 반대로 되어 있는 문항을 역코딩하는 것을 말합니다. 사실, 분석은 책을 보면 누구나 할 수 있지만, 실제 데이터 핸들링을 하려면 센스가 필요합니다. 또 분석을 아무리 잘해도 데이터 핸들링을 제대로 하지 않았다면 의미 없는 분석이 됩니다. 그래서 저희는 데이터 핸들링을 잘하는 사람이 통계 프로그램을 잘 다루는 사람이라고 생각합니다. 그만큼 데이터 핸들링이 중요하다는 사실을 잊지 마세요!

3. 분석 방법

본 연구는 SPSS 18.0 버전 통계 프로그램을 이용하여 재코딩과 오류검토(data cleaning)를 거친 후 분석하였다. 대상자의 인구사회학적 특성 등을 분석하기 위해 빈도분석(Frequency analysis) 및 기술분석(Descriptive analysis)을 실시하였고, 주요 변수 간 상관관계를 살펴보기 위해 단순상관관계분석(Correlation analysis)을 실시하였다. 각 모델에 대한 설명력과 매개 효과를 검증하기 위해 다중회귀분석(Multiple regression analysis) 및 Sobel−test를 실시하였다.

연구 방법에서 '분석 방법'은 어떤 통계 프로그램을 활용하고 어떤 분석 절차를 거쳤는지 상세하게 작성하는 부분입니다. 이 논문처럼 회귀분석이 최종 분석이라면 보통 SPSS를 활용하여 빈도분석, 기술통계분석, 상관관계 분석, 회귀분석을 진행합니다.

 여기서 잠깐!!

분석 방법을 작성할 때 한글 옆에 영어를 함께 적는 경우가 많은데, 대개 불필요합니다. 위에 나온 예시 논문의 분석 방법에도 '오류검토' 옆에 'data cleaning', '빈도분석' 옆에 'Frequency analysis', '기술(통계)분석' 옆에 'Descriptive analysis' 등이 적혀 있습니다. 그런데 이런 병기는 단순히 글자 수를 늘리는 것밖에 되지 않습니다.

물론 새롭게 나온 분석 방법이라면 영어를 함께 적어주는 것이 의미 있습니다. 하지만 빈도분석, 기술(통계)분석은 애매모호한 단어가 아닙니다. 정규형 강사 또한 석사 과정 중에는 논문을 작성할 때 불필요하게 영어를 많이 넣었다고 하는데, 되돌아보면 굉장히 창피했다고 합니다. 한글 단어가 중의적이거나 애매모호한 경우, 즉 의미를 명확하게 파악하기 어려운 경우에 영어 단어를 병기해야 하는데, 정규형 강사는 단순히 글자 수를 늘리고 자랑하고 싶은 마음에 넣었다고 합니다.

Ⅳ. 연구 결과

1. 조사 대상자의 일반적 특성

1) 조사 대상자의 개인적 특성

본 연구의 대상자들은 총 1,220명으로 〈표 2〉와 같은 특성을 보인다. 먼저 개인적 특성의 경우 성별은 남자가 503명(41.2%), 여자가 717명(58.8%)로 여자가 다소 많이 조사되었다. 연령의 경우에는 70−74세가 전체의 36.4%로 가장 많았으며, 65−69세가 28.9%, 75−79세가 21.0%로 대체로 중·고령 노인들이 많이 참여하고 있었다. 학력은 주로 초등학교 졸업 이하가 전체 대상자의 약 60%를 차지하는 것으로 나타났고, 가구형태는 동거가족 있음이 72.5%, 동거가족 없음이 27.5%로 구성되었다. 주관적 건강상태는 평균 3.48점(5점 만점)을 보여 건강한 편으로 조사되었다. 조사 대상자의 주관적 경제상태는 평균 2.77점(5점 만점)으로 경제상황이 보통 정도인 것으로 나타나고 있다.

〈표 2〉 조사 대상자의 개인적 특성

	분류	빈도	%
성별 (N=1220)	남	503	41.2
	여	717	58.8
연령 (N=1220)	60세 이상 65세 미만	121	9.9
	65세 이상 70세 미만	352	28.9
	70세 이상 75세 미만	444	36.4
	75세 이상 80세 미만	256	21.0
	80세 이상	47	3.9
	평균(표준편차)	71.22(5.17)	
학력 (N=1220)	무학	275	22.5
	초등학교	433	35.5
	중학교	196	16.1
	고등학교	198	16.2
	대학 이상	118	9.7
가구형태 (N=1139)	동거가족 있음	826	72.5
	동거가족 없음	313	27.5
주관적 건강상태 (N=1220)	전혀 건강하지 않음	15	1.2
	건강하지 않은 편	169	13.9
	보통	308	25.2
	건강한 편	672	55.1
	매우 건강함	56	4.6
	평균(표준편차)	3.48(0.83)	
주관적 경제상태 (N=1220)	매우 나쁨	71	5.8
	나쁜 편	361	29.6
	보통	574	47.0
	좋은 편	205	16.8
	매우 좋음	9	0.7
	평균(표준편차)	2.77(0.82)	

연구 결과에서 '조사 대상자(연구 대상자)의 일반적 특성(인구사회학적 특성)'은 SPSS에서 빈도
분석을 진행한 결과를 바탕으로 작성한 것입니다. 빈도분석을 통해 조사 대상자 중 남자가 몇
명인지, 또 비율은 얼마나 되는지를 확인할 수 있습니다. 물론 연령이나 소득 같은 경우에는 평
균과 표준편차를 작성하기도 합니다. 평균과 표준편차를 작성하려면 기술통계분석을 진행해야
합니다.

2. 주요 변수의 특성

독립변수인 노인일자리사업 교육만족도, 종속변수인 사업효과성, 매개변수인 직무만족도의 특성
은 아래 〈표 4〉에 제시된 바와 같다. 모든 문항은 5점 리커트 척도로 측정되었다. 먼저 교육만족
도는 총 5점 만점에 평균 3.89를 기록하여, 전반적으로 조사 대상자의 교육만족도는 긍정적인 편
이었다. 그리고 사업효과성은 5점 만점에 평균 3.73으로 대체로 노인일자리사업 참여 전에 비하
여 후에 보통보다 약간 높은 수준에서 긍정적으로 변화하였음을 알 수 있다. 마지막으로 직무만
족도는 5점 만점에 평균 3.60으로 대체로 노인일자리사업에 대해 만족하고 있는 것으로 나타났다.

〈표 4〉 주요 변수의 특성

변수	평균	표준편차
교육만족도	3.89	0.47
직무만족	3.60	0.44
사업효과성	3.73	0.47

연구 결과에서 '주요 변수의 특성'은 SPSS에서 기술통계분석을 진행한 결과를 바탕으로 작성
한 것입니다. 기술통계분석을 통해 주요 변수, 즉 독립변수나 종속변수 등에 대한 각각의 평균
과 표준편차를 확인할 수 있습니다.

3. 주요 변수의 상관관계

본 연구에서 사용된 각 변수 간의 관련성을 살펴보고자 〈표 5〉와 같이 단순상관관계를 알아보
았다. 독립변수인 교육만족도는 직무만족도와 정적 상관관계($r=.435$, $p<.001$)를 나타냈고, 종속
변수인 사업효과성과도 통계적으로 유의한 정적 상관관계($r=.320$, $p<.001$)를 나타냈다. 매개변
수인 직무만족도는 사업효과성과 통계적으로 유의한 정적 상관관계($r=.310$, $p<.001$)를 나타내
통계적으로 유의한 관계를 가지고 있음을 알 수 있다.

〈표 5〉 주요 변수 간 상관관계

	교육만족도	직무만족도	사업효과성
교육만족도	1		
직무만족도	.435***	1	
사업효과성	.320***	.310***	1

*** p < .001

연구 결과에서 '주요 변수의 상관관계'는 SPSS에서 상관관계분석을 진행한 결과를 바탕으로 작성한 것입니다. 상관관계 분석을 통해 주요 변수 간의 관계 강도와 방향을 확인할 수 있습니다. 보통 상관관계 분석은 회귀분석을 하기 전에 진행합니다.

4. 노인일자리사업의 교육만족도가 사업효과성에 미치는 영향에 대한 직무만족도의 매개효과

1) 노인일자리사업 교육만족도가 사업효과성에 미치는 영향

모델 1은 교육만족도가 사업효과성에 미치는 영향에 대한 검증 결과를 보여주고 있다. 모델의 설명력은 =.127로 교육만족도가 사업효과성에 대하여 12.7%를 설명하고 있으며, 이는 통계적으로 유의미하였다($p<.01$). 구체적인 변수의 영향력을 살펴보면, 우선 통제변수 중 주관적 경제상태($\beta=.077$, $p<.05$)와 사업유형($\beta=-.078$, $p<.01$), 그리고 노인일자리사업 참여 월 소득($\beta=.060$, $p<.05$)이 사업효과성에 유의한 변수인 것으로 분석되었다. 즉 주관적 경제상태가 좋을수록, 공공분야에 참여한 경우, 노인일자리사업 참여 월 소득이 높을수록 사업효과성이 높은 것으로 검증되었다.

〈표 6〉 교육만족도가 사업효과성에 미치는 영향에 대한 직무만족도의 매개효과

구분			Model 1 (교육만족도 ⇒ 사업효과성)		Model 2 (교육만족도 ⇒ 직무만족도)		Model 3 (교육만족도, 직무만족도, 사업효과성)	
			B	β	B	β	B	β
		상수	2.168		1.371		1.862	
통제변수	개인적 특성	성별[3]	.013	.013	.009	.010	.011	.011
		연령	.002	.019	.008	.089**	.000	.001
		학력	−.016	−.044	−.041	−.118***	−.007	−.019
		가구형태[4]	−.019	−.018	−.013	−.013	−.016	−.015
		주관적 건강상태	.006	.011	−.001	−.002	.007	.011
		주관적 경제상태	.045	.077*	.099	.183***	.023	.039

통제변수	일자리사업특성	사업유형[5]	-.098	-.078**	-.101	-.086**	-.076	-.060*
		노인일자리사업 참여 월 소득	.001	.060*	.000	-.012	.001	.062*
		주당 근무 일수	.006	.014	-.018	-.041	.010	.023
독립변수		교육만족도	.332	.329***	.402	.429***	.242	.240***
매개변수		직무만족도					.224	.208***
R^2			.127		.255		.159	
Adjusted R^2			.119		.249		.151	
R^2 Change			.106		.180		.032	
F			16.431***		38.663***		19.434***	

*$p<.05$. **$p<.01$. ***$p<.001$.

---

3) 남성=0, 여성=1
4) 동거가족 없음=0, 동거가족 있음=1
5) 공공분야=0, 민간분야=1

연구 결과에서 '노인일자리사업의 교육만족도가 사업효과성에 미치는 영향에 대한 직무만족도의 매개효과'는 SPSS에서 다중회귀분석을 진행한 결과를 바탕으로 작성한 것입니다. 그런데 기존 분석과 달리 제목(노인일자리사업의…매개효과) 안에 회귀분석이라는 용어가 전혀 들어가 있지 않습니다. 이는 연구 방법의 '분석 방법'에서 이미 제시했기 때문입니다.

지금까지 SPSS를 활용한 논문을 개괄적으로 살펴보았는데요. 어떤가요? 아직까지는 논문과 SPSS를 연결하는 게 익숙하지 않을 것입니다. 하지만 지금부터 차근차근 한 페이지씩 넘기다 보면 SPSS를 활용하여 논문을 쓰는 것이 어렵지 않은 순간이 올 것입니다. 그럼 다음 페이지로 넘어가볼까요?

변수 세팅

PREVIEW

· 변수 세팅은 데이터 코딩 전에 진행해야 한다.

· 변수 세팅은 이름, 레이블, 유형, 너비, 소수점 이하 자리, 값, 결측값, 열, 맞춤, 측도를 설정하는 것이다.

01 _ 변수 보기

SPSS 프로그램에서 가장 먼저 배워야 할 것은 변수 세팅입니다. 변수 세팅은 변수의 이름과 유형 등을 세팅하는 것으로, [그림 2-1]과 같은 변수 보기 화면에서 진행할 수 있습니다.

	이름	유형	너비	소수점이...	레이블	값	결측값	열	맞춤	측도	역할
1	일련번호	숫자	10	0		없음	없음	11	오른쪽	척도	입력
2	성별	숫자	10	0		{1, 남자}...	없음	11	오른쪽	척도	입력
3	지역	문자	10	0		없음	없음	8	왼쪽	명목	입력
4	출생년도	숫자	10	0		{9999, 모름/...	없음	11	오른쪽	척도	입력
5	거주지역1	숫자	10	0	시도	{10, 서울특...	없음	11	오른쪽	척도	입력
6	거주지역2	숫자	10	0	동읍면	{1, 동}...	없음	11	오른쪽	척도	입력

그림 2-1 | 변수 보기의 화면 구성

변수 보기는 변수의 이름과 유형 등 변수에 대한 정보를 모두 넣고 세팅하는 곳입니다. 이러한 변수 세팅은 데이터 코딩(자료 입력)을 하기 전에 진행해야 합니다. 세팅해야 하는 항목으로는 이름, 유형, 너비, 소수점 이하 자리, 레이블, 값, 결측값, 열, 맞춤, 측도, 역할이 있습니다. 조금 생소하죠? 지금부터 하나하나 살펴보겠습니다.

설문지를 돌렸다면 데이터 코딩(SPSS에 설문지 내용을 입력하는 것)을 하기 전에 무조건 변수 세팅을 해야 합니다. 설문지를 돌리지 않고 2차 데이터(공공데이터나 이미 다른 연구자가 만들어놓은 데이터)를 활용한다 해도 변수 세팅이 어떻게 되어 있는지 먼저 확인해야 합니다. 그래야 데이터가 어떻게 코딩되어 있는지 한눈에 파악할 수 있습니다.

02 _ 이름, 레이블(설명)

이름

· 변수명을 작성하는 곳
· 특수문자(*, &, #, % 등)와 띄어쓰기(space)는 사용할 수 없다.
· 숫자로는 시작할 수 없다.
· 밑줄(_)과 마침표는 사용할 수 있다.
· 변수명은 자신에게 쉬운 언어로 정한다.
· 변수명은 단순하고 쉽게 정한다.

이름은 변수명을 작성하는 곳입니다. 변수명은 자유롭게 정해도 되지만, 몇 가지 조건이 있습니다. 먼저 특수문자(*, &, #, % 등)는 사용할 수 없고, 띄어쓰기도 안 됩니다. 변수명을 쓸 때 자꾸 에러가 난다면 대개 띄어쓰기를 한 경우입니다. 띄어쓰기가 안 된다는 점을 절대 잊지 마세요! 만약 띄어쓰기를 하고 싶다면 밑줄(_)을 넣으세요. 밑줄은 가능합니다. 그리고 숫자로 시작할 수 없습니다. 물론 영어나 한글로 변수명을 작성한 뒤에 숫자를 넣는 것은 가능합니다.

	이름	유형	너비	소수점이	레이블	값
1	일련번호	숫자	10	0		없음
2	성별	숫자	10	0		{1. 남자}...
3	지역	문자	10	0		없음
4	출생년도	숫자	10	0		{9999, 모름/...
5	거주지역1	숫자	10	0	시도	{10. 서울특...
6	거주지역2	숫자	10	0	동읍면	{1. 동}...

그림 2-2 | 이름

변수명을 작성할 때 유용한 두 가지 팁을 드리겠습니다. 첫 번째 팁은 자신에게 쉬운 언어로 변수명을 정하라는 것입니다. 영어가 편하다면 영어로, 한글이 편하다면 한글로 변수명을 작성하면 됩니다. 다만 Stata나 SAS 등 다른 통계 프로그램과 연동할 계획이 있다면 처음부터 영어로 변수명을 작성하는 것이 좋습니다. 물론 요즘에는 변수명이 한글이어도 인식이 되지만 간혹 오류가 날 수도 있습니다. 따라서 다른 통계 프로그램과 연동할 생각이라면 한글로 작성하지 않는 게 좋습니다.

두 번째 팁은 변수명을 단순하고 쉽게 정하라는 것입니다. 예를 들어 설문지의 질문이 '현재 살고 있는 지역은 어디십니까?'라면 변수명에 질문 전체를 적을 게 아니라 '거주지역'이라고 짧고 단순하게 작성하면 됩니다. 예를 들어 '문1, 문2, 문3', '성별, 출생년도, 거주지역', '문1_성별, 문2_출생년도, 문3_거주지역', '문1_1성별, 문1_2성별'과 같이 변수명을 간결하게 설정하세요.

레이블(설명)

· 변수에 대한 추가 설명을 작성하는 곳
· 변수명만으로는 정확하게 변수를 표현할 수 없을 때 작성한다.
· 변수명에 대한 보조 설명으로 사용한다.

레이블(설명)은 변수에 대해 추가 설명을 작성하는 곳입니다. 즉 변수명만으로는 변수를 정확하게 표현할 수 없을 때 작성합니다.

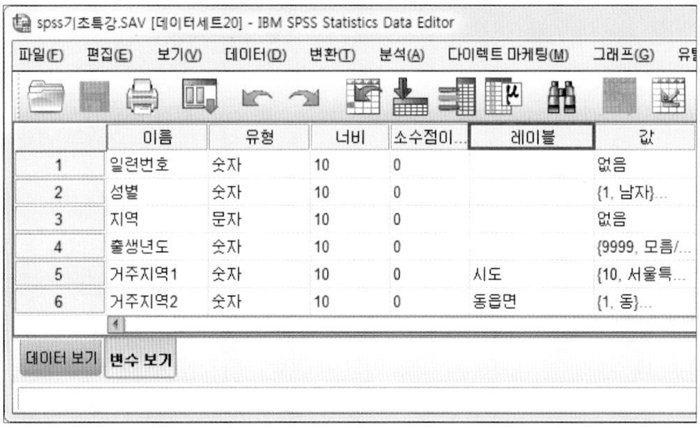

그림 2-3 | 레이블(설명)

예를 들어 변수명이 영어라면 레이블은 한글로 작성해서 처음 보는 사람도 쉽게 이해할 수 있도록 하는 게 좋습니다. 물론 이는 추천 사항이지 무조건 그렇게 해야 하는 것은 아니니 상황에 맞게 작성하면 됩니다. 또 변수명이 '거주지역1', '거주지역2'와 같이 되어 있어 각각 무엇을 의미하는지 명확하게 파악할 수 없다면 레이블에 '시도', '동읍면'과 같이 작성하면 됩니다. 만약 변수명만으로도 충분히 어떤 변수인지 알 수 있다면 레이블은 작성하지 않아도 됩니다.

	이름	유형	너비	소수점이...	레이블
49	Gender	숫자	8	2	성별
50	Region	숫자	8	2	지역
51	Age	숫자	8	2	연령

TIP 변수명이 영어라면 레이블은 한국어로 작성한다.

	이름	유형	너비	소수점이...	레이블
5	거주지역1	숫자	10	0	시도
6	거주지역2	숫자	10	0	동읍면

TIP 변수명이 같은 경우, 레이블에 변수에 대한 정보를 추가한다.

그림 2-4 | 레이블 작성 방법

아무도 가르쳐주지 않는 Tip

리커트 척도(Likert scale)의 경우 변수명은 짧게 작성하고 레이블에는 변수명과 문항을 작성하면 됩니다. 실례를 통해 살펴보겠습니다.

Q1 다음 각 문항에 대하여 자신에게 해당하는 항목에 응답해 주십시오.

	매우 그렇다	그런 편이다	그렇지 않은 편이다	전혀 그렇지 않다
1. 요즘은 행복한 기분이 든다.	①	②	③	④
2. 불행하다고 생각하거나 슬퍼하고 우울해한다.	①	②	③	④
3. 걱정이 없다.	①	②	③	④
4. 죽고 싶은 생각이 든다.	①	②	③	④

우울 척도인 경우 [그림 2-5]와 같이 변수명에는 '우울1', '우울2'와 같이 적고 레이블에는 '우울1_요즘은 행복한 기분이 든다'라고 작성하면 됩니다. 변수명을 레이블에서 중복해 작성하는 이유는 무엇일까요? 레이블이 작성되어 있는 경우 모든 분석에서 레이블이 변수명보다 먼저 보이므로 분석할 때 편하기 때문입니다.

	이름	유형	너비	소수점이...	레이블
22	우울1	숫자	10	0	우울1_요즘은 행복한 기분이 든다
23	우울2	숫자	10	0	우울2_불행하다고 생각하거나 슬퍼하고 우울해한다
24	우울3	숫자	10	0	우울3_걱정이 없다
25	우울4	숫자	10	0	우울4_죽고 싶은 생각이 든다

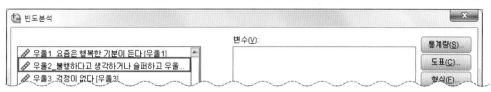

그림 2-5 | 리커트 척도의 변수 세팅(이름, 레이블)

03 _ 유형, 너비, 소수점 이하 자릿수

유형
· 코딩할 변수가 숫자인지, 아니면 문자인지를 설정해주는 곳
· 유형은 숫자 아니면 문자이다.

유형은 코딩하는 변수가 숫자인지, 문자인지 설정해주는 곳입니다. SPSS에서 유형을 클릭하면
변수 유형 창이 뜹니다. 변수 유형으로 숫자, 콤마, 점 등 여러 가지가 나열되어 있지만, 유형은
숫자 아니면 문자만 사용하는 편입니다.

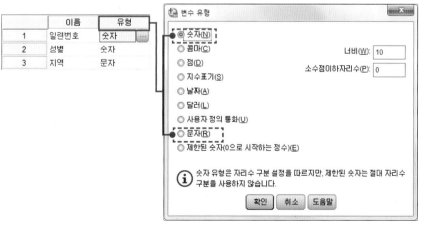

그림 2-6 | 유형

그럼 어떤 경우에 숫자를 사용하고, 어떤 경우에 문자를 사용하는지 살펴보겠습니다.

문제 2-1 **변수 유형이 숫자인 경우는 언제인가?**

Q2 현재 자신의 키와 몸무게가 얼마나 되는지 써 주십시오.

　① 키 (　　　　　　　　　) cm　　　② 몸무게 (　　　　　　　　　) kg

Q3 자신의 성별은 무엇입니까?

　① 남자　　　　　　　　　　② 여자

[문제 2-1]에서 Q2와 같이 키나 몸무게를 물어본 경우에는 숫자로밖에 응답하지 못하겠죠?
당연히 이런 경우에는 유형이 숫자입니다. Q3은 보기에서 남자는 1번, 여자는 2번으로 숫자를
부여했기 때문에 이 경우에도 유형은 숫자입니다.

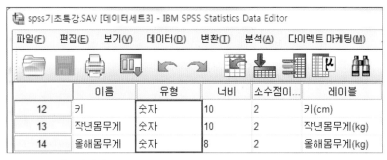

그림 2-7 | 유형이 숫자인 경우

문제 2-2 **변수 유형이 문자인 경우는 언제인가?**

Q4 자신의 종교는 무엇입니까?

　① 천주교　　　　② 개신교　　　　③ 불교　　　　④ 기타 (　　　　)

그렇다면 문자는 언제 사용하는 것일까요? 숫자가 아닌 영어나 한글로 무엇인가를 작성해야
할 때 사용합니다. [문제 2-2]의 보기에서 '④ 기타' 옆에 천주교, 개신교, 불교 외에 종교를 작성
할 수 있도록 괄호가 있죠? 그 괄호에 '원불교'라고 작성했다면 SPSS에 원불교를 코딩할 수 있
도록 문자열로 된 변수를 하나 더 만들어야 합니다.

	파일(F)	편집(E)	보기(V)	데이터(D)	변환(T)	분석(A)	다ŀ

	이름	유형	너비	소수점이...
49	종교	숫자	8	2
50	종교_기타	문자	20	0

그림 2-8 | 유형 선택(숫자, 문자)

너비

· 작성 가능한 숫자 수와 문자 수
· 숫자보다 문자를 쓸 수 있는 수와 관련이 깊다.
  (예) 너비 6 → 한국어 2글자, 영어 6글자
· 문자를 사용해야 한다면 너비를 글자 수에 맞게 늘려야 한다.

소수점 이하 자릿수

· 코딩을 할 때 소수점 이하 몇 번째 자리까지 표시할지를 나타낸다.

너비는 숫자 수와 문자 수를 말합니다. 만약 너비를 6으로 설정했다면 숫자는 6개를 작성할 수 있고 한국어는 2글자, 영어는 6글자를 작성할 수 있습니다. 그렇다고 문자 수가 얼마나 되는지 하나하나 확인해가면서 너비를 설정할 필요는 없습니다. 저희는 숫자 수나 문자 수가 많아질 것 같으면 처음부터 너비를 50으로 놓고 시작을 합니다.

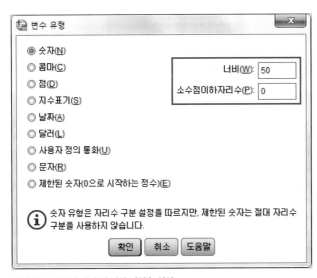

그림 2-9 | 너비, 소수점 이하 자릿수 설정

소수점 이하 자릿수는 숫자로 코딩을 할 때 소수점 이하 몇 번째 자리까지 표시할지를 나타냅니다. 예를 들어 키를 174.1cm로 표시하려 한다면 소수점 이하 자릿수를 1로 해야 하고, 월 소득을 520.21만 원으로 표시한다면 소수점 이하 자릿수를 2로 하면 됩니다. 또한 '자신의 성별은 무엇입니까?'라는 질문에 1번은 남자, 2번은 여자로 되어 있다면 당연히 소수점 이하 자릿수는 0이 됩니다. 기본적으로 소수점 이하 자릿수는 2로 설정되어 있습니다.

04 _ 값

> **값**
> · 질문에 대한 보기를 있는 그대로 넣어주는 곳
> · 보기가 없는 경우에는 값을 적지 않는다.
> · 등간척도, 비율척도는 값을 적지 않는다.

값은 질문에 대한 보기를 있는 그대로 넣어주는 곳입니다. '자신의 성별은 무엇입니까?'라는 질문에 1번은 남자, 2번은 여자로 설정되어 있는 경우를 예로 들어보겠습니다. [그림 2–10]과 같이 값 레이블 창에서 기준값에 1, 레이블에 남자를 입력한 다음 Enter 를 누릅니다. 이어서 기준값에 2, 레이블에 여자를 입력한 다음 Enter 를 누르면 값이 설정됩니다.

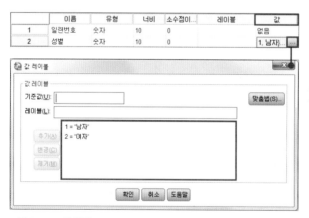

Q3 자신의 성별은 무엇입니까?
① 남자   ② 여자

TIP
· 기준값에 1, 레이블에 '남자'를 입력한다.
· 기준값에 2, 레이블에 '여자'를 입력한다.

그림 2–10 | 값 설정

만약 보기가 없다면 값을 적지 않고 없음으로 놔두면 됩니다. 그리고 키와 몸무게 같은 등간척도와 비율척도는 보기 자체가 없기 때문에 값을 적지 않습니다.

	이름	유형	너비	소수점이...	레이블	값	결측값
12	키	숫자	10	2	키(cm)	없음	없음
13	작년몸무게	숫자	10	2	작년몸무게(kg)	없음	없음
14	올해몸무게	숫자	8	2	올해몸무게(kg)	없음	없음

Q2 현재 자신의 키와 몸무게가 얼마나 되는지 써 주십시오.
    ① 키 (   ) cm   ② 몸무게 (   ) kg

그림 2-11 | 비율척도 값 설정

05 _ 결측값

> **결측값**
> · 중복응답, 무응답 등 잘못 측정된 값을 어떤 숫자로 대체할지 정하는 곳
> · 결측값은 대체로 9, 99, 999 등을 많이 활용한다.
> · 변수의 최댓값보다 큰 수를 활용한다.
>   (예) 키, 몸무게 등은 결측값(무응답)을 999.0으로 코딩한다. / 4점 척도인 경우 4보다 큰 수를 결측값으로
>   코딩한다. (중복응답=7, 중간값 응답=8, 무응답=9)

결측값은 중복응답, 무응답 등 잘못 측정된 값을 어떤 숫자로 대체할지 정하는 곳입니다. 잘못 측정된 경우는 총 네 가지입니다. [예시 2-1]에서 보듯이, 1) 4점 척도에서 2와 3에 둘 다 체크하는 경우, 2) 2와 3 사이에 체크하는 경우, 3) 체크 자체를 하지 않는 경우, 4) 있지도 않은 5점을 만들어서 체크하는 경우입니다. 이렇게 잘못 체크된 경우를 결측이라 합니다. 결측된 것에 대해서는 각각 숫자를 부여해야 합니다. 예를 들어 중복응답은 9, 무응답은 99와 같이 설정합니다.

결측값인 경우

문1 _ 다음 각 문항에 대하여 자신에게 해당하는 항목에 응답해 주십시오.

	매우 그렇다	그런 편이다	그렇지 않은 편이다	전혀 그렇지 않다	
1. 요즘은 행복한 기분이 든다.	①	☑	☑	④	
2. 불행하다고 생각하거나 슬퍼하고 우울해한다.	①	② ✓	③	④	
3. 걱정이 없다.	①	②	③	④	
4. 죽고 싶은 생각이 든다.	①	②	③	④	

중요한 점은 결측값을 설정할 때 변수의 최댓값보다 큰 수를 사용해야 한다는 것입니다. 이를 테면 4점 척도인 경우 중복응답을 7, 중간값 응답을 8, 무응답을 9로 설정할 수 있습니다.

레이블	값	결측값
키(cm)	없음	999.0
우울1_요즘은 행복한 기분이 든다	{1. 매우 그...	7, 8, 9
우울2_불행하다고 생각하거나 슬퍼하고 ...	{1. 매우 그...	7, 8, 9
우울3_걱정이 없다	{1. 매우 그...	7, 8, 9
우울4_죽고 싶은 생각이 든다	{1. 매우 그...	7, 8, 9

그림 2-12 | **결측값 설정**

아무도 가르쳐주지 않는 Tip

결측값에 대해서 강의하다보면 이런 질문을 받곤 합니다. "왜 결측값을 설정하는 게 필요해요?" 보통 공공데이터를 보면 결측값이 설정되어 있습니다. 그 이유는 어떤 연구자에게는 중복응답이, 또 어떤 연구자에게는 중간값 응답이, 또 다른 연구자에게는 무응답이 의미가 있기 때문입니다. 물론 결측값을 설정하지 않고 중복응답, 중간값 응답, 무응답 모두 코딩할 때 빈칸 처리할 수 있습니다. 사실 빈칸으로 처리하면 코딩하는 데 시간을 줄일 수 있기 때문에 대부분 그렇게 합니다. 하지만 만약 혼자 하는 연구가 아니라 공유해야 하는 데이터라면 사전에 결측값을 설정하는 것이 바람직합니다.

06 _ 열

열은 데이터 코딩할 공간을 늘리거나 줄이는 곳을 말합니다. 기본적으로 열은 8로 설정되어 있습니다. 이렇게 두면 데이터 코딩할 때 큰 문제는 없지만 숫자나 문자가 길게 작성되는 경우 다보이지 않을 수 있습니다. 즉 열을 늘리는 것은 작성된 모든 부분을 보겠다는 것입니다.

그림 2-13 | **열**

07 _ 맞춤

맞춤은 데이터 코딩할 때 오른쪽으로 정렬할 것인지, 아니면 왼쪽으로 정렬할 것인지 설정하는 곳입니다. 기본적으로 변수 유형이 숫자인 경우에는 오른쪽으로 설정되어 있고, 문자인 경우에는 왼쪽으로 설정이 되어 있습니다.

	이름	유형	너비	...	레이블	값	결측값	열	맞춤	측도	역할
1	일련번호	숫자	10	0		없음	없음	11	▦ 오른쪽	🖊 척도	↘ 입력
2	성별	숫자	10	0		{1, 남자}...	없음	11	▦ 오른쪽	🖊 척도	↘ 입력
3	지역	문자	10	0		없음	없음	10	▤ 왼쪽	🎱 명목	↘ 입력

	🖊 일련번호	🖊 성별	🎱ₐ 지역
1		1	1 경상도
2		2	.
3		3	1

그림 2-14 | **맞춤**

08 _ 측도

> **측도**
> · 변수가 어떤 척도인지 설정하는 곳
> · 척도 : 비율척도, 등간척도
> · 순서 : 서열척도
> · 명목 : 명목척도

측도는 변수가 어떤 척도인지 설정하는 곳입니다. 척도가 무엇인지 알고 있나요? 〈한번에 통과하는 논문 : 논문 검색과 쓰기 전략〉 책에서 명목척도, 서열척도, 등간척도, 비율척도 등 척도에 대해 자세히 설명하고 있으니 참고하기 바랍니다. 측도는 척도와 순서형, 명목으로 이루어져 있습니다. 척도는 비율척도와 등간척도인 경우에 설정하고, 순서형은 서열척도인 경우, 명목은 명목척도인 경우에 설정합니다.

	이름	유형	너비	...	레이블	값	결측값	열	맞춤	측도
1	일련번호	숫자	10	0		없음	없음	11	▦ 오른쪽	✎ 척도
2	성별	숫자	10	0		{1, 남자}...	없음	11	▦ 오른쪽	✎ 척도
3	지역	문자	10	0		없음	없음	10	▦ 왼쪽	♣ 명목

측도
✎ 척도 ▼
✎ 척도
▮ 순서형
♣ 명목

그림 2-15 | 측도

아무도 가르쳐주지 않는 Tip

변수 세팅에서 측도 옆에 있는 역할은 '입력, 대상, 모두, 없음, 파티션, 분할'로 구성되어 있습니다. 만약 t-test, ANOVA, 상관분석, 회귀분석 등의 분석을 진행하고자 한다면 모두 '입력'으로 설정해주면 됩니다. 그 외에는 분석보다 데이터를 모델링하는 것과 관련이 있습니다. 저희 역시 '입력' 외에 다른 항목들을 사용한 적이 거의 없을 정도로 그 활용 빈도가 적습니다. 또한 [그림 2-15]의 측도 역시 변수가 어떤 척도인지 구분하기가 어렵다면, 모두 '척도'로 설정해 분석해도 됩니다. 실제 분석에서는 이렇게 설정해도 결과가 달라지지 않습니다.

아래 설문지를 보고 직접 변수 세팅을 진행해보세요. 이 설문지의 질문 6개에 대해 변수 세팅을 완벽하게 한다면, 어떤 설문지라도 변수 세팅을 할 수 있을 겁니다. 정답은 '변수 세팅 실습 및 데이터 코딩 실습.SAV' 파일을 확인하기 바랍니다.

설문번호 (기입하지 마세요)				

1 자신의 성별은 무엇입니까?

① 남자 ② 여자

2 자신의 종교는 무엇입니까?

① 천주교 ② 개신교 ③ 불교 ④ 기타( )

3 다음 각 문항에 대하여 자신에게 해당하는 항목에 응답해 주십시오.

우울	매우 그렇다	그런 편이다	그렇지 않은 편이다	전혀 그렇지 않다
1. 요즘은 행복한 기분이 든다.	①	②	③	④
2. 불행하다고 생각하거나 슬퍼하고 우울해한다.	①	②	③	④
3. 걱정이 없다.	①	②	③	④

4 현재 자신의 키와 몸무게가 얼마나 되는지 써 주십시오.

① 키 ( )cm ② 몸무게 ( )kg

5 자신의 일어나는 시간과 잠자리에 드는 시간은 보통 몇 시 몇 분입니까?

① 일어나는 시간 (보통 시 분) ② 잠자리에 드는 시간 (보통 시 분)

6 현재 자신의 고민이 무엇인지 아래 중에서 모두 선택해 주세요.

① 학교 성적 ② 가족 간 갈등 ③ 경제적인 어려움 ④ 신체적인 어려움 ⑤ 기타( )

아무도 가르쳐주지 않는 Tip

설문번호를 설문지에 넣고, 설문번호를 하나의 변수로 만들어 설정하는 것은 중요합니다. 만약 설문번호를 설문지에 넣지도 않고 변수로도 코딩하지 않는다면 SPSS에서 문제가 있는 케이스를 확인했을 때 코딩을 잘못한 것인지, 응답이 잘못된 것인지 확인할 수 없습니다. 그러므로 설문번호를 설문지에 꼭 넣어야 하며, SPSS에 변수를 하나 만들어 변수 세팅을 해야 합니다. 변수명은 ID나 일련번호, 설문번호로 설정합니다.

SECTION
03

데이터 코딩

bit.ly/onepass-spss4

PREVIEW

• 데이터 코딩은 설문지에 응답한 내용이나 각종 자료를 SPSS에 입력하는 것이다.
• SPSS 프로그램이 없다면, 엑셀로 데이터 코딩을 진행할 수 있다.

01 _ 데이터 보기

데이터 코딩은 컴퓨터가 인식할 수 있게 숫자나 글자를 입력하는 것입니다. SPSS에서 데이터 코딩이란, 설문지에 응답한 내용이나 각종 자료를 SPSS에 입력하는 것을 의미합니다.

그렇다면 SPSS 프로그램에서는 어디에 자료를 입력해야 할까요? [그림 3–1]과 같은 데이터 보기 화면에서 진행할 수 있습니다.

	일련번호	성별	지역	출생년도	거주지역1	거주지역2	주택유형	최종학력
1	1		1 경상도	1971	10	1	2	
2	2			1958				
3	3		1	1963	10	1	2	
4	4			1959				

그림 3–1 | 데이터 보기의 화면 구성

데이터 보기에서는 변수 보기에서 세팅한 변수명과 케이스를 볼 수 있습니다. 각각의 케이스에 대해 설문지를 보면서 데이터 코딩을 하면 됩니다.

실제로 설문지 응답에 대한 데이터 코딩을 어떻게 하는지 살펴보겠습니다.

예시
3-1 **데이터 코딩**

문1_ 자신의 성별은 무엇입니까?
① 남자   ☑ 여자

문2_ 자신의 종교는 무엇입니까?
① 천주교   ② 개신교   ③ 불교   ☑ 기타(원불교)

코딩은 일단 숫자와 문자로 나눌 수 있는데요. [예시 3-1]의 [문1]에서는 '② 여자'에 체크되어 있으므로 [그림 3-2]와 같이 데이터 보기에서 '성별'이라는 변수에 숫자 2를 넣어주면 됩니다. 만약 '① 남자'에 체크했다면 1이라고 입력해야겠죠.

[문2]에서는 '④ 기타'에 체크되어 있으므로 데이터 보기에서 '종교'라는 변수에 숫자 4를 넣어주면 됩니다. 다만 괄호 안에 '원불교'라고 적었으므로 '종교_기타'라는 변수에 '원불교'라고 문자를 넣어주면 됩니다. 이렇게 쉽게 작성하려면 사전에 변수 세팅이 잘 되어 있어야 합니다.

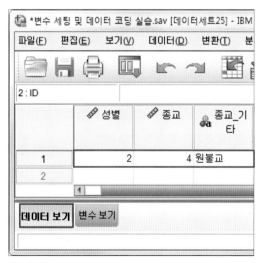

그림 3-2 | 데이터 코딩 방법

실습 Ⅱ / 데이터 코딩

다음과 같이 설문지에 응답한 케이스 2개가 제시되어 있습니다. 각각의 케이스를 보고 직접 코딩해보세요. 정답은 '변수 세팅 실습 및 데이터 코딩 실습.SAV' 파일에서 확인하기 바랍니다.

[케이스 1]

설문번호 (기입하지 마세요)	0	0	1

1 자신의 성별은 무엇입니까?

　☑ 남자　　　　　　　　　② 여자

2 자신의 종교는 무엇입니까?

　① 천주교　　☑ 개신교　　③ 불교　　④ 기타(　　　)

3 다음 각 문항에 대하여 자신에게 해당하는 항목에 응답해 주십시오.

우울	매우 그렇다	그런 편이다	그렇지 않은 편이다	전혀 그렇지 않다
1. 요즘은 행복한 기분이 든다.	☑	②	③	④
2. 불행하다고 생각하거나 슬퍼하고 우울해한다.	①	☑	③	④
3. 걱정이 없다.	①	☑	③	④

4 현재 자신의 키와 몸무게가 얼마나 되는지 써 주십시오.

　① 키 ·· (173.5)cm
　② 몸무게 ·· (84.0)kg

5 자신의 일어나는 시간과 잠자리에 드는 시간은 보통 몇 시 몇 분입니까?

　① 일어나는 시간　　(보통　7 시 36 분)
　② 잠자리에 드는 시간 (보통 11 시 50 분)

6 현재 자신의 고민이 무엇인지 아래 보기 중에서 모두 선택해 주세요.

　① 학교 성적　　　② 가족 간 갈등　　　③ 경제적인 어려움
　☑ 신체적인 어려움　　⑤ 기타(　　　)

[케이스 2]

설문번호
(기입하지 마세요) | 0 | 0 | 2

1 자신의 성별은 무엇입니까?

① 남자　　　　　　　　　　　　☑ 여자

2 자신의 종교는 무엇입니까?

① 천주교　　② 개신교　　③ 불교　　☑ 기타(없다)

3 다음 각 문항에 대하여 자신에게 해당하는 항목에 응답해 주십시오.

우울	매우 그렇다	그런 편이다	그렇지 않은 편이다	전혀 그렇지 않다
1. 요즘은 행복한 기분이 든다.	①	②	③	☑
2. 불행하다고 생각하거나 슬퍼하고 우울해한다.	①	②	③	☑
3. 걱정이 없다.	①	②	③	☑

4 현재 자신의 키와 몸무게가 얼마나 되는지 써 주십시오.

① 키 ⸻⸻⸻⸻⸻⸻ (157.1)cm

② 몸무게 ⸻⸻⸻⸻⸻ (46)kg

5 자신의 일어나는 시간과 잠자리에 드는 시간은 보통 몇 시 몇 분입니까?

① 일어나는 시간　　(보통　7 시　6 분)

② 잠자리에 드는 시간 (보통 12 시　　분)

6 현재 자신의 고민이 무엇인지 .아래 보기 중에서 모두 선택해 주세요.

☑ 학교 성적　　　☑ 가족 간 갈등　　　☑ 경제적인 어려움

☑ 신체적인 어려움　　　☑ 기타(여자 친구)

02 _ 엑셀을 활용한 데이터 코딩

데이터 코딩은 엑셀을 활용하여 진행할 수도 있습니다. 먼저 [그림 3-3]과 같이 엑셀을 열어 첫 번째 행에 변수명을 작성하고, 그다음으로 설문지를 보면서 수치를 입력합니다. 생각보다 단순하죠? 하지만 이 엑셀 파일을 SPSS에 어떻게 옮길지에 대해서는 고민이 생길 수 있습니다.

	A	B	C	D	E	F	G	H	I
1	성별	종교	우울1	우울2	우울3	키	몸무게		
2	1	1	2	2	4	183.1	50.2		
3	2	2	2	2	3	170.1	55.7		
4	1	3	3	1	2	183.4	62.5		
5	2	3	4	1	2	180.1	62.2		
6	2	2	3	2	1	162.7	55.7		
7	1	2	2	2	2	178.5	61.9		
8	2	2	2	3	2	153.2	49.5		
9	2	3	2	2	2	173.2	62.9		
10	2	3	1	3	1	162.7	55.7		
11	2	2	2	2	2	158.7	54.9		
12	1	2	2	2	2	174.2	65.2		
13	1	2	2	2	4	155.5	60.7		
14	1	3	2	2	3	177.2	50.5		
15	2	2	2	1	2	180.7	77.9		
16	2	2	3	1	2	152.5	80.2		
17	2	2	3	4	1	155.7	80.9		
18	1	3	4	4	2	175.2	72.5		
19	1	3	2	3	1	176.7	50.2		
20	2	2	3	2	1	168.5	68.9		
21	2	2	2	2	2	170.7	63.5		
22	2	3	3	1	2	170.9	63.9		
23									

그림 3-3 | 엑셀을 활용한 데이터 코딩

엑셀에 코딩한 데이터를 SPSS로 옮기는 방법은 두 가지입니다.

❶ 단순히 엑셀에 코딩한 데이터를 복사(Ctrl + C)해서 SPSS에 붙여넣기(Ctrl + V)하면 됩니다. 이때 변수명은 SPSS의 변수 보기에서 다시 작성해야 합니다. 이러한 불편함을 줄이기 위해 보통 두 번째 방법을 많이 사용합니다.

❷ 엑셀 파일을 저장하고, SPSS에서 엑셀 파일을 직접 불러오면 됩니다. 이 방법의 구체적인 절차는 다음과 같습니다.

SPSS에서 엑셀 파일 불러오기

준비파일 : 엑셀 코딩.xlsx

1 SPSS를 실행하여 파일−열기−데이터를 클릭합니다.

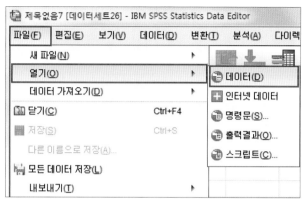

그림 3−4

2 데이터 열기 창에서 파일 유형을 'Excel'로 선택해 클릭합니다.

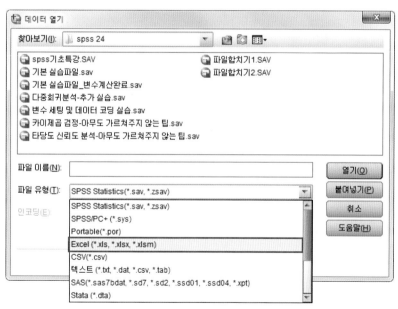

그림 3−5

3 코딩해둔 '엑셀 코딩.xlsx' 파일을 선택한 후 **열기**를 클릭합니다.

그림 3-6

4 Excel 파일 읽기 창이 열리면 **확인**을 클릭합니다.

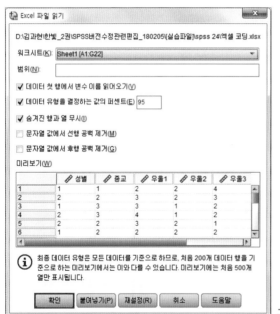

그림 3-7

아무도 가르쳐주지 않는 Tip

만약 엑셀에서 코딩할 때 데이터 첫 행에 변수명을 넣지 않았다면 **Excel 파일 읽기** 창에서 '데이터 첫 행에서 변수 이름 읽어오기' 체크를 해제한 후 **확인**을 클릭해야 합니다.

5 데이터 보기에서 엑셀에서 코딩한 자료와 비교하여 잘못된 부분은 없는지 확인합니다.

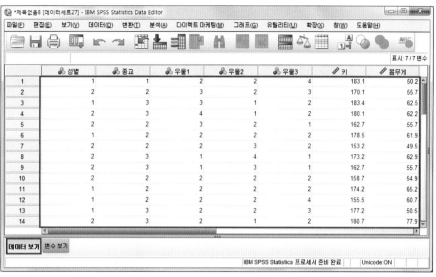

그림 3-8

6 변수 보기에서 레이블, 값, 측도를 재설정합니다.

	이름	유형	너비	소수점이...	레이블	값	결측값	열	맞춤	측도
1	성별	숫자	1	0		없음	없음	12	▦ 오른쪽	🔗 명목
2	종교	숫자	1	0		없음	없음	12	▦ 오른쪽	🔗 명목
3	우울1	숫자	1	0		없음	없음	12	▦ 오른쪽	🔗 명목
4	우울2	숫자	1	0		없음	없음	12	▦ 오른쪽	🔗 명목
5	우울3	숫자	1	0		없음	없음	12	▦ 오른쪽	🔗 명목
6	키	숫자	18	1		없음	없음	12	▦ 오른쪽	🖊 척도
7	몸무게	숫자	18	1		없음	없음	12	▦ 오른쪽	🖊 척도

그림 3-9

아무도 가르쳐주지 않는 Tip

엑셀 파일을 SPSS로 불러올 때 이름과 유형, 너비, 소수점 이하 자리, 열, 맞춤은 자동으로 세팅됩니다. 그러나 레이블(설명), 값, 측도의 경우 자동으로 설정되지 않기 때문에 재설정해줘야 합니다.

주요 기본 메뉴 및 상단 메뉴

bit.ly/onepass-spss5

PREVIEW

주요 기본 메뉴

· 단축키를 활용하는 기본 메뉴에는 저장(Ctrl + S)과 되돌리기(Ctrl + Z)가 있다.

· '변수 보기'와 '데이터 보기'로 전환하려면 변수명을 더블클릭하면 된다.

· 변수나 케이스를 옮기고 싶을 때는 변수나 케이스를 클릭한 채 드래그하면 된다.

주요 상단 메뉴

· 상단 메뉴에서는 '파일', '편집', '데이터', '변환', '분석' 정도를 활용한다.

01 _ 주요 기본 메뉴

저장

· Ctrl + S

· 조금만 수정해도 바로 저장한다.

되돌리기

· Ctrl + Z

· 케이스를 삭제하는 등 조금 스케일이 큰 수정을 하는 경우 원본 파일을 사전에 따로 저장한다.

[그림 4-1]은 SPSS의 기본 메뉴 아이콘들을 보여주고 있습니다. 저장(❶)은 기본 메뉴에서 가장 중요합니다. 기본 메뉴에 있는 아이콘으로도 저장할 수 있지만 수시로 저장해야 하기 때문에 단축키(Ctrl + S)를 알아두면 좋습니다. 조금이라도 수정했다면 바로 저장하세요!

한글 프로그램처럼 되돌리기(❷)도 쉽게 됩니다. 단축키는 Ctrl + Z 입니다. 되돌리기 또한 수시로 사용되기 때문에 단축키를 외워두면 유용합니다. 다만 케이스를 삭제하거나 한꺼번에 많은 변수를 지웠을 때에는 되돌리기가 되지 않을 수 있습니다. 그러므로 케이스든, 변수든 많이 지우기 전에는 원본 파일을 꼭 저장해두기 바랍니다.

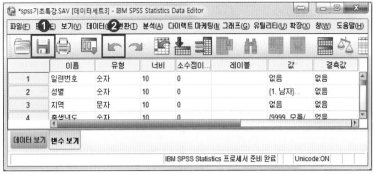

그림 4-1 | 기본 메뉴

02 _ 기본 메뉴 노하우

변수 보기 ↔ 데이터 보기
- **변수 보기**에서 자신이 보고자 하는 변수의 숫자를 더블클릭하면 데이터 보기에서 어떻게 코딩이 되었는지 상세히 볼 수 있다.
- **데이터 보기**에서 자신이 보고자 하는 변수명을 더블클릭하면 변수 보기에서 어떻게 변수 세팅이 되었는지 상세히 볼 수 있다.

변수 보기에서 내가 궁금해하는 변수가 어떻게 코딩되어 있는지 확인하고 싶다면 그 변수의 숫자를 더블클릭합니다. 그러면 데이터 보기로 넘어가면서 데이터 코딩을 확인할 수 있습니다. 예를 들어 [그림 4-2]와 같이 변수 보기에서 성별이라는 변수 옆에 있는 숫자 2를 더블클릭하면 데이터 보기에 성별이 어떻게 코딩되어 있는지 금방 확인할 수 있습니다. 반대로 데이터 보기에서 성별을 더블클릭하면 변수 보기에 있는 성별로 쉽게 넘어갈 수 있습니다.

그림 4-2 | 변수 보기 ↔ 데이터 보기

변수 보기에서 변수의 위치를 바꾸고 싶을 때 변수의 숫자를 클릭한 상태에서 위아래로 이동할 수 있습니다. 예를 들어 [그림 4-3]과 같이 '성별'을 '지역' 아래로 내리고 싶다면 '성별' 옆에 있는 숫자 2를 클릭한 상태에서 '지역' 옆에 있는 숫자 3 아래로 내리면 됩니다. 케이스 이동도 같은 방법으로 쉽게 진행할 수 있습니다.

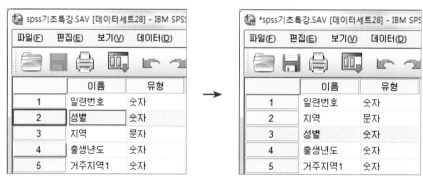

그림 4-3 | **변수 & 케이스 이동**

아무도 가르쳐주지 않는 Tip

변수 이동은 생각보다 유용하고 의외로 많이 사용됩니다. 실제로 변수를 옮겨야 하는데 어떻게 하는지 몰라 변수를 다시 세팅해서 데이터를 '복사-붙여넣기'하는 연구자들도 있습니다. 저희는 주요 변수를 맨 위로 올려서 사용하는 것을 추천합니다. 왜냐하면 분석하거나 데이터 핸들링할 때 매우 유용하기 때문입니다.

03 _ 주요 상단 메뉴

SPSS를 실행하면 상단에 있는 여러 메뉴를 확인할 수 있습니다. 이 메뉴들을 다 쓰게 될까요? 아주 어려운 고급 통계분석이 아닌 회귀분석 정도라면, 지금부터 소개하는 상단 메뉴만 사용해도 충분합니다. 여기서는 메뉴에 대해 개괄적으로 소개하고, 구체적인 내용은 다음 SECTION에서부터 살펴보도록 하겠습니다.

파일

파일 메뉴에서는 저장과 다른 이름으로 저장 정도만 알면 됩니다. 저장($Ctrl$+S)은 수시로 해서 안타까운 상황이 발생하지 않기를 바랍니다. 그리고 다른 이름으로 저장은 케이스를 삭제하는 등 큰 수정을 하기 전에 사용하면 좋습니다.

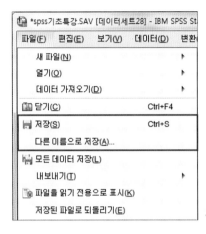

그림 4-4 | 파일 메뉴

편집

편집 메뉴에서는 변수 삽입, 케이스 삽입, 찾기를 주로 활용합니다. 이미 변수 세팅이 끝난 상태에서 변수를 중간에 삽입하고자 할 때 변수 삽입을 클릭하면 됩니다.

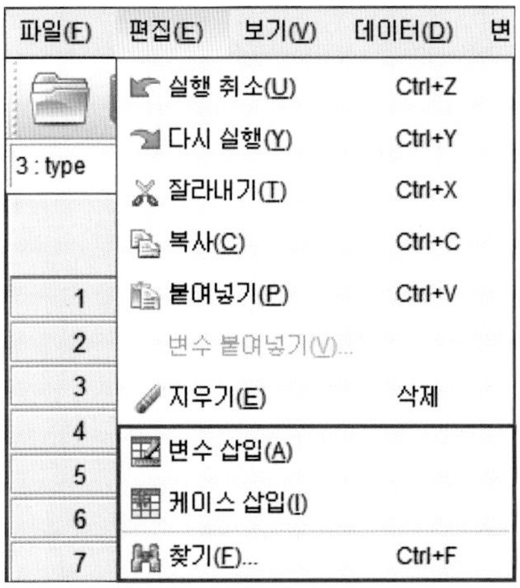

그림 4-5 | 편집 메뉴

이와 같이 편집−변수 삽입으로 진행해도 되고, 변수 보기에서 바로 진행해도 됩니다. 즉 변수 보기에서 변수를 넣고자 하는 위치에 마우스를 올려 오른쪽 클릭하면 변수 삽입을 할 수 있습니다. 케이스 삽입도 마찬가지입니다. 케이스를 중간에 삽입하고 싶을 때 메뉴에서 편집−케이스 삽입을 사용해도 되지만, 데이터 보기에서 넣고자 하는 위치에 마우스를 올려 오른쪽 클릭하면 케이스 삽입을 할 수 있습니다.

그림 4-6 | 변수 삽입과 케이스 삽입

찾기는 정말 많이 사용하는 기능이니 단축키(Ctrl + F)를 외워두는 것이 좋습니다. 데이터 보기 및 변수 보기에서 찾고자 하는 숫자나 문자를 확인할 때 사용합니다. 특히 데이터 보기에서는 이상한 값이나 특정 값을 찾아낼 때, 변수 보기에서는 변수명이나 레이블에서 변수를 찾을 때 많이 사용합니다.

그림 4-7 | 찾기

보기

보기는 글꼴이나 변수값 레이블 등을 수정하는 부분입니다. 그러나 히든그레이스 논문통계팀
도 지금까지 사용한 적이 없을 정도로 사용 빈도가 낮으므로 넘어가도 좋습니다.

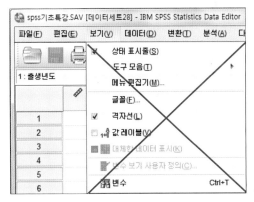

그림 4-8 | 보기 메뉴

데이터

데이터 메뉴에서는 파일 합치기(케이스 추가, 변수 추가), 파일분할, 케이스 선택을 주로 활용합
니다.

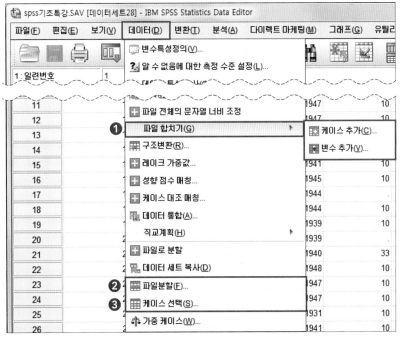

그림 4-9 | 데이터 메뉴

❶ 파일 합치기 : 데이터를 통합(merge)할 때 사용합니다. 즉 2개 이상의 파일을 하나의 파일로 만들 때 사용합니다.

❷ 파일분할 : 집단별로 분석하고 싶지만 각각의 집단을 파일로 나누고 싶지 않을 때 사용합니다.

❸ 케이스 선택 : 자신이 원하는 케이스만 사용하기 위해서 불필요한 케이스를 필터링(삭제하지 않고 분석 시 제외하는 것)하거나 삭제할 때 사용합니다.

변환

변환 메뉴에서는 변수 계산, 같은 변수로 코딩변경, 다른 변수로 코딩변경을 주로 사용합니다. 데이터 핸들링은 바로 이 세 가지를 말합니다.

변수 계산은 말 그대로 각종 변수를 계산(합, 평균 등)할 때 사용합니다. 같은 변수로 코딩변경과 다른 변수로 코딩변경은 기존 변수 값을 변경하고자 할 때 사용합니다. 예를 들어 역코딩하거나 비율 척도를 서열화할 때 사용합니다.

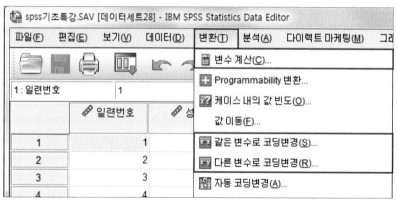

그림 4-10 | 변환

분석

분석 메뉴에서는 기술통계량, 평균 비교, 상관분석, 회귀분석, 차원 축소, 척도분석을 활용합니다. 경우에 따라서는 다른 분석을 활용하기도 하지만 대부분 이 6개 안에서 해결됩니다.

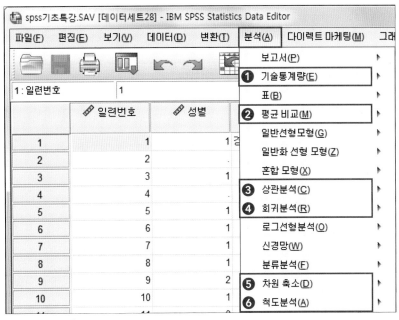

그림 4-11 | 분석

❶ 기술통계량 : 빈도분석, 기술통계분석, 교차분석(카이제곱 검정)을 할 수 있습니다.

❷ 평균 비교 : 독립표본 t – 검정, 대응표본 t – 검정, 일원배치 분산분석(one-way ANOVA)을 할 수 있습니다.

❸ 상관분석 : 상관관계 분석을 할 수 있습니다.

❹ 회귀분석 : 단순회귀분석, 다중회귀분석, 위계적 회귀분석, 매개효과분석, 조절효과분석, 로 지스틱 회귀분석을 할 수 있습니다.

❺ 차원 축소 : 요인분석으로 타당도 분석을 할 수 있습니다.

❻ 척도분석 : 신뢰도 분석을 할 수 있습니다.

SECTION
05

파일 합치기

bit.ly/onepass-spss6

PREVIEW

· 파일 합치기는 2개 이상의 파일을 하나로 합칠 때 사용한다.
· 파일 합치기에는 케이스 추가와 변수 추가가 있다.
   – 케이스 추가 : 각 파일의 변수를 동일하게 한 후 케이스를 복사($\boxed{Ctrl}$+$\boxed{C}$) – 붙여넣기($\boxed{Ctrl}$+$\boxed{V}$)
   – 변수 추가 : 데이터–파일 합치기–변수 추가

---

01 _ 파일 합치기란?

파일 합치기는 단순히 파일 2개를 합치는 것을 말합니다. 논문을 처음 쓸 때는 파일을 합치는 경우가 많지 않기 때문에 '굳이 이 기능이 필요할까?'라고 생각할 수 있습니다. 그러나 공공데이터를 활용하는 경우 파일 합치기를 모르면 손발이 고생할 수 있습니다. 보통 파일 합치기는 다음과 같은 경우에 사용합니다.

· 여러 명이 설문지를 나누어 코딩한 것을 하나로 합칠 때
· 가구용과 가구원용으로 구분된 2차 데이터를 합칠 때
· 부모와 자녀가 각각 구분되어 코딩한 것을 합칠 때

02 _ 파일 합치기 방법

파일 합치기는 SPSS 상단 메뉴에 있는 데이터–파일 합치기에서 진행할 수 있습니다. 파일 합치기에는 케이스 추가와 변수 추가가 있습니다.

그림 5-1 | 파일 합치기 방법

케이스 추가 & 변수 추가

· **케이스 추가** : 변수가 동일한 파일에서 케이스를 추가할 때 사용한다.

　　　　　(변수만 맞추고 Ctrl + C , Ctrl + V)

· **변수 추가** : 케이스가 동일한 파일에서 변수를 추가할 때 사용한다.

케이스 추가는 변수 세팅이 동일한 상태에서 케이스를 추가할 때 사용합니다. 사실 케이스 추가는 메뉴 버튼을 눌러 진행하는 것보다 복사(Ctrl + C)-붙여넣기(Ctrl + V)로 하는 것이 더 빠릅니다.

변수 추가는 케이스가 동일하지만 변수가 다른 두 파일을 합칠 때 사용합니다. 단순히 복사 (Ctrl + C)와 붙여넣기(Ctrl + V)를 사용하기보다는, 꼭 데이터-파일 합치기-변수 추가로 진행하길 바랍니다. 왜냐하면 케이스 순서가 뒤바뀌어 있거나, 케이스가 하나라도 같지 않다면 케이스 간에 매칭이 되지 않기 때문입니다. 결국 변수 추가는 2개 이상의 파일을 하나로 합칠 때 케이스는 똑같고 변수만 추가하는 경우에 사용합니다.

여기서는 변수 추가를 어떻게 진행하는지 살펴보겠습니다.

SPSS에서 파일 합치기 : 변수를 추가하는 경우

준비파일 : 파일합치기1.SAV, 파일합치기2.SAV

1 각각의 파일에 기준이 되는 변수(ID, 일련번호 등)가 있는지 확인합니다.

'파일합치기1' 파일   '파일합치기2' 파일

그림 5-2

아무도 가르쳐주지 않는 Tip

변수 추가를 할 때에는 먼저 각각의 파일에 기준이 되는 변수가 있어야 합니다. 이를테면 ID라든지, 일련번호가 되겠죠. 기준변수가 없으면 변수 추가를 통해 파일을 합칠 수 없습니다. 만약 합치더라도 문제가 생기겠죠. 이런 경우에는 ID를 만들어서 기준변수로 설정합니다.

2 합치고자 하는 두 파일을 모두 열고, 기준이 되는 파일(최종적으로 합치고자 하는 파일)에서 데이터-파일 합치기-변수 추가를 클릭합니다. 여기서는 기준 파일을 파일합치기1.SAV로 합니다.

그림 5-3

3 변수 추가 파일합치기1.SAV[데이터세트29] 창이 열리면 **❶** '열려 있는 데이터 세트'에서 합치려는 파일을 클릭하고 **❷** 계속을 클릭합니다.

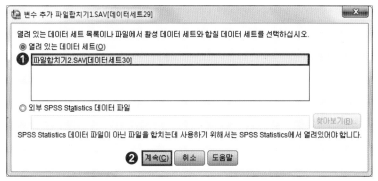

그림 5-4

4 변수 추가 위치 데이터세트30 창이 열리면 **❶** '제외된 변수'에서 기준변수(ID, 일련번호 등)를 선택하고 **❷** '기준변수를 통해 매치하는 케이스 판단'에 체크합니다. **❸** '두 데이터 세트의 케이스들은 기준변수 값의 오름차순 순으로 정렬되어있음'에 체크한 후 **❹** '양쪽 파일에 기준이 있음'을 클릭합니다. **❺** 화살표(➡)를 클릭하여 '제외된 변수'에서 선택한 'ID(혹은 일련번호)'를 '기준변수'에 넣어줍니다.

그림 5-5

5 ❶ 기준변수에 'ID'가 있는지 확인하고 ❷ '새 활성 데이터 세트'에서 (*)와 (+)가 제대로 추가되었는지 확인한 후 ❸ 확인을 클릭합니다.

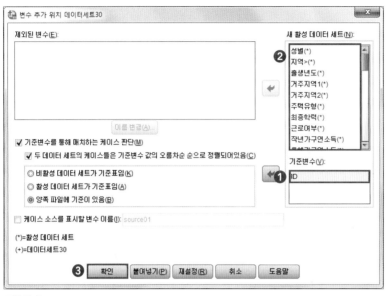

그림 5-6

6 변수 보기에서 확인하면 다른 파일에 있던 변수가 추가된 것을 볼 수 있습니다.

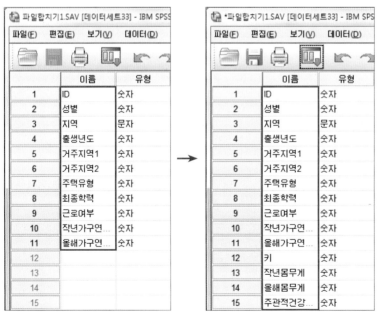

그림 5-7

아무도 가르쳐주지 않는 Tip

⑤에서 '새 활성 데이터 세트'를 보면 변수 옆에 (*)와 (+) 표시가 있습니다. (*) 표시는 본래 있던 변수, (+) 표시는 추가되는 변수를 나타냅니다. 만약 추가되는 변수들 중 필요 없는 변수가 있다면 클릭하여 '제외된 변수'로 옮겨주면 됩니다. **확인**을 누르면 [그림 5-8]과 같이 기준변수가 오름차순으로 정렬되어 있는지 확인하는 경고 메시지가 나타납니다.

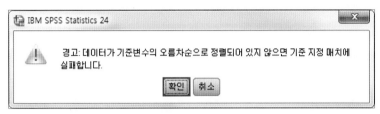

그림 5-8 | **경고 메시지**

만약 오름차순으로 정렬되어 있지 않으면 변수를 추가하는 데 오류가 발생하기 때문에 오름차순으로 정렬하고 다시 진행해야 합니다. 오름차순으로 정렬해놓아도 경고 메시지는 뜨는데, 이런 경우에는 바로 확인을 눌러주면 됩니다.

오름차순 정렬은 **데이터 보기**에서 기준변수인 ID나 일련번호 변수 위에 마우스를 올리고 오른쪽 클릭한 뒤 오름차순 정렬을 클릭하면 됩니다. 파일 합치기를 할 때는 합치는 파일 모두 오름차순으로 정렬해야 합니다.

그림 5-9 | **오름차순 정렬**

케이스 선택

bit.ly/onepass-spss7

PREVIEW

· 케이스 선택은 주로 연구 대상만 남겨두고 나머지 케이스는 필터링하거나 삭제할 때 사용한다.
· 케이스 선택 방법 : 데이터-케이스 선택

01 _ 케이스 선택이란?

케이스 선택은 특정 케이스를 필터링(삭제하지 않고 분석 시 제외하는 것)하거나 삭제하고자
할 때 사용합니다. 예를 들어 연구 대상자가 남자라면 성별이 여자인 케이스는 필터링하거나
삭제해야 합니다. 또 연구 대상자가 노인이라면 64세 이하가 답한 케이스는 필터링하거나 삭제
해야겠죠. 이처럼 케이스 선택은 주로 연구 대상 외의 케이스를 필터링하거나 삭제할 때 사용
합니다.

02 _ 케이스 선택 방법

케이스 선택은 SPSS 상단 메뉴의 데이터-케이스 선택에서 진행할 수 있습니다. 여기서는 연구
대상자가 남자일 때 어떻게 진행하는지 살펴보겠습니다.

SPSS에서 케이스 선택하기 : 연구 대상자가 남자인 경우

준비파일 : spss기초 특강.SAV

1 변수 보기에서 케이스를 선택할 때 필요한 변수의 값을 확인해야 합니다. 연구 대상자가 남자이므로 성별이라는 변수의 '값'을 클릭해 설정을 확인합니다. '1=남자, 2=여자'로 설 정되어 있음을 확인할 수 있습니다.

그림 6-1

2 상단 메뉴에서 데이터-케이스 선택을 클릭합니다.

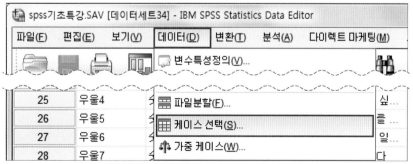

그림 6-2

3 케이스 선택 창에서 '조건을 만족하는 케이스' 아래에 있는 조건을 클릭합니다.

그림 6-3

4 케이스 선택: 조건 창에서 ❶ 케이스를 선택할 때 필요한 변수를 더블클릭하거나 화살표
(➡)를 눌러 오른쪽 박스로 넘겨줍니다. ❷ 연구 대상자가 남자이기 때문에 '성별=1'로
작성하고 ❸ 계속을 클릭합니다.

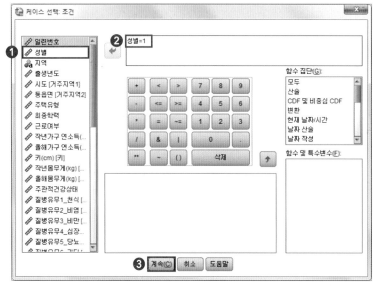

그림 6-4

만약 1990년생 이상이 연구 대상자라면 케이스 선택 조건에 '출생년도>=1990'와 같이 작성하면 되겠죠? 그런데 연구 대상자가 1990년생 이상 2000년생 이하라면 어떻게 해야 할까요? 여러 가지 방법이 있지만 지금까지 시행착오를 겪은 끝에 알게 된 사실은 조건을 하나씩 진행해야 한다는 것입니다. 즉 '출생년도>=1990'로 작성해서 1990년생 미만을 삭제하고, '출생년도<=2000'로 작성해서 한 번 더 삭제하면 최종적으로 1990년생 이상 2000년생 이하만 남게 됩니다.

5 케이스 선택 창에서 ❶ '선택하지 않은 케이스 필터'를 선택하고 ❷ 확인을 클릭합니다.

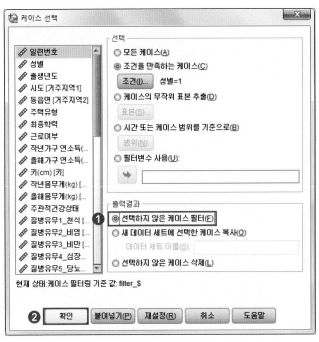

그림 6-5

케이스 선택 창에서 **출력결과**를 보면 '선택하지 않은 케이스 필터', '새 데이터 세트에 선택한 케이스 복사', '선택하지 않은 케이스 삭제' 이렇게 3개가 있습니다. 이 중 '선택하지 않은 케이스 필터'와 '선택하지 않은 케이스 삭제'를 주로 사용하게 될 것입니다. '선택하지 않은 케이스 필터'를 체크하면 분석할 때 선택하지 않은 케이스는 제외하고 분석할 수 있고, '선택하지 않은 케이스 삭제'를 체크하면 파일 안에서 조건을 만족하지 않는 케이스는 삭제됩니다.

6 데이터 보기에서 조건을 만족하지 못하는 케이스가 사선으로 표시된 것을 확인할 수 있습니다.

그림 6-6

아무도 가르쳐주지 않는 Tip

여기서는 조건이 '성별=1'이었으므로, 조건을 만족하지 않는 케이스는 남자를 제외한 모든 케이스, 즉 여자와 결측치가 해당됩니다. 보통 여자만 필터링되었을 것이라 생각하지만 남자를 제외한 모든 케이스가 필터링된다는 점을 알아두길 바랍니다.

7 다시 모든 케이스를 표시하고 싶다면, 데이터-케이스 선택을 클릭하고 ❶ 케이스 선택 창에서 '모든 케이스'를 선택한 후 ❷ 확인을 클릭합니다.

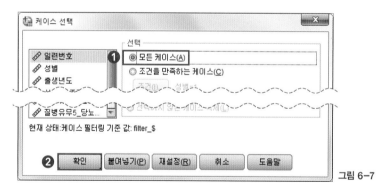

그림 6-7

아무도 가르쳐주지 않는 Tip

케이스 필터링과 삭제 중에서 저희가 추천하는 방법은 '삭제'와 '다른 이름으로 저장'입니다. 필터링을 하면 나중에 분석 결과를 봤을 때 필터링해서 나온 결과 값인지 아닌지 헷갈리기 때문입니다. 그러므로 처음부터 케이스를 삭제하고 진행하는 것이 좋습니다. 삭제하는 경우에는 케이스 복원이 안 되기 때문에 무조건 원본을 복사해놓고 진행하거나, 다른 이름으로 저장한 파일을 사용해야 합니다.

파일분할

bit.ly/onepass-spss8

PREVIEW

· 파일분할은 집단별로 파일을 임의로 나누어 사용하는 것이다.
· 파일분할은 성별에 따른 종교 유무 등 케이스를 구분하여 분석을 진행할 때 사용한다.
· 파일분할 방법 : 데이터–파일분할

01 _ 파일분할이란?

파일분할은 집단별로 파일을 임의로 나누어 사용하는 것을 말합니다. 파일분할은 파일을 실제로 나누는 것이 아니라, 1개의 파일 안에서 자체적으로 파일을 나누었다고 가정하고 진행합니다. 예를 들어, 남자와 여자의 거주 지역 분포가 어떻게 다른지 확인하려 할 때, 앞서 배운 케이스 선택을 사용할 수도 있습니다. 즉 케이스 선택을 사용해서 남자 케이스만 있는 파일과 여자 케이스만 있는 파일을 만들어 각 파일에서 거주 지역 분포를 확인하면 됩니다. 그러나 파일분할을 사용하면 이러한 번거로운 절차를 줄일 수 있습니다. 파일분할을 사용하면 남자 케이스와 여자 케이스 파일을 따로 만들지 않아도 남자와 여자의 거주 지역 분포를 각각 확인할 수 있습니다.

파일분할은 빈도분석뿐 아니라 기술분석, 상관관계 분석, 회귀분석 등 모든 분석에서 활용할 수 있고, 시간을 많이 줄여주므로 효율적입니다. 그러나 기존 SPSS 관련 도서에서 잘 다루지 않았고, 학교에서도 잘 가르쳐주지 않다보니 이 기능에 대해 모르는 경우가 많습니다. 하지만 매우 유용하므로 꼭 알아두면 좋겠습니다. 보통 파일분할은 다음과 같은 경우에 사용합니다.

· 성별에 따라 종교 유무, 배우자 유무, 학력 등을 각각 빈도분석할 때
· 거주 지역(동 지역, 읍 지역, 면 지역)별로 종교 유무, 배우자 유무, 학력 등을 각각 빈도분석할 때
· 독립변수와 종속변수가 같은 상황에서 남자와 여자로만 구분 지어서 회귀분석할 때

02 _ 파일분할 방법

파일분할은 SPSS 상단 메뉴의 데이터-파일분할에서 진행할 수 있습니다. 여기서는 성별로 파일분할을 어떻게 진행하는지 살펴보겠습니다.

SPSS에서 파일분할하기 : 성별에 따른 분할

준비파일 : spss기초 특강.SAV

1 변수 보기에서 파일분할을 진행할 변수를 확인해야 합니다. 성별로 파일을 분할해야 하므로 성별의 값을 확인합니다. '1 = 남자, 2 = 여자'로 설정되어 있는 것을 확인할 수 있습니다.

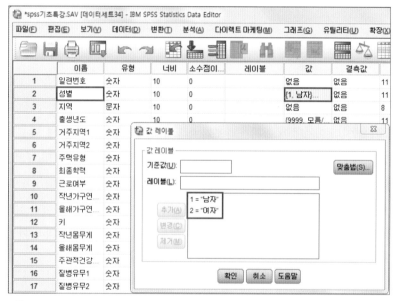

그림 7-1

2 상단 메뉴에서 데이터-파일분할을 클릭합니다.

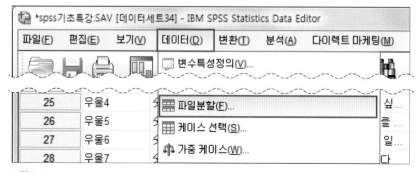

그림 7-2

3 파일분할 창에서 **①** '각 집단별로 출력결과를 나타냄'에 체크합니다. **②** '성별'을 선택하여 **③** 화살표(➡)를 클릭(혹은 '성별' 더블클릭)해 '분할 집단변수'에 넣어준 후 **④** 확인을 클릭합니다.

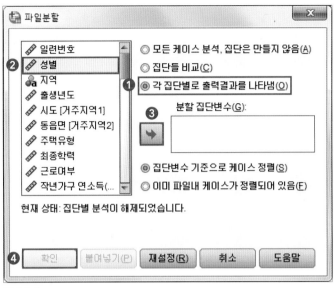

그림 7-3

4 SPSS 화면 오른쪽 아래에 '분할 기준 성별'이 표시되는지 확인합니다. 만약 '분할 기준'이라는 표시가 없다면 파일분할이 이루어지지 않은 것입니다.

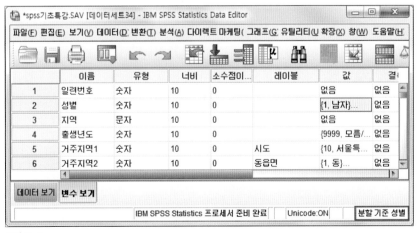

그림 7-4

여기서 잠깐!!

파일분할을 한 상태로 거주 지역(동, 읍, 면)을 빈도분석해본 결과는 [그림 7-5]와 같았습니다. '성별=.'은 시스템 결측값, 즉 빈칸에 대한 결과를 보여주는 것입니다. '성별=남자'는 남자 케이스에 대한 동, 읍, 면 지역의 빈도를 보여주고 '성별=여자'는 여자 케이스에 대한 동, 읍, 면 지역의 빈도를 보여줍니다. 이렇듯 결과 창에서 성별에 따른 거주 지역 분포를 한 번에 확인할 수 있습니다.

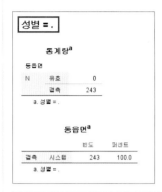

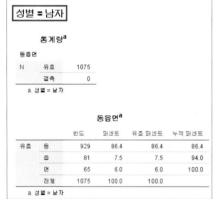

그림 7-5 | 파일분할 분석 결과

5 파일분할을 그만하고 싶다면, 데이터–파일분할을 클릭하고 ❶ 파일분할 창에서 '모든 케이스 분석, 집단은 만들지 않음'을 선택한 후 ❷ 확인을 클릭합니다.

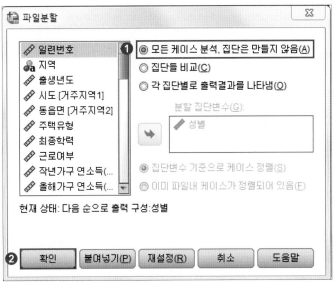

그림 7-6

만약 거주 지역(동, 읍, 면)별 남녀의 올해 몸무게 평균을 구해야 한다면 어떻게 해야 할까요? 이때 사용할 수 있는 방법이 바로 파일분할입니다. 여기서 집단별로 파일을 분할한다고 생각하면, 거주 지역뿐 아니라 성별로도 파일을 분할해야 합니다. 즉 거주 지역과 성별을 한 번에 파일분할해야 합니다. [그림 7-7]과 같이 **파일분할** 창에서 '분할 집단변수'에 '성별'뿐만 아니라 '동읍면[거주지역2]'도 함께 넣으면 됩니다.

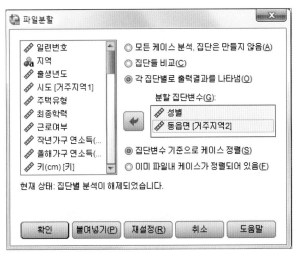

그림 7-7 | 이중 파일분할 방법

이와 같은 과정으로 성별과 거주 지역(동, 읍, 면)별로 파일분할을 한 뒤 기술분석에서 올해 몸무게 평균을 구하면 [그림 7-8]과 같은 결과가 나타납니다. 이처럼 파일분할 방법을 통해서 손쉽게 집단별로 구분 지어 분석을 진행할 수 있습니다.

성별 = 남자, 동읍면 = 동

기술통계량[a]

	N	최소값	최대값	평균	표준편차
올해몸무게(kg)	929	30.00	90.00	60.9257	17.69795
유효 N(목록별)	929				

a. 성별 = 남자, 동읍면 = 동

성별 = 남자, 동읍면 = 읍

기술통계량[a]

	N	최소값	최대값	평균	표준편차
올해몸무게(kg)	81	30.00	89.00	60.7778	17.46568
유효 N(목록별)	81				

a. 성별 = 남자, 동읍면 = 읍

그림 7-8 | 이중 파일분할 분석 결과

데이터 핸들링

bit.ly/onepass-spss9

PREVIEW

- 데이터 핸들링에는 '변수 계산', '같은 변수로 코딩변경', '다른 변수로 코딩변경'이 있다.
- 같은 변수(다른 변수)로 코딩변경은 기존의 변수 값을 바꾸고자 할 때 사용한다.
    - 비율척도를 서열화할 때
    - 여러 변수 값을 하나로 묶을 때
    - 역코딩할 때
- 같은 변수로 코딩변경 방법 : 변환−같은 변수로 코딩변경
- 다른 변수로 코딩변경 방법 : 변환−다른 변수로 코딩변경
- 변수 계산은 다음과 같은 경우에 사용한다.
    - 리커트 척도를 합할 때
    - 리커트 척도를 평균 낼 때
    - 정규분포를 이루지 않는 변수에 로그나 루트를 취할 때
    - 활용하고자 하는 변수 중 하나라도 결측치가 있는 케이스를 확인하고자 할 때
- 변수 계산 방법
    - 합 : 변환−변수 계산−Sum
    - 평균 : 변환−변수 계산−Mean
    - 결측치 확인 : 변환−변수 계산−+(단순 덧셈)
    - 로그 : 변환−변수 계산−Ln 또는 Lg10
    - 루트 : 변환−변수 계산−Sqrt

01 _ 데이터 핸들링이란?

데이터 핸들링이란 변수를 계산하거나 코딩을 변경하는 것입니다. 데이터 핸들링을 잘해야 통계를 잘한다고 볼 수 있습니다. 그러므로 이번 SECTION에서 다루는 내용은 더 꼼꼼히 보길 바랍니다.

아무도 가르쳐주지 않는 Tip

데이터 핸들링이나 분석을 진행하기에 앞서 가장 먼저 해야 할 작업이 있습니다. 이상치나 결측치가 있는지 확인하는 것입니다. 빈도분석을 통해 이상치와 결측치를 확인하여 처리해준 후 데이터 핸들링을 진행하면 됩니다.

그림 8-1 | 변환 메뉴

데이터 핸들링은 변환 메뉴에서 진행할 수 있는데, 여기서는 변환 메뉴 중 다음 세 가지 메뉴에 대해 살펴보려고 합니다.

- 변수 계산   · 같은 변수로 코딩변경   · 다른 변수로 코딩변경

먼저 같은 변수로 코딩변경과 다른 변수로 코딩변경에 대해 살펴보겠습니다.

02 _ 같은 변수(다른 변수)로 코딩변경

같은 변수로 코딩변경과 다른 변수로 코딩변경은 활용 목적이 같기 때문에 한꺼번에 묶어서 설명 하겠습니다. 두 기능의 차이점이라면, 같은 변수로 코딩변경은 변수를 새롭게 생성하지 않고 이미 있는 변수 안에서 변경한다는 것이고, 다른 변수로 코딩변경은 코딩 변경한 변수를 새로 만든다는 것입니다. 그렇다면 언제 이 기능을 사용할까요?

- 비율척도를 서열화할 때
  (예) 키를 160cm대 이하, 170cm대, 180cm대, 190cm대 이상으로 서열화할 때

- 여러 변수 값을 하나로 묶을 때
  (예) 1=중졸 이하, 2=고졸, 3=전문대 졸, 4=대졸, 5=대학원 졸
    ➡ 1=고졸 이하, 2=전문대 졸 이상

- 역코딩할 때
  (예) 1. 매우 그렇다, 2. 그런 편이다, 3. 그렇지 않은 편이다, 4. 전혀 그렇지 않다
    ➡ 1. 전혀 그렇지 않다, 2. 그렇지 않은 편이다, 3. 그런 편이다, 4. 매우 그렇다

웬만하면 **같은 변수로 코딩변경**을 활용하기보다는 **다른 변수로 코딩변경**을 사용하는 것이 더 좋습니다. 정규형 강사는 처음 SPSS를 사용했을 때 데이터 핸들링하는 시간을 줄여보고자 **같은 변수로 코딩변경**을 자주 사용했는데, 나중에는 그 변수가 변경한 변수인지 아닌지 헷갈려서 처음부터 다시 한 경우가 종종 있었습니다. 시간은 조금 더 걸리겠지만, 원 변수는 남겨두고 새롭게 만드는 것이 원 변수를 보존하면서 문제를 최소화하는 길입니다. 그러므로 **다른 변수로 코딩변경**을 추천합니다.

03 _ 같은 변수(다른 변수)로 코딩변경 방법

여기서는 비율척도를 서열화하는 경우, 여러 변수 값을 묶는 경우, 역코딩하는 경우에 대해 같은 변수(다른 변수)로 코딩변경하는 방법을 살펴보겠습니다. 먼저 비율척도인 키를 160cm대 이하, 170cm대, 180cm대, 190cm대 이상으로 서열화해봅시다.

SPSS에서 데이터 핸들링하기 : 비율척도를 서열화하는 경우

준비파일 : spss기초특강.SAV

1 변환 – 다른 변수로 코딩변경을 클릭합니다.

파일(F)	편집(E)	보기(V)	데이터(D)	변환(T)	분석(A)	다이렉트 마케팅(M)	그리

	이름	유형
1	일련번호	숫자
2	성별	숫자
3	지역	문자
4	출생년도	숫자
5	거주지역1	숫자

변환(T) 메뉴:
- 변수 계산(C)...
- Programmability 변환...
- 케이스 내의 값 빈도(O)...
- 값 이동(F)...
- 같은 변수로 코딩변경(S)...
- 다른 변수로 코딩변경(R)...
- 자동 코딩변경(A)...

그림 8-2

같은 변수로 코딩변경을 사용해도 상관없지만 비율척도를 서열화할 때는 되도록 **다른 변수로 코딩변경**을 사용하길 추천합니다.

2 다른 변수로 코딩변경 창에서 ❶ 코딩을 변경하고자 하는 변수인 '키(cm)[키]'를 클릭하고 ❷ 화살표()를 클릭합니다.

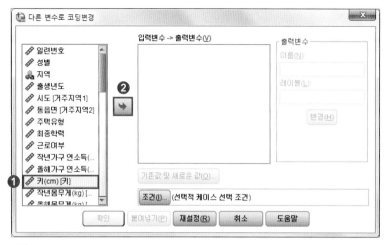

그림 8-3

3 ❶ '출력변수'의 '이름'에 '키서열화'를 작성한 후 ❷ 변경을 클릭합니다. 그리고 ❸ 기존값 및 새로운 값을 클릭합니다.

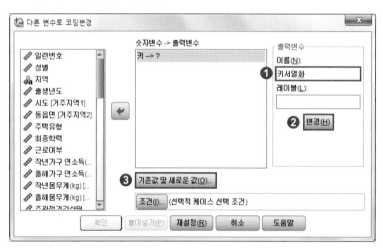

그림 8-4

아무도 가르쳐주지 않는 **Tip**

'출력변수'에 '이름'을 작성하고 **변경** 버튼을 누르지 않는 경우가 있는데요. 보통 [그림 8-4]에서 **확인** 버튼이 눌러지지 않는다고 하는 분들을 보면 **변경** 버튼을 누르지 않은 경우가 대다수입니다. '이름'을 작성하고 꼭 **변경** 버튼을 눌러주세요!

4 키가 160대 이하를 1, 170대를 2, 180대를 3, 190대 이상을 4로 설정하겠습니다. **1** '기존값'에 있는 '최저값에서 다음 값까지 범위'에 '169.999999999'를 작성합니다. **2** '새로운 값'에 있는 '값'에 '1'을 작성하고 **3** 추가를 클릭합니다.

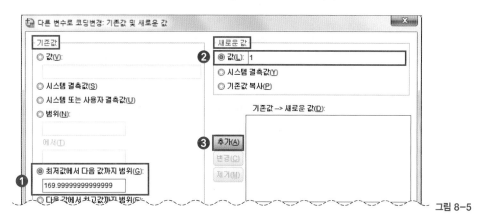

그림 8-5

아무도 가르쳐주지 않는 Tip

'160대 이하를 1로 설정'하라고 하면 대부분 '최저값에서 다음 값까지 범위'를 '169'로 하는 분들이 많습니다. 이렇게 되면 169와 170 사이에 있는 케이스들은 포함되지 않기 때문에 주의해야 합니다. 그래서 '169.9999999999'로 적는 것입니다. 저희는 비율척도를 서열화할 때 소수점 자리가 없다 해도 일부러 '.999999'를 넣어서 작성합니다. 물론 소수점 자리가 없을 경우 '.999999'를 안 넣어도 되지만, 소수점 이하 자리에 익숙해져야 하므로 처음 시작할 때는 '.999999'를 항상 넣어보세요. 혹은 빈도분석을 통해 케이스의 범위를 확인하고 그에 맞춰서 범위를 설정하는 방법도 있습니다. 이런 습관을 들이면, 실수를 줄일 수 있습니다.

5 170대를 2로 설정하기 위해 **1** '기존값'에 있는 '범위'에 '170'과 '179.9999999999'를 작성합니다. **2** '새로운 값'에 있는 '값'에 '2'를 작성하고 **3** 추가를 클릭합니다.

그림 8-6

180대를 3으로 설정하는 것도 마찬가지입니다. '범위'에 '180'과 '189.9999999999'를 작성하고, '값'에 '3'을 작성한 후 추가를 클릭하면 됩니다.

6 190대를 4로 설정하기 위해 ❶ '기존값'에 있는 '다음 값에서 최고값까지 범위'에 '190'을 작성합니다. ❷ '새로운 값'에 있는 '값'에 '4'를 작성하고 ❸ 추가를 클릭한 후 ❹ 계속을 클릭합니다.

그림 8-7

7 변수 보기에서 키서열화 변수의 값을 160대 이하는 1, 170대는 2, 180대는 3, 190대 이상은 4로 지정해줍니다.

그림 8-8

8 데이터 보기에서 '키'와 '키서열화' 변수를 비교하며 문제가 있는지 확인합니다.

그림 8-9

물론 같은 변수로 코딩변경을 진행했다면 키 변수에 변환이 되어 있을 겁니다.

이번에는 '1=중졸 이하, 2=고졸, 3=전문대 졸, 4=대졸, 5=대학원 졸'을 '1=고졸 이하, 2=전문대 졸 이상'으로 묶어봅시다.

SPSS에서 데이터 핸들링하기 : 여러 변수 값을 하나로 묶는 경우

준비파일 : spss기초특강.SAV

1 변수 보기에서 묶고자 하는 변수인 '최종학력'의 변수 값 레이블을 확인합니다.

그림 8-10

2 변환 – 다른 변수로 코딩변경을 클릭합니다.

그림 8-11

아무도 가르쳐주지 않는 Tip

같은 변수로 코딩변경을 사용해도 상관없지만 원 변수를 남겨두고 새롭게 변수를 만들고자 **다른 변수로 코딩변경**을 사용해 진행합니다.

3 다른 변수로 코딩변경 창에서 **①** 묶고자 하는 변수인 '최종학력'을 클릭한 뒤 **②** 화살표 (➡)를 클릭합니다.

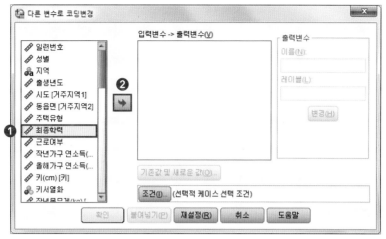

그림 8-12

4 **①** '출력변수'의 '이름'에 '최종학력리코딩'을 작성한 후 **②** 변경을 클릭합니다. 그리고 **③** 기존값 및 새로운 값을 클릭합니다.

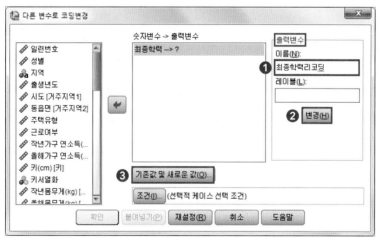

그림 8-13

여기서 잠깐!!

'이름'을 어떻게 작성해도 상관없지만, 저희는 리코딩한 변수인지 아닌지 금방 확인할 수 있게 변수명 뒤에 '리코딩' 혹은 're'를 항상 붙입니다.

5 '고졸 이하=1, 전문대졸 이상=2'로 리코딩하기 위해 ❶ '기존값'에 있는 '값'에 '1'(중졸 이하)을 작성하고 ❷ '새로운 값'에 있는 '값'에 '1'(고졸 이하)을 작성한 후 ❸ 추가를 클릭 합니다.

그림 8-14

같은 방법으로 기존값인 '2=고졸'은 새로운 값 '1'로, '3=전문대 졸', '4=대졸', '5=대학원 졸'은 새로운 값 '2'로 작성하면 됩니다. 순서대로 정리하면 다음과 같습니다.

기존값 '1' ▶ 새로운 값 '1' ▶ 추가 버튼
기존값 '2' ▶ 새로운 값 '1' ▶ 추가 버튼
기존값 '3' ▶ 새로운 값 '2' ▶ 추가 버튼
기존값 '4' ▶ 새로운 값 '2' ▶ 추가 버튼
기존값 '5' ▶ 새로운 값 '2' ▶ 추가 버튼

6 ❶ '기존값'에 있는 '기타 모든 값'을 클릭하고 ❷ '새로운 값'에서는 '시스템 결측값'을 선택합니다. ❸ 추가를 클릭한 뒤 ❹ 계속을 클릭합니다.

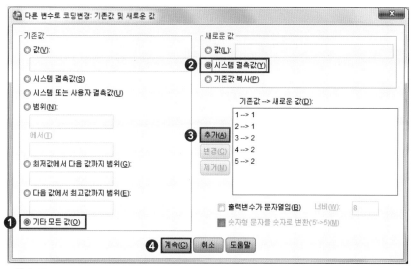

그림 8-15

아무도 가르쳐주지 않는 Tip

'기타 모든 값'은 '6=해당사항 없음'과 '9=모름/무응답'을 말하는 것인데, 이 값들은 결측치(빈칸)로 남겨두겠다는 의미입니다.

7 확인을 클릭하면 리코딩이 된 것입니다.

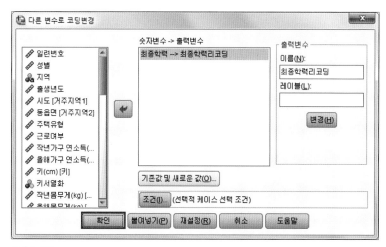

그림 8-16

8 변수 보기에서 **①** 새로 만든 변수의 '값'을 클릭하고 **②** '기준값'에 '1', '레이블'에 '고졸 이하'를 작성해 '1=고졸 이하'로 변수 값을 설정한 후 **③** 확인을 클릭합니다.

그림 8-17

마찬가지로, '기준값'에 '2', '레이블'에 '전문대졸 이상'으로 작성해 '2=전문대졸 이상'으로 변수 값을 설정해줍니다. 이 절차를 꼭 진행해야 나중에 1이 무슨 값이고 2가 무슨 값인지 헷갈리지 않습니다.

9 데이터 보기에서 '최종학력'과 '최종학력리코딩' 변수를 비교하며 문제가 있는지 확인합니다.

그림 8-18

리코딩이 잘 되었는지 확인하기 위한 가장 좋은 방법은 빈도분석을 진행하는 것입니다. 빈도분석은 **분석−기술통계량−빈도분석**에서 진행하면 됩니다. [그림 8−19]의 **최종학력리코딩** 빈도분석 결과를 보면 '고졸 이하'와 '전문대졸 이상'으로 구분되어 잘 진행되었음을 확인할 수 있습니다.

			최종학력		
		빈도	퍼센트	유효 퍼센트	누적 퍼센트
유효	중졸 이하	75	3.2	3.8	3.8
	고졸	805	34.2	41.0	44.8
	전문대 졸	195	8.3	9.9	54.8
	대졸	792	33.7	40.3	95.1
	대학원 졸	92	3.9	4.7	99.8
	모름/무응답	4	.2	.2	100.0
	전체	1963	83.5	100.0	
결측	시스템	388	16.5		
전체		2351	100.0		

			최종학력리코딩		
		빈도	퍼센트	유효 퍼센트	누적 퍼센트
유효	고졸 이하	880	37.4	44.9	44.9
	전문대졸 이상	1079	45.9	55.1	100.0
	전체	1959	83.3	100.0	
결측	시스템	392	16.7		
전체		2351	100.0		

그림 8−19 | 빈도분석을 통한 리코딩 확인

이번에는 '우울' 변수를 통해서 값을 역코딩하는 방법에 대해 살펴보겠습니다.

SPSS에서 데이터 핸들링하기 : 역코딩하는 경우

준비파일 : spss기초특강.SAV

1 역코딩할 변수인 '우울'의 레이블을 확인합니다.

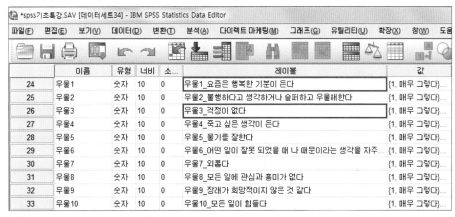

그림 8−20

여기서 '우울1'부터 '우울10'까지 살펴본 결과 '우울1'과 '우울3'이 긍정문으로 되어 있고, 나머지는 부정문으로 되어 있는 것을 확인할 수 있습니다. 우울은 부정적인 특성을 지닌 변수이니까 무조건 긍정문을 역코딩해야겠다고 생각하면 안 됩니다. 변수에 해당하는 값을 살펴보아야 합니다.

아무도 가르쳐주지 않는 Tip

점수가 높을수록 변수의 특성이 잘 드러나게 코딩해야 합니다. 변수가 '우울'이라면 점수가 높을수록 우울한 것으로 코딩해야겠죠. 변수가 '삶의 만족도'라면 점수가 높을수록 삶에 만족하는 것으로 코딩해야 합니다.

2 변수 값을 통해 최젓값과 최곳값이 어떻게 설정되어 있는지 확인합니다.

그림 8-21

값을 살펴보니 '1=매우 그렇다', '4=전혀 그렇지 않다'입니다. 결국 긍정문으로 적혀 있는 문항은 그대로 두고 나머지 부정문으로 적혀 있는 문항을 역코딩해야 점수가 높을수록 우울한 것으로 설정할 수 있습니다. 물론 '9=모름/무응답'은 삭제해야 합니다.

3 변환-다른 변수로 코딩변경을 클릭합니다.

그림 8-22

4 다른 변수로 코딩변경 창에서 ❶ 역코딩할 변수를 클릭한 뒤 ❷ 화살표(➡)를 클릭합니다.

그림 8-23

5 '우울2'에 대해 ❶ '출력변수'의 '이름'에 '우울2역코딩'을 작성한 후 ❷ 변경을 클릭합니다.
❸ 같은 방법으로 '우울4'부터 '우울10'까지 바꿔줍니다. ❹ 기존값 및 새로운 값을 클릭
합니다.

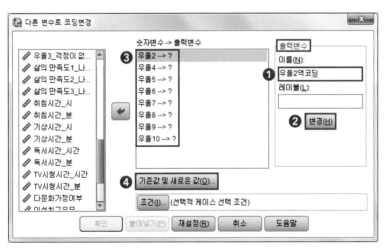

그림 8-24

6 '1=매우 그렇다'를 '4=매우 그렇다'로 바꾸기 위해 ❶ '기존값'에 있는 '값'에 '1'을 작성하고 ❷ '새로운 값'에 있는 '값'에 '4'를 작성한 후 ❸ 추가를 클릭합니다.

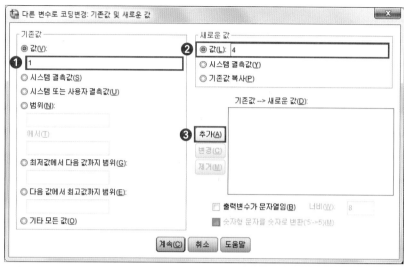

그림 8-25

같은 방법으로, 기존값 '2=그런 편이다'는 새로운 값 '3=그런 편이다'로, 기존값 '3=그렇지 않은 편이다'는 새로운 값 '2=그렇지 않은 편이다'로, '4=전혀 그렇지 않다'를 '1=전혀 그렇지 않다'로 바꿉니다. 정리하면 다음과 같습니다.

기존값 '1' ▶ 새로운 값 '4' ▶ 추가 버튼
기존값 '2' ▶ 새로운 값 '3' ▶ 추가 버튼
기존값 '3' ▶ 새로운 값 '2' ▶ 추가 버튼
기존값 '4' ▶ 새로운 값 '1' ▶ 추가 버튼

현재 작업하고 있는 과정은 '역코딩' 과정이므로, '같은 변수로 코딩 변경' 기능을 사용하는 것이 더 효과적입니다. 새로운 변수를 만들 필요 없이 역코딩한 변수로 계속 분석을 진행하기 때문입니다. 하지만 책에서는 연구자가 초보자라는 전제 하에, '원래 데이터가 훼손되거나 삭제될 수 있는 우려'가 있어 '다른 변수로 코딩 변경' 기능으로 설명하였습니다.

7 ❶ '기존값'에 있는 '기타 모든 값'을 클릭하고 ❷ '새로운 값'에서는 '시스템 결측값'을 선택합니다. ❸ 추가를 클릭한 뒤 ❹ 계속을 클릭합니다.

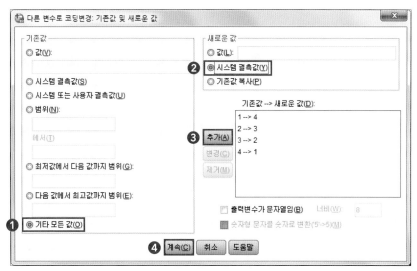

그림 8-26

8 다른 변수로 코딩변경 창에서 확인을 클릭합니다.

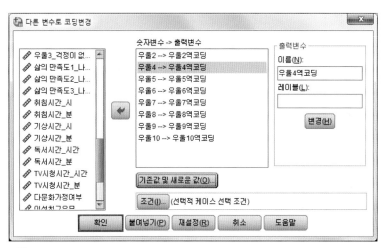

그림 8-27

9 변수 보기에서 ❶ 역코딩된 변수들의 값을 '1=전혀 그렇지 않다', '2=그렇지 않은 편이다', '3=그런 편이다', '4=매우 그렇다'로 설정하고 ❷ 확인을 클릭합니다.

그림 8-28

04 _ 변수 계산

변수 계산으로 할 수 있는 것은 많지만, 대개 다음의 두 가지 상황에서 사용합니다.

- 각종 변수를 계산(합, 평균, 로그, 루트)할 때
- 하나라도 결측치가 있는 케이스를 확인할 때

생각했던 것보다 사용하는 범위가 좁지요? 중요한 것은 언제, 어떤 계산을 해야 하는지 제대로 아는 것입니다. 이제 구체적인 방법을 살펴보겠습니다.

05 _ 변수 계산 방법 : 합, 평균

먼저 변수들의 합을 계산하는 경우와 평균을 계산하는 경우를 살펴보겠습니다. 변수들의 합이나 평균을 계산한다는 것은 보통 리커트 척도로 이루어진 많은 문항을 하나의 문항으로 만들겠다는 것입니다. 여기에서는 총 3개의 문항으로 이루어진 '삶의 만족도'라는 4점 척도의 변수를 활용해보겠습니다. 즉 삶의 만족도에 대한 3개의 문항을 1개의 문항으로 만들기 위해 합한다는 것입니다.

SPSS에서 데이터 핸들링하기 : 변수들의 합을 계산하는 경우

준비파일 : spss기초특강.SAV

1 합할 변수들의 레이블과 값을 확인합니다. 이때 역코딩할 문항이나 결측치가 있는지 확인합니다.

그림 8-29

변수 계산 전 점검 사항

역코딩 문항(점수가 높을수록 반대로 해석되는 문항)이 있는지 확인하여 **같은 변수로 코딩변경**이나 **다른 변수로 코딩변경**을 먼저 실시한 후에 **변수 계산**을 해야 합니다. 그리고 결측치(모름/무응답)도 정리한 후에 변수 계산을 해야 합니다. 이 부분은 합을 계산할 때뿐 아니라 평균, 로그, 루트 등 모든 변수 계산을 진행하기 전에 꼭 해야 하는 작업입니다.

역코딩 기준

역코딩할 때는 기준을 어떻게 세우는지가 중요합니다. 예를 들어 '삶의 만족도'는 점수가 높을수록 삶의 만족도가 높은 것으로 해석할 수 있게 해야 합니다. 즉 점수가 높을수록 변수 특성이 잘 드러나도록 기준을 세우면 됩니다. 삶의 만족도는 긍정적인 변수이니까 점수가 높을수록 긍정적인 것으로 설정해야 합니다. 만약 변수가 '우울'이라면 부정적인 변수이므로 점수가 높을수록 부정적인 것, 즉 우울한 것으로 설정해야겠죠?

[그림 8-29]의 '삶의 만족도'를 살펴보겠습니다. 1번 문항은 '나는 사는 게 즐겁다', 2번 문항은 '나는 걱정거리가 별로 없다', 3번 문항은 '나는 내 삶이 행복하다고 생각한다'입니다. 1번, 2번, 3번 모두 긍정문입니다. 그렇다면 점수가 높을수록 삶의 만족도가 높은 것으로 해석할 수 있게 해야겠죠. 문제는 값입니다. '1=매우 그렇다', '2=그런 편이다', '3=그렇지 않은 편이다', '4=전혀 그렇지 않다'로 되어 있습니다. 점수가 높을수록 삶의 만족도는 낮은 것으로 설정되어 있네요. 따라서 세 문항 모두 역코딩해야 합니다. 즉 1번을 4번으로, 2번을 3번으로, 3번을 2번으로, 4번을 1번으로 바꿔야 점수가 높을수록 삶의 만족도가 높은 것으로 됩니다.

2️⃣ 변환-변수 계산을 클릭합니다.

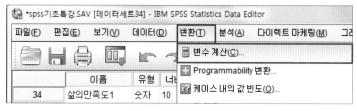

그림 8-30

3 변수 계산 창에서 ❶ '목표변수'에 '삶의만족도합'이라고 작성합니다. '목표변수'는 변수들을 합해서 만드는 변수의 이름을 설정하는 곳입니다. ❷ '함수 집단'에서 '통계'를 선택하고 ❸ '함수 및 특수변수'에서 'Sum'을 더블클릭합니다. 그러면 ❹ '숫자표현식'에 'SUM(?,?)'가 나타납니다. '함수 집단'에서 선택하지 않고 바로 '숫자표현식'에 'SUM(?,?)'를 작성해도 됩니다.

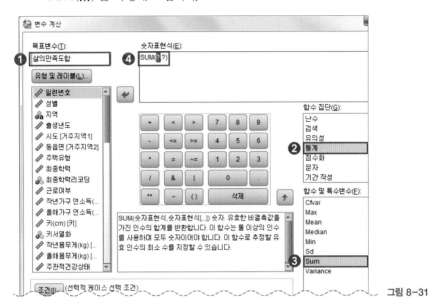

그림 8-31

4 ❶ 'SUM(?,?)'에서 괄호 안에 있는 '?,?'를 삭제한 뒤, 합치고자 하는 변수 '삶의 만족도1'을 더블클릭하여 괄호 안에 넣습니다. 콤마를 찍은 다음 또 합치고자 하는 변수 '삶의 만족도2'를 더블클릭합니다. 마지막으로 콤마를 찍고 변수 '삶의 만족도3'을 더블클릭한 후 ❷ 확인을 클릭합니다.

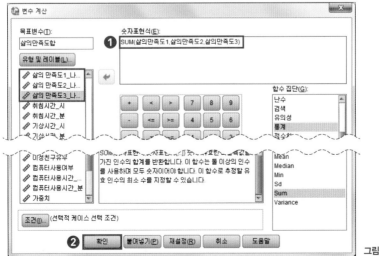

그림 8-32

5 변수 보기에서 합한 변수 '삶의만족도합'을 확인합니다. 그리고 데이터 보기에서 값이 제대로 합쳐졌는지 확인합니다.

그림 8-33

변수들의 평균을 계산하는 것도 합을 계산할 때와 마찬가지로, 보통 리커트 척도로 이루어진 여러 문항을 하나의 문항으로 만들겠다는 뜻입니다. 여기서는 총 3개의 문항으로 이루어진 '삶의 만족도'라는 4점 척도의 변수를 활용해서 '삶의 만족도'에 대한 평균 변수를 만들어보겠습니다.

아무도 가르쳐주지 않는 Tip

'삶의만족도합'이라는 변수를 만들 때 숫자표현식에 'SUM(삶의만족도1,삶의만족도2,삶의만족도3)'으로 작성했습니다. 그런데 'SUM(삶의만족도1 to 삶의만족도3)' 이렇게 작성해도 같은 값이 나옵니다. 즉 첫 번째 변수명과 마지막 변수명 사이에 to를 적어서 조금 더 간단하게 작성할 수 있습니다. 하지만 to는 되도록 사용하지 않기를 바랍니다. 왜냐하면 가끔 오류가 나서 첫 번째 변수와 마지막 변수만 합산된 변수가 나오기도 하기 때문입니다. 조금 귀찮더라도 'SUM(삶의만족도1,삶의만족도2,삶의만족도3)'과 같이 모든 변수를 기입하는 것이 정확합니다.

SPSS에서 데이터 핸들링하기 : 변수들의 평균을 계산하는 경우

준비파일 : spss기초특강.SAV

1 변수들의 레이블과 값을 확인합니다. 역코딩 문항과 결측치가 있는지 확인한 뒤, 다른 변수로 코딩변경을 실시하여 역코딩을 진행한 다음 변수 계산을 진행합니다.

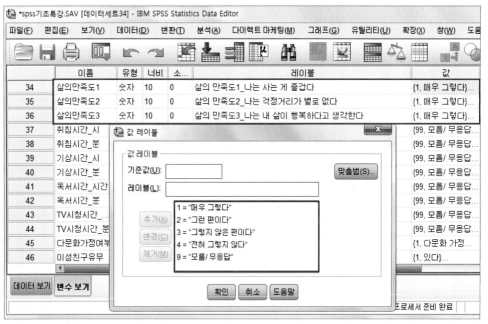

그림 8-34

2 변환-변수 계산을 클릭합니다.

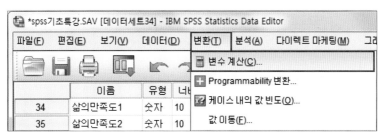

그림 8-35

 여기서 잠깐!!

원래 역코딩을 먼저 진행한 후에 합이나 평균을 계산합니다. 현재 실습하고 있는 '삶의만족도' 측정도구 역시 역문항 계산을 우선 진행해야 합니다. 하지만 여기서는 합과 평균을 내는 실습이고, 이 부분만 먼저 실습하는 독자를 위해 원래 데이터에서 변수 계산을 진행하였습니다.

3 변수 계산 창에서 ❶ '목표변수'에 '삶의만족도평균'이라고 작성합니다. ❷ '함수 집단'에서 '통계'를 선택하고 ❸ '함수 및 특수변수'에서 'Mean'을 더블클릭합니다. 그러면 ❹ '숫자 표현식'에 'MEAN(?,?)'가 나타납니다. '함수 집단'에서 선택하지 않고 바로 '숫자표현식'에 'MEAN(?,?)'를 작성해도 됩니다.

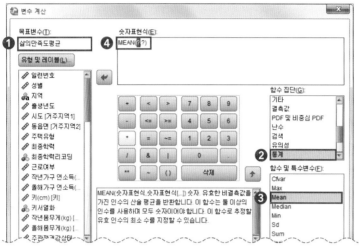

그림 8-36

4 ❶ 'MEAN(?,?)'에서 괄호 안에 있는 '?,?'를 삭제한 뒤, 평균을 내고자 하는 변수 '삶의 만족도1'을 더블클릭하여 괄호 안에 넣습니다. 콤마를 찍은 다음 평균을 내고자 하는 변수 '삶의 만족도2'를 더블클릭합니다. 마지막으로 콤마를 찍고 변수 '삶의 만족도3'을 더블클릭한 후 ❷ 확인을 클릭합니다.

그림 8-37

5 변수 보기와 데이터 보기에서 '삶의만족도평균'의 값이 제대로 나왔는지 확인합니다.

그림 8-38

06 _ 변수 계산 방법 : 하나라도 결측치가 있는 케이스 확인

상관분석이나 회귀분석 등을 할 때 하나라도 결측치가 있으면 그 케이스는 제외해야 하기 때문에 결측치가 있는 케이스를 찾아내는 일은 매우 중요합니다. 하나라도 결측치가 있는 케이스를 확인하려면 '숫자표현식'에서 'SUM'을 사용하는 방법과 단순히 덧셈(+)하는 방법이 어떻게 다른지 알아야 합니다. [그림 8-39]와 같이, SUM을 이용해서 덧셈한 변수를 '삶의만족도합SUM'이라 하고, 단순 덧셈한 변수를 '삶의만족도합플러스'라고 설정하겠습니다.

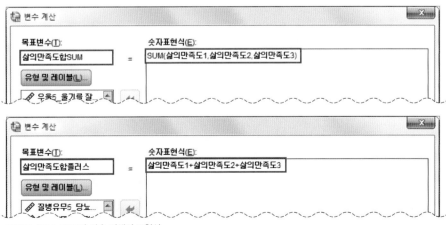

그림 8-39 | SUM과 단순 덧셈의 표현식

[그림 8-40]은 SUM과 단순 덧셈의 계산 결과를 보여줍니다. 둘 사이에 어떤 차이가 있는지 발견했나요? SUM 명령어를 사용한 '삶의만족도합SUM'은 '삶의만족도3'이 결측치라도 나머지 변수, 즉 '삶의만족도1'과 '삶의만족도2'를 더한 값이 나옵니다. 하지만 단순 덧셈한 '삶의만족도합플러스'는 더하고자 하는 변수 중 하나라도 결측치가 있으면 결과도 결측치로 나옵니다.

삶의만족도1	삶의만족도2	삶의만족도3	삶의만족도합SUM	삶의만족도합플러스
2	4	.	6.00	
2	2	.	4.00	
1	2	1	4.00	4.00
2	2	2	6.00	6.00
1	1	1	3.00	3.00
2	4	1	7.00	7.00

그림 8-40 | SUM과 단순 덧셈의 계산 결과

이제 하나라도 결측치가 있는 케이스를 어떻게 확인하는지 알겠죠? 한번 해보기 바랍니다. 사실 이러한 케이스는 결국 삭제해야 하는데요. 삭제는 어떻게 할까요? 앞에서 배운 케이스 선택을 이용하면 됩니다. 데이터-케이스 선택에 들어가서 조건을 '삶의만족도합플러스≧0'으로 하면 하나라도 결측치가 있는 케이스는 삭제됩니다.

07 _ 변수 계산 방법 : 로그, 루트

변수의 값을 어떤 경우에 로그 혹은 루트로 취하는지 알려면 먼저 정규분포에 대해 이해해야 합니다. 하지만 여기서 정규분포를 다룰 수는 없기 때문에 결론부터 말하자면, 회귀분석을 진행하든 구조방정식을 진행하든 변수는 정규분포를 이루고 있어야 합니다.

변수가 정규분포를 이루는지 여부를 검토하는 방법으로 왜도와 첨도를 확인하는 방법이 있습니다. 왜도와 첨도를 확인했는데 변수가 정규분포 기준에서 벗어난다면 정규분포를 이룰 수 있도록 바꿔줘야 합니다. 이것이 바로 **변수 계산에서 로그나 루트로 변환**하는 것입니다. 정리하자면, 변수가 정규분포를 이루는지 확인한 후, 정규분포 기준을 충족하지 않는다면 변수 계산에서 로그나 루트로 변환하면 됩니다.

보통 로그나 루트로 변환해야 하는 변수에는 무엇이 있을까요? 연소득과 같이 숫자 자체가 큰 변수들은 보통 정규분포 기준에 부합하지 않아 로그나 루트로 변환합니다. 즉 5점 리커트 척도인 경우에는 최솟값 1점부터 최댓값 5점까지 그 범위가 4밖에 안 되지만, 연소득의 경우 대개 최솟값과 최댓값의 차이가 크고, 빈도가 높은 케이스가 평균값에 속하지 않을 수 있습니다. 정규분포가 되려면 평균값의 빈도가 가장 높아야 하는데, 연소득은 평균 자체가 아웃라이어(연소득이 0원이거나 수백억 원인 케이스) 때문에 쉽게 높아지거나 낮아져서 정규분포를 이루는 데 어려움이 있습니다. 그러므로 연소득과 같이 숫자 자체가 크다고 판단하는 변수들은 왜도와 첨도를 무조건 확인해보는 것이 좋습니다.

아무도 가르쳐주지 않는 Tip

로그와 루트로 왜 변환해야 할까요? 로그나 루트로 변환한다는 것은 큰 숫자들을 같은 비율로 줄여 작게 만들어주는 거라고 생각하면 쉽습니다. 예를 들어 연소득의 최솟값이 100이고 최댓값이 1억이라면 상용로그로 변환한 값은 최솟값이 2, 최댓값은 8이 됩니다. 이처럼 숫자를 작게 만든다는 것은 그 범위 자체를 줄여 정규분포를 이루게 하는 것입니다.

그렇다면 언제 로그를 취하고, 언제 루트를 취할까요? 100과 1억을 상용로그로 변환하면 2와 8이 되지만, 루트를 취하면 10과 10,000으로 변환됩니다. 범위를 더 작게 만들어주는 것은 로그이므로 루트보다는 로그를 활용하는 것이 좋습니다. 하지만 [그림 8-41]과 같이 변수 값에 0이 있는 경우에는 로그 대신 루트를 취해야 합니다. 0에 루트를 취하면 0이지만, 0에 로그를 취하면 결측치로 변환되기 때문입니다. 결측치로 바뀐다는 것은 케이스 하나를 잃는 것이기 때문에 0이 있는 경우라면 루트로 변환해야 합니다.

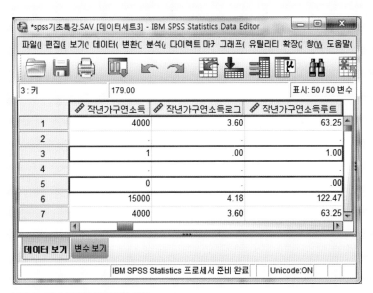

그림 8-41 | 로그와 루트 변환 예시

변수에 로그와 루트를 취하기 전에, 변수가 정규분포를 이루는지 검토하기 위해서 왜도와 첨도를 확인해보겠습니다.

SPSS에서 변수가 정규분포를 이루는지 검토하기

준비파일 : spss기초특강.SAV

1 분석−기술통계량−기술통계를 클릭합니다.

그림 8-42

2 기술통계 창에서 ❶ 왜도와 첨도를 확인할 변수를 선택하여 '변수'에 넣어준 후, ❷ 옵션을 클릭합니다. 기술통계: 옵션 창의 ❸ '분포'에서 '첨도'와 '왜도'를 선택하고 ❹ 계속을 클릭한 후 ❺ 기술통계 창에서 확인을 클릭합니다.

그림 8-43

왜도와 첨도의 의미

왜도는 한자로 歪度(기울 왜, 법도 도)라 씁니다. 즉 기울어진 정도로 생각하면 쉽습니다. 자료의 분포가 평균을 중심으로 왼쪽으로 치우쳐 있는지, 오른쪽으로 치우쳐 있는지를 확인하는 것입니다. 평균에서 멀어질수록 아웃라이어의 빈도가 높다는 것을 의미하므로 중앙에 위치한 평균값의 빈도가 높아야 정규분포를 이룹니다.

첨도는 한자로 尖度(뾰족할 첨, 법도 도)라 씁니다. 즉 뾰족한 정도로 생각하면 쉽습니다. 자료의 분포가 평균을 중심으로 뾰족한지, 완만한지를 확인하는 것입니다. 정규분포보다 뾰족한 경우에는 지나치게 평균에 밀집되어 있음을 의미하고, 분포가 완만한 경우에는 정규분포를 이룰 만큼 평균에 밀집되어 있지 않다는 것을 의미합니다.

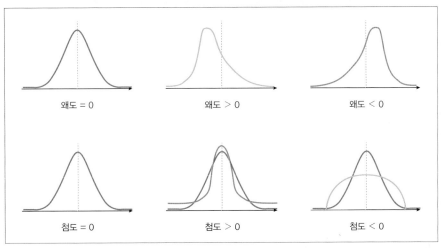

그림 8-44 | **왜도와 첨도**

3 왜도와 첨도가 정규분포 기준에 맞는지 확인하기 위해 왜도와 첨도의 통계 값을 확인합니다. 여기서는 통계 값이 |왜도| < 3, |첨도| < 8를 만족하는지 확인합니다. 기준을 만족하지 못하므로 변수가 정규분포를 이루지 못하는 것을 알 수 있습니다. 그러므로 변수에 로그와 루트를 취합니다.

기술통계량

	N	최소값	최대값	평균	표준편차	왜도		첨도	
	통계량	통계량	통계량	통계량	통계량	통계량	표준오차	통계량	표준오차
작년가구 연소득(만원)	2058	180	40000	4705.51	2687.020	2.385	.054	17.541	.108
유효 N(목록별)	2058								

그림 8-45

왜도와 첨도에 의한 정규분포 기준

왜도와 첨도에 의한 정규분포 기준은 학자마다 조금씩 다릅니다. 보통 West et al.(1995)[1]과 Hong et al.(2003)[2] 연구에서 제시한 왜도와 첨도 기준을 논문에서 가장 많이 활용하고 있습니다. West et al.(1995)의 정규분포 기준은 |왜도| < 3, |첨도| < 8이고, Hong et al.(2003)은 |왜도| < 2, |첨도| < 4입니다. Hong et al.(2003)이 West et al.(1995)보다는 조금 더 타이트하죠? 하지만 자신의 왜도와 첨도 값에 따라 어떤 것을 활용해도 문제없습니다.

정규분포 기준

- West, Finch, Curran(1995)에 따르면,

$$|왜도| < 3, \ |첨도| < 8$$

- Hong, Malik, Lee(2003)에 따르면,

$$|왜도| < 2, \ |첨도| < 4$$

SPSS에서 데이터 핸들링하기 : 변수 값을 로그로 변환하는 경우

준비파일 : spss기초특강.SAV

1 변환-변수 계산을 클릭합니다.

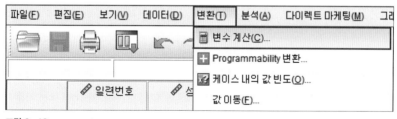

그림 8-46

1 West, S. G, Finch, J. F., & Curran, P. J. (1995). Structural equation models with nonnormal variables: Problems and remedies, In R. H. Hoyle(Ed), Structural equation modeling: Concepts, issues, and applications, Thounsand Oaks, CA: Sage Publications.

2 Hong S, Malik, M. L., & Lee M. K. (2003). Testing Configural, Metric, Scalar, and Latent Mean Invariance Across Genders in Sociotropy and Autonomy Using a Non-Western Sample. Educ. Psychol. Meas. 63, 636-654.

2 변수 계산 창에서 **①** '목표변수'에 '작년가구연소득로그'로 변수명을 만듭니다. **②** '함수 집단'에서 '산술'을 클릭하고 **③** '함수 및 특수변수'에서 상용로그 'Lg10'을 더블클릭합니다. 그러면 '숫자표현식'에 'LG10(?)'가 나옵니다.

그림 8-47

아무도 가르쳐주지 않는 Tip

- Lg10은 상용로그이고 Ln은 자연로그입니다. 자연로그를 취하고 싶다면 [그림 8-47]의 '함수 및 특수변수'에서 'Ln'을 선택하면 됩니다. 어느 것을 사용해도 크게 상관은 없습니다만 보통 자연로그를 더 많이 사용합니다. 이보다 더 중요한 포인트는 로그를 취했을 경우 논문을 작성하거나 연구보고서를 작성할 때 'lg10변수명', 'ln변수명'으로 표시해주어야 한다는 것입니다.

- 논문에서 주요 변수에 대한 기술통계분석을 제시할 때는 로그를 취하지 않은 변수에 대한 평균을 제시하고, 회귀분석에서는 로그를 취한 변수로 분석하는 경우가 간혹 있습니다. 이런 작성 방식은 옳지 않습니다. 즉 기술통계분석이든, 상관관계 분석이든, 회귀분석이든 일관성 있게 로그를 취한 변수에 대한 값을 적어주는 것이 맞습니다.

3 ❶ 로그를 취하고자 하는 변수를 더블클릭하여 ❷ '숫자표현식'의 'LG10(?)'를 'LG10(작년가구연소득)'으로 바꿉니다. ❸ 확인을 클릭합니다.

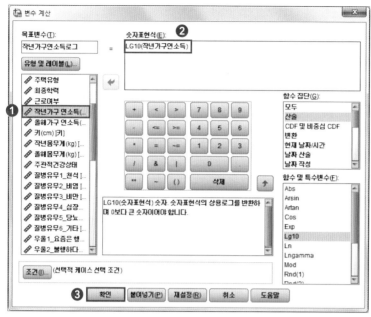

그림 8-48

4 변수 보기에서 로그를 취한 변수를 확인할 수 있습니다. 또 데이터 보기에서 '작년가구연소득'과 '작년가구연소득로그'를 비교하면 로그를 취한 숫자가 아주 작아졌음을 확인할 수 있습니다.

그림 8-49

5 다시 왜도와 첨도를 확인하기 위해, 분석-기술통계량-기술통계를 클릭합니다. 변수에 '작년가구연소득'과 '작년가구연소득로그'를 추가하고 확인을 클릭한 뒤 〈기술통계량〉 결과표를 보면, 로그를 취한 변수는 왜도가 −.726, 첨도는 1.651로 본래 2.385와 17.541보다 숫자가 작아졌음을 알 수 있습니다. 또한 왜도 −.726과 첨도 1.651는 정규분포 기준인 |왜도| < 3, |첨도| < 8도 만족하는 것을 알 수 있습니다.

기술통계량

	N	최소값	최대값	평균	표준편차	왜도		첨도	
	통계량	통계량	통계량	통계량	통계량	통계량	표준오차	통계량	표준오차
작년가구 연소득(만원)	2058	180	40000	4705.51	2687.020	2.385	.054	17.541	.108
작년가구연소득로그	2058	2.26	4.60	3.6052	.25546	-.726	.054	1.651	.108
유효 N(목록별)	2058								

그림 8-50

이제 변수를 루트로 변환하는 방법에 대해 살펴보겠습니다.

SPSS에서 데이터 핸들링하기 : 변수 값을 루트로 변환하는 경우

준비파일 : spss기초특강.SAV

1 변환-변수 계산을 클릭합니다. 변수 계산 창에서 ① '목표변수'에 '작년가구연소득루트'로 변수명을 만듭니다. ② '함수 집단'에서 '산술'을 선택하고 ③ '함수 및 특수변수'에서 'Sqrt'를 더블클릭합니다. 그러면 '숫자표현식'에 'SQRT(?)'가 나옵니다.

그림 8-51

2 ❶ 루트를 취하고자 하는 변수를 더블클릭해서 ❷ '숫자표현식'에 있는 '?' 대신 '작년가구
연소득'을 넣은 후 ❸ 확인을 클릭합니다.

그림 8-52

3 다시 왜도와 첨도를 확인하기 위해, 분석-기술통계량-기술통계를 클릭합니다. 변수에 '작
년가구연소득'과 '작년가구연소득루트'를 추가하고 확인을 클릭한 뒤 기술통계 결과표를
보면, 루트를 취한 변수는 왜도가 .554, 첨도 2.005로 정규분포 기준인 |왜도|<3, |첨도|
<8를 만족하는 것을 알 수 있습니다.

기술통계량

	N 통계량	최소값 통계량	최대값 통계량	평균 통계량	표준편차 통계량	왜도 통계량	왜도 표준오차	첨도 통계량	첨도 표준오차
작년가구 연소득(만원)	2058	180	40000	4705.51	2687.020	2.385	.054	17.541	.108
작년가구연소득루트	2058	13.42	200.00	66.1054	18.32337	.554	.054	2.005	.108
유효 N(목록별)	2058								

그림 8-53

빈도분석

가이드라인
동영상

bit.ly/onepass-spss10

PREVIEW

· 빈도분석은 빈도와 백분율을 확인할 때 사용한다.
  – 인구사회학적 특성을 제시하고자 할 때
  – 이상치를 확인하고자 할 때
  – 전반적인 빈도를 막대형 차트를 통해 확인할 때(비율척도를 서열화할 때)
· 빈도분석 방법 : 분석–기술통계량–빈도분석

01 _ 빈도분석이란?

빈도분석은 빈도와 백분율을 확인할 때 사용합니다. 보통 논문에서 빈도분석은 다음과 같은 경우에 사용합니다.

- 인구사회학적 특성(성별, 학력, 배우자 유무, 종교 유무, 직업 등)을 제시하고자 할 때 사용합니다. 이를테면 전체 케이스 중에서 남자와 여자가 각각 몇 명인지, 각각 몇 %를 차지하는지 등을 확인할 수 있습니다.
- 이상치를 확인하고자 할 때(데이터 클리닝할 때) 사용합니다. 즉 데이터를 코딩하고 나서 이상한 값은 없는지 확인할 때 사용합니다. 이를테면 1~5점이 나올 수 있는 변수인데, 6점이나 7점이 나왔다면 이런 케이스는 얼마나 되는지 확인할 수 있습니다.
- 전반적인 빈도를 막대형 차트를 통해서 확인할 때(비율척도를 서열화할 때) 사용합니다. SECTION 08에서 같은 변수(다른 변수)로 코딩변경을 다룰 때 비율척도를 서열화하는 방법을 알아보았습니다. 키 같은 비율척도를 어떻게 서열화할지 파악하고자 할 때 빈도분석을 진행한다고 설명했습니다. 예를 들어 키를 '160대 이하, 170대, 180대, 190대 이상'과 같이 10 단위로 나눌지, '160대 이하, 170~174, 175~179, …'와 같이 5 단위로 나눌지 등은 빈도분석의 막대형 차트를 통해 확인할 수 있습니다.

지금부터 인구사회학적 특성을 제시하기 위해 빈도분석을 진행해보겠습니다.

02 _ SPSS 무작정 따라하기

[그림 9–1]과 같이 구성된 데이터 세트에서, 먼저 인구사회학적 특성을 드러낼 수 있는 변수를 확인합니다. 그리고 그 변수의 값들이 어떻게 설정되어 있는지 확인합니다. 여기서는 '성별', '거주지역2', '최종학력' 변수를 사용하여 실습해보겠습니다. 실습 파일은 앞에서 사용했던 'spss 기초특강.SAV' 파일을 그대로 사용하겠습니다.

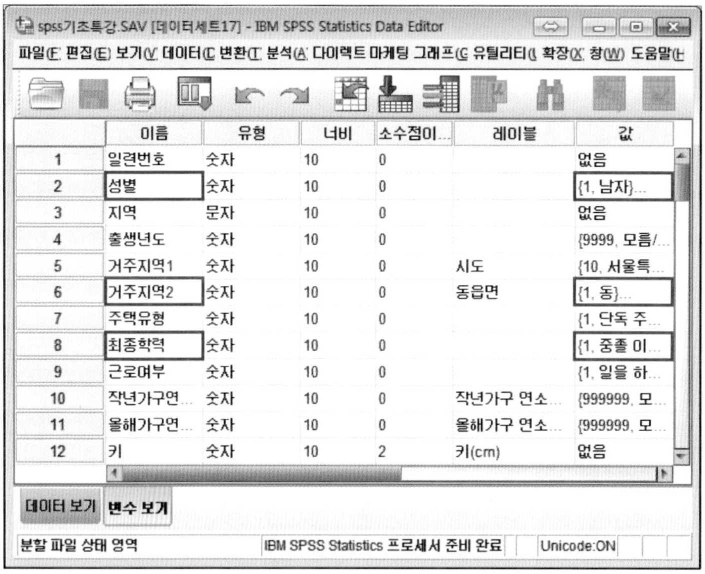

그림 9–1 │ 인구사회학적 특성을 드러내는 변수와 값 확인

1 분석–기술통계량–빈도분석을 클릭합니다.

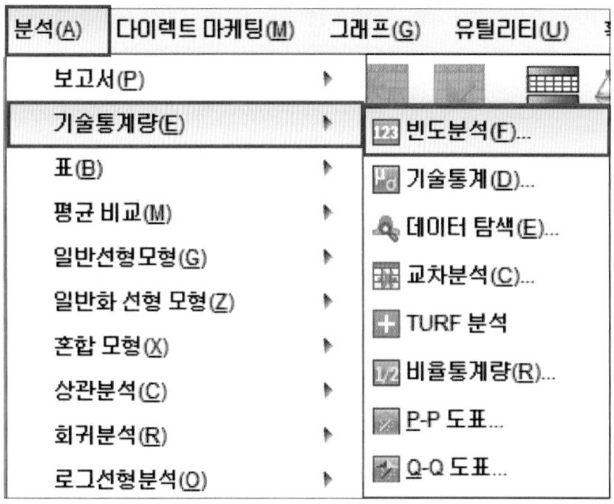

그림 9–2

2 빈도분석 창에서 **①** 빈도분석을 진행하고자 하는 인구사회학적 변수를 클릭합니다. **②** 화살표(➡)를 클릭한 후 **③** 확인을 클릭합니다.

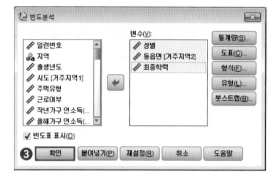

그림 9-3

03 _ 출력 결과 해석하기

[그림 9-4]와 [그림 9-5]의 빈도분석 출력 결과를 살펴보겠습니다. 〈통계량〉 결과표에서 유효는 응답한 케이스 수를 말하고 결측은 응답하지 않은 케이스 수를 말합니다. 구체적으로 보면, 성별은 유효한 케이스(결측값을 제외한 케이스)가 2,108 케이스, 동읍면은 2,108 케이스, 최종학력은 1,963 케이스로 각각 다르다는 것을 확인할 수 있습니다. 이는 결측치 때문에 차이가 나는 것입니다.

통계량

		성별	동읍면	최종학력
N	유효	2108	2108	1963
	결측	243	243	388

빈도표

성별

		빈도	퍼센트	유효 퍼센트	누적 퍼센트
유효	남자	1075	45.7	51.0	51.0
	여자	1033	43.9	49.0	100.0
	전체	2108	89.7	100.0	
결측	시스템	243	10.3		
전체		2351	100.0		

그림 9-4 | 빈도분석의 SPSS 출력 결과 : 성별에 대한 통계량

〈성별〉 결과표를 보면 전체 2,351 케이스 중 243 케이스가 시스템 결측값이고, 나머지 2,108 케이스 중 1,075 케이스가 남자, 1,033 케이스가 여자로 나타났습니다. 빈도 항목 옆에 퍼센트와 유효 퍼센트가 있습니다. 퍼센트는 시스템 결측값까지 포함해서 100%로 보고 남자, 여자, 시스템 결측값의 비율을 확인한 것입니다. 유효 퍼센트는 시스템 결측값을 제외한 케이스만으로 비율을 확인한 것입니다. 실제 논문에서는 유효 퍼센트를 활용합니다.

〈동읍면〉 결과표와 〈최종학력〉 결과표도 마찬가지로 빈도와 유효 퍼센트를 확인하면 됩니다.

동읍면

		빈도	퍼센트	유효 퍼센트	누적 퍼센트
유효	동	1801	76.6	85.4	85.4
	읍	182	7.7	8.6	94.1
	면	125	5.3	5.9	100.0
	전체	2108	89.7	100.0	
결측	시스템	243	10.3		
전체		2351	100.0		

최종학력

		빈도	퍼센트	유효 퍼센트	누적 퍼센트
유효	중졸 이하	75	3.2	3.8	3.8
	고졸	805	34.2	41.0	44.8
	전문대 졸	195	8.3	9.9	54.8
	대졸	792	33.7	40.3	95.1
	대학원 졸	92	3.9	4.7	99.8
	모름/무응답	4	.2	.2	100.0
	전체	1963	83.5	100.0	
결측	시스템	388	16.5		
전체		2351	100.0		

그림 9-5 | 빈도분석의 SPSS 출력 결과 : 최종학력과 동읍면 통계량

04 _ 논문 결과표 작성하기

결과표에 나온 값을 하나하나 한글이나 워드 문서에 옮겨 작성하는 것은 매우 비효율적입니다. 이 결과표를 엑셀 문서로 옮기면 매우 편하게 작업할 수 있습니다. 단순하게 결과표를 클릭해서 복사(Ctrl + C)하고 엑셀 창에 붙여넣기(Ctrl + V)해도 됩니다. 다만, 복사-붙여넣기를 할 표가 많다면 다음과 같은 방법을 이용해보기 바랍니다.

논문 결과표를 한글(워드) 문서에 쉽게 옮기는 방법

1 빈도표 중 사용하고 싶은 표를 클릭합니다. Ctrl 버튼을 누른 상태에서 복사-붙여넣기를 할 빈도표를 모두 클릭합니다. 그리고 마우스 오른쪽을 눌러 내보내기를 클릭합니다.

빈도표

성별

		빈도	퍼센트	유
유효	남자	1075	45.7	
	여자	1033	43.9	
	전체	2108	89.7	
결측	시스템	243	10.3	
전체		2351	100.0	

잘라내기
복사
선택하여 복사...
뒤에 붙여넣기
자동 스크립트 작성/편집...
유형 출력(F)...
내보내기...
내용 편집(O) ▶

동읍면

		빈도	퍼센트	유효 퍼센트	누적 퍼센트
유효	동	1801	76.6	85.4	85.4
	읍	182	7.7	8.6	94.1
	면	125	5.3	5.9	100.0
	전체	2108	89.7	100.0	
결측	시스템	243	10.3		
전체		2351	100.0		

최종학력

		빈도	퍼센트	유효 퍼센트	누적 퍼센트
유효	중졸 이하	75	3.2	3.8	3.8
	고졸	805	34.2	41.0	44.8
	전문대 졸	195	8.3	9.9	54.8
	대졸	792	33.7	40.3	95.1
	대학원 졸	92	3.9	4.7	99.8
	모름/무응답	4	.2	.2	100.0
	전체	1963	83.5	100.0	
결측	시스템	388	16.5		
전체		2351	100.0		

그림 9-6

2 내보내기 출력결과 창이 뜨면 **①** '유형'에서 'Excel'을 선택합니다. **②** 찾아보기를 클릭해 저장할 곳을 확인하고 파일명을 설정합니다. **③** 확인을 클릭하면 저장된 엑셀 파일이 열립니다.

그림 9-7

3 한글(워드) 문서에 인구사회학적 특성 표를 사전에 만들어놓고, 엑셀 문서에 있는 빈도와 유효 퍼센트를 복사(Ctrl + C)해 붙여넣기(Ctrl + V)하면 됩니다.

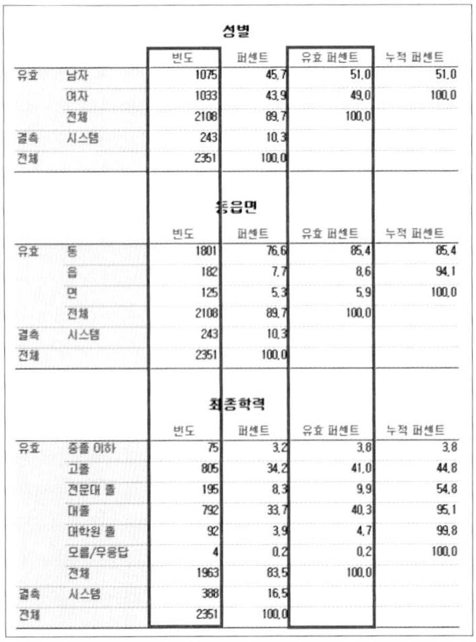

성별

		빈도	퍼센트	유효 퍼센트	누적 퍼센트
유효	남자	1075	45.7	51.0	51.0
	여자	1033	43.9	49.0	100.0
	전체	2108	89.7	100.0	
결측	시스템	243	10.3		
전체		2351	100.0		

동읍면

		빈도	퍼센트	유효 퍼센트	누적 퍼센트
유효	동	1801	76.6	85.4	85.4
	읍	182	7.7	8.6	94.1
	면	125	5.3	5.9	100.0
	전체	2108	89.7	100.0	
결측	시스템	243	10.3		
전체		2351	100.0		

최종학력

		빈도	퍼센트	유효 퍼센트	누적 퍼센트
유효	중졸 이하	75	3.2	3.8	3.8
	고졸	805	34.2	41.0	44.8
	전문대 졸	195	8.3	9.9	54.8
	대졸	792	33.7	40.3	95.1
	대학원 졸	92	3.9	4.7	99.8
	모름/무응답	4	0.2	0.2	100.0
	전체	1963	83.5	100.0	
결측	시스템	388	16.5		
전체		2351	100.0		

그림 9-8

논문 결과표 작성 방법

빈도분석에 의한 인구사회학적 특성을 나타내는 결과표는 다음과 같이 작성합니다.

❶ 각 변수에 따른 빈도와 비율을 작성한다.

❷ 빈도 차이에 대한 내용을 작성한다.

　(예) 비율 차이가 없는 것으로 나타났다.

❸ 최종 학력이나 거주 지역 등은 가장 빈도가 높은 순으로 작성한다.

[빈도분석 논문 결과표 완성 예시]

〈표〉 연구 대상자의 인구사회학적 특성   N=2,351

구분	분류	빈도(명)	비율(%)
성별 (n=2,108)	남자	1,075	51.0
	여자	1,033	49.0
최종 학력 (n=1,959)	중졸 이하	75	3.8
	고졸	805	41.0
	전문대 졸	195	9.9
	대졸	792	40.3
	대학원 졸	92	4.7
거주 지역 (n=2,108)	동 지역	1,801	85.4
	읍 지역	182	8.6
	면 지역	125	5.9

　연구 대상자의 인구사회학적 특성은 〈표〉와 같다. 성별의 경우 남자는 1,075명(51.0%), 여자는 1,033명(49.0%)으로 남자와 여자의 비율 차이가 거의 없는 것으로 나타났다. 최종 학력을 살펴보면, 고졸이 805명(41.0%)으로 가장 많았고, 대졸 792명(40.3%), 전문대 졸 195명(9.9%), 대학원 졸 92명(4.7%), 중졸 이하 75명(3.8%) 순으로 나타났다. 거주하고 있는 지역은 동 지역이 1,801명(85.4%)으로 대다수를 차지하였고, 읍 지역이 182명(8.6%), 면 지역이 125명(5.9%)으로 집계되었다.

아무도 가르쳐주지 않는 Tip

전체 케이스 수는 2,351입니다. 그래서 〈빈도분석〉 결과표 위에 보면 N=2,351이라고 표시해두었습니다. 그런데 표를 보면 '성별(n=2,108)'이 있습니다. 이 n은 성별이라는 변수에 응답한 케이스 수를 뜻합니다. 즉 전체 케이스 수와 변수에 응답한 케이스 수가 다를 때에는 이렇게 n으로 표시를 합니다.

10

기술통계분석

bit.ly/onepass-spss11

PREVIEW

· 기술통계분석은 평균과 표준편차를 확인할 때 사용한다.
  – 주요 변수의 평균과 표준편차를 확인할 때
  – 주요 변수의 최솟값과 최댓값을 확인할 때
  – 주요 변수의 정규성(왜도, 첨도)을 확인할 때
· 기술통계분석 방법 : 분석–기술통계량–기술통계

01 _ 기술통계분석이란?

기술통계분석은 기본적으로 평균과 표준편차를 확인할 때 사용합니다. 보통 논문에서 기술통계분석은 다음과 같은 경우에 사용합니다.

· 주요 변수의 평균과 표준편차를 확인할 때 사용합니다. 평균과 표준편차는 무조건 기술통계! 꼭 알아두세요.
· 주요 변수의 최솟값과 최댓값을 확인할 때 사용합니다.
· 주요 변수의 정규성(왜도, 첨도)을 확인할 때 사용합니다. 이 내용은 SECTION 08에서 변수를 로그와 루트로 변환하는 계산을 할 때 이미 다룬 바 있습니다.

이제 변수의 평균과 표준편차, 최솟값과 최댓값을 확인하는 방법에 대해 살펴보겠습니다.

여기서 잠깐!!

히든그레이스 논문통계팀으로 논문을 의뢰하거나 컨설팅을 진행한 연구자들 10명 중 9명은 표준편차의 중요성을 잘 모릅니다. 하지만 표준편차는 평균만큼 중요합니다.

예를 들어, 미국 월 소득과 한국 월 소득 간에 차이가 있는지 조사하기 위해 각각 5명을 표집해서 조사했다고 가정해보죠. 미국 사람에게 '월 소득이 얼마인가요?'라고 물으니 5명 모두 500만 원이라고 했습니다. 한국 사람에게도 '월 소득이 얼마인가요?'라고 물으니 0원, 100만 원, 500만 원, 900만 원, 1,000만 원이라고 응답했습니다.

평균은 미국과 한국 모두 월 소득 500만 원으로 같습니다. 그러나 표준편차의 경우 미국은 0, 한국은 452.7입니다. 평균만 보면 한국의 월 소득이 미국과 같다고 할 수 있지만, 소득격차 면에서 다르다는 것을 알 수 있습니다. 즉 미국은 소득격차가 전혀 없는 것으로 나타났지만 한국은 소득격차가 매우 심한 것을 알 수 있죠.

만약 논문에 평균만 제시한다면 '미국과 한국은 월 소득이 같구나' 하고 넘어갈 것입니다. 그러므로 평균을 제시할 때는 무조건 표준편차를 제시하여 평균으로부터 얼마나 값들이 떨어져 있는지 알 수 있도록 해야 합니다.

02 _ SPSS 무작정 따라하기

[그림 10-1]과 같이 구성된 데이터 세트에서 기술통계분석을 진행해보겠습니다. 먼저 평균을 구할 수 있는 변수인지 확인합니다. 여기서는 '올해가구연소득', '키', '올해몸무게', '주관적건강상태' 변수를 사용해서 실습해보겠습니다. 실습 파일은 앞에서 사용했던 'spss기초특강.SAV' 파일을 그대로 사용하겠습니다.

그림 10-1 | 기술통계분석을 위한 변수 확인

변수 '올해가구연소득', '키', '올해몸무게', '주관적건강상태'가 등간척도 또는 비율척도인지 확인해봐야 합니다. 일단 '성별(명목척도)'이나 '학력(서열척도)'은 평균을 구하는 것이 불가능합니다. 한편 '주관적건강상태'는 '1=매우 건강하지 못하다' ~ '4=매우 건강하다'라는 서열척도입니다. 그런데도 평균을 구한다는 것이 이상할 수 있습니다. 전공마다 다르긴 하지만 서열척도도 주요 변수로 설정하여 평균을 제시하는 경우가 종종 있습니다. 이처럼 평균을 낼 수 있는 척도인지 확인해야 합니다.

또한 이상치가 있는지도 확인해야 합니다. 예를 들어 키에 999가 있다면, 이 999 때문에 평균값이 올라갑니다. 따라서 이처럼 말도 안 되는 이상치는 삭제해야겠죠. 빈도분석을 진행하면 이상치 여부를 확인할 수 있습니다. 이상치가 있다면 **데이터 보기**에서 Ctrl + F를 눌러 이상치를 찾아 삭제하면 됩니다. 참고로 서열척도의 평균을 구할 때는 역코딩이 필요한지도 살펴봐야 합니다. 역코딩을 하지 않고 평균을 내면 제대로 된 값이 나오지 않을 수 있기 때문입니다.

1 분석−기술통계량−기술통계를 클릭합니다.

그림 10-2

2 기술통계 창에서 ❶ 평균을 구하기 위해 변수를 클릭하고 ❷ 화살표(➡)를 클릭한 뒤 ❸ 확인을 클릭합니다.

그림 10-3

03 _ 출력 결과 해석하기

[그림 10-4]의 기술통계분석 출력 결과를 보면, 기본적으로 〈기술통계량〉 결과표에 **최소값, 최대값, 평균, 표준편차**가 제시됩니다. N은 기술통계분석한 총 케이스를 말합니다. 즉 결측치가 있는 케이스를 제외하고 분석한 결과입니다. 실제 논문에서는 기술통계표의 평균과 표준편차를 주로 활용하고, 최솟값과 최댓값도 필요에 따라 사용합니다.

➡ 기술통계

기술통계량

	N	최소값	최대값	평균	표준편차
올해가구 연소득(만원)	2351	1001	19971	10356.84	5484.654
키(cm)	2108	.00	198.00	167.0285	9.06880
올해몸무게(kg)	2351	30.00	90.00	60.2012	17.61679
주관적건강상태	2108	1	4	1.76	.580
유효 N(목록별)	2107				

그림 10-4 | **기술통계분석의 SPSS 출력 결과**

 여기서 잠깐!!

논문 작성 시 서열척도에 대한 해석은 단순히 평균과 표준편차를 제시하는 데 그쳐야 합니다. 구체적인 해석은 오류를 범할 수 있기 때문입니다.

'주관적건강상태'의 변수 값은 '1=매우 건강하지 못하다', '2=건강하지 못한 편이다', '3=건강한 편이다', '4=매우 건강하다'로 설정되어 있습니다. '주관적건강상태'의 평균이 1.76점인데, 이를 '연구 대상자는 대부분 건강하지 못한 것으로 볼 수 있다'라고 해석한다면 오류가 생길 수 있다는 겁니다. 즉 연구 대상자 100명 중 2/3가 1점, 1/3이 4점으로 응답해서 1.76점이 나왔다면 그런 해석이 옳지 않다는 거죠. 따라서 되도록 서열척도에 대한 평균값은 해석하지 않고, 단순히 평균과 표준편차만 제시해야 합니다.

물론 척도가 같다는 전제 아래 평균 비교는 가능합니다. 예를 들어 [그림 10-5]에서 '우울1은 평균 3.14점으로 우울2의 평균 3.23점보다 낮은 것으로 확인되었다' 정도는 가능합니다.

기술동계량

	N	최소값	최대값	평균	표준편차
우울1_요즘은 행복한 기분이 든다	2108	1	4	3.14	.724
우울2_불행하다고 생각하거나 슬퍼하고 우울해한다	2108	1	4	3.23	.738
우울3_걱정이 없다	2108	1	4	2.66	.901
우울4_죽고 싶은 생각이 든다	2108	1	4	3.51	.637
유효 N(목록별)	2108				

그림 10-5 | 서열척도 평균 해석

04 _ 논문 결과표 작성하기

기술통계분석 결과표는 다음과 같이 작성합니다.

❶ 각 변수에 따른 평균과 표준편차를 작성한다.
❷ 표준편차의 값이 평균 이상인 경우 해석해준다.
　 (예) 이상치가 있다, 개인 차이가 크다

[기술통계분석 논문 결과표 완성 예시]

〈표〉 주요 변수 기술통계

구분	최솟값	최댓값	평균	표준편차
올해 가구연소득	1,001	19,971	10,356.84	5,484.65
키	0	198	167.03	9.07
올해 몸무게	30	90	60.20	17.62
주관적 건강상태	1	4	1.76	0.58

　주요 변수의 기술통계를 실시한 결과는 〈표〉에 제시된 바와 같다. 주요 변수의 평균을 살펴보면 올해 가구연소득은 평균 10,356.84만 원(SD=5,484.65)으로 나타났다. 연구 대상자의 키는 평균 167.03cm(SD=9.07), 올해 몸무게는 평균 60.2kg(SD=17.62)으로 분석되었다. 주관적 건강상태는 4점 만점에 평균 1.76점(SD=0.58)으로 집계되었다.

- 〈표〉 주요 변수 기술통계'에서 이상한 점을 발견하지 못했나요? 바로 키입니다. 키의 최솟값이 0인데 사실 말이 되지 않는 수치입니다. 이것은 이상치를 제거하지 않고 기술통계분석을 진행했다는 뜻입니다. **데이터 보기**에서 Ctrl + F 를 눌러 0을 찾아 빈칸으로 만들어야 합니다.

- 종종 평균과 표준편차의 소수점 몇째 자리까지 작성해야 하는지 물어보는 경우가 많습니다. 어떻게 설정하든 상관없으나 보통 소수점 첫째 자리 혹은 둘째 자리까지 작성하는 경우가 많습니다.

- 기술통계분석 결과표를 보면 가끔 M이나 SD가 보입니다. 이때 M은 'Mean'으로 평균을 의미하고, SD는 'Standard deviation'으로 표준편차를 의미합니다. 저희는 기술통계 분석표를 작성할 때 글자 쓰는 칸에 여유가 없는 경우 평균을 M으로, 표준편차를 SD로 작성합니다.

- 표준편차 값이 평균보다 크다면 어떻게 해석해야 할까요? 다음 〈표〉 주요 변수 기술통계'에 대한 해석을 보면 이해가 될 겁니다.

〈표〉 주요 변수 기술통계

구분	최솟값	최댓값	평균	표준편차
운동시간(시)	0	16	2.03	5.13

연구 대상자의 하루 운동시간은 최소 0시간에서 최대 16시간으로 나타나 큰 격차가 있음을 파악할 수 있고, 실제 평균 2.03시간(SD=5.13)으로 분석되어 표준편차가 매우 큰 것을 알 수 있다.

PART 02

CONTENTS

11 통계분석을 하기 전, 꼭 알아둘 사항

12 타당도 분석(요인분석) / 신뢰도 분석

13 카이제곱 검정(교차분석)

14 독립표본 t-검정

15 대응표본 t-검정

16 일원배치 분산분석

17 이원배치 분산분석

18 반복측정 분산분석

19 상관관계 분석

20 단순회귀분석

21 다중회귀분석

22 더미변환

23 위계적 회귀분석

24 로지스틱 회귀분석

SPSS 논문
통계분석

실전편

PART 02에서는 연구자의 가설에 따른 분석 방법을 자세히 알아봅니다. 논문에서 가장 많이 쓰는 분석 방법을 중심으로 진행할 예정입니다. 특히 『한번에 통과하는 논문 : 논문 검색과 쓰기 전략』에서 다룬 집단 간의 비교 방법과 변수 간의 관계성 검증 방법이 어떻게 나뉘는지 살펴보겠습니다. 또한 다른 논문 관련 서적에서는 언급하지 않는 출력 결과에 대한 해석과 논문 결과표 작성까지 다룰 예정입니다.

통계분석을 하기 전, 꼭 알아둘 사항

bit.ly/onepass-spss12

PREVIEW

· **범주형 자료** : 수량화할 수 없는 자료(평균을 낼 수 없는 자료)
· **연속형 자료** : 수량화할 수 있는 자료(평균을 낼 수 있는 자료)

· **독립변수** : 영향을 주는 변수
· **종속변수** : 영향을 받는 변수

· **신뢰수준** : 연구자가 설정한 가설이 채택되는 기준(일반적으로 95%)
· **유의수준** : 연구자가 설정한 가설이 기각되는 기준(일반적으로 5%)
· **유의확률** : 실제 연구에서 가설이 기각될 가능성(p값)

실제로 통계분석에 들어가기 전, 자료의 구분과 변수의 종류에 대해서는 반드시 알고 있어야 합니다. 대부분의 통계 교재를 보면 이 부분에 대한 설명이 맨 앞에 나옵니다. 그런데 연구자들은 대개 자신에게 필요한 분석 부분만 펼쳐 골라 보고, 이 부분을 확인하지 않은 채 넘어가는 경우가 많습니다. 그러나 설문지 문항을 보고, 범주형 자료인지 연속형 자료인지 구별하는 것이 통계분석의 핵심입니다. 지금 당장 회귀분석이 필요하다고 해서 회귀분석만 알고 넘어가면, 아무리 분석을 많이 해봐도 새로운 연구 문제가 주어지면 다시 아무것도 하지 못하게 됩니다. 따라서 자료의 구분과 변수의 종류에 대해 명확하게 이해하고, 상황에 따른 분석 방법을 숙지하기 바랍니다.

01 _ 자료의 구분

일반 통계 교재에서는 자료를 명목척도, 서열척도, 등간척도, 비율척도의 네 가지로 구분합니다. 하지만 논문 통계분석에서는 이렇게 네 가지로 구분하는 것이 크게 의미가 없기 때문에, 범주형 자료와 연속형(정량적) 자료 두 가지로 간략하게 구분하겠습니다.

- **범주형 자료** : 수량화할 수 없는 자료, 평균을 낼 수 없는 자료
- **연속형 자료** : 수량화할 수 있는 자료, 평균을 낼 수 있는 자료

범주형 자료	명목 척도	범주			
	서열 척도	범주	순위		
연속형 자료	등간 척도	범주	순위	같은 간격	
	비율 척도	범주	순위	같은 간격	절대 0점

그림 11-1 | **범주형 자료와 연속형 자료 구분**

범주형 자료와 연속형 자료는 평균을 낼 수 있느냐, 평균을 낼 수 없느냐로 구분을 할 수 있습니다. 예를 들어 살펴볼까요?

[과제 11-1] 다음 자료를 범주형 자료 혹은 연속형 자료로 분류해보시오.
(1) 성별   (2) 학년   (3) 척도 문항(5점 척도 혹은 7점 척도)   (4) 나이

(1) 성별은 평균을 낼 수가 없겠죠? 남자와 여자의 평균이 중성은 아니니까요. 즉 고민할 것도 없이 범주형 자료입니다.

(2) 학년은 언뜻 보면 평균을 낼 수 있을 것 같지만, 1학년과 4학년의 평균을 2.5학년이라고 할 수는 없겠죠? 대소는 있지만 평균을 낼 수 없는 자료이기 때문에 범주형 자료입니다.

(3) 일반적으로 설문지에 많이 쓰이는 5점짜리 문항 여러 개로 구성된 척도는 평균을 낼 수 있기 때문에 연속형 자료입니다. 하지만 5점짜리 문항 한 개로 측정된 항목은 점수가 미세하게 나오지 않기 때문에, 평균을 내는 데 무리가 있다고 판단하여 이론적으로는 범주형 자료로 분류를 합니다. 하지만 다수 논문에서 5점 척도 문항 한 개도 분석의 편의를 위해서 연속형 자료로 가정하고 분석하기도 합니다.

(4) 나이도 주관식으로 응답을 받은 경우에는 평균을 낼 수 있기 때문에 연속형 자료입니다. 하지만 객관식으로 응답을 받은 경우라면 어떨까요? '10대, 20대, 30대, 40대, 50대, 60대 이상'과 같이 분류를 하곤 하는데, 10대와 30대의 평균을 20대라고 할 수는 없겠죠? 왜냐하

면 10대와 30대는 숫자가 대소 관계의 의미를 나타내는 것이 아니라, 그룹을 분류하는 의미이기 때문입니다. 10대와 30대는 고유의 특성을 지닌 그룹이기 때문에 이 그룹을 섞는다고 해서 20대가 되지 않는다는 것은 잘 알고 계실 겁니다. 즉 범주형 자료입니다.

똑같은 내용의 변수라도 응답을 어떻게 받느냐에 따라서 자료를 분류하는 방식이 달라질 수 있다는 점을 알아두세요.

02 _ 변수의 종류

> · **독립변수** : 영향을 주는 변수
> · **종속변수** : 영향을 받는 변수

독립변수는 영어로 Independent Variable이라고 하며, 줄여서 IV라고도 기술합니다. 설명변수 혹은 예측변수라고도 합니다. 종속변수는 영어로 Dependent Variable이라고 하며, 줄여서 DV라고도 기술합니다. 반응변수 또는 결과변수라고도 합니다.

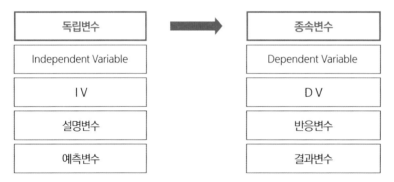

그림 11-2 | **독립변수와 종속변수를 의미하는 다양한 용어**

물론 독립변수가 종속변수에 미치는 순수한 영향력을 살펴보기 위해 독립변수와 함께 분석에 투입되는 통제변수가 있고, 매개효과나 조절효과를 검증할 때 필요한 매개변수, 조절변수도 있습니다. 이에 대해서는 매개변수와 조절변수를 설명할 때 다루도록 하겠습니다.

논문에서 가설은 '가설 1, 가설 2, 가설 3' 대신에 'H1, H2, H3'으로 표기하기도 합니다. 가설이 영어로 hypothesis 이기 때문에 맨 앞 글자만 따서 약어로 쓰는 방식입니다.

자, 다음과 같은 가설(hypothesis)이 있다고 가정해봅시다.

> 가설 : 중학생의 성별에 따라 자아존중감은 유의한 차이를 보일 것이다.

여기서 독립변수는 무엇일까요? 영향을 주는 변수이니, '중학생의 성별'이겠죠.
여기서 종속변수는 무엇일까요? 영향을 받는 변수이니, '자아존중감'이겠죠.

어렵지 않죠? 한 번 더 해볼까요?

> 가설 : 커피의 맛과 커피숍의 안락성은 고객 만족도에 유의한 정(+)의 영향을 미칠 것이다.

여기서 독립변수는 무엇일까요? '커피의 맛'과 '커피숍의 안락성'이겠죠.
여기서 종속변수는 무엇일까요? '고객 만족도'겠죠.

- 정(+)의 영향 : 독립변수가 높아질수록 종속변수도 높아진다.
  (예) 공부 시간이 성적에 미치는 영향
- 부(−)의 영향 : 독립변수가 높아질수록 종속변수는 낮아진다.
  (예) 노는 시간이 성적에 미치는 영향

03 _ 신뢰수준, 유의수준, 유의확률

- **신뢰수준** : 연구자가 설정한 가설이 채택되는 기준(보통 95%)
- **유의수준** : 연구자가 설정한 가설이 기각되는 기준(보통 5%)
- **유의확률** : 실제 연구에서 가설이 기각될 가능성(p값, p-value)

통계는 100% 신뢰하기가 어렵습니다. 왜냐하면 전체를 조사한 것이 아니라 표본을 추출해서 진행한 조사이기에 오차가 발생하기 때문입니다. 따라서 100% 신뢰는 못 하더라도 일반적으로 95% 이상 신뢰할 수 있으면 통계적으로 유의미하다고 판단하는데, 이를 신뢰수준이라고 합니다. 즉 신뢰수준은 연구자가 설정한 가설이 채택되는 기준을 의미하고, 보통 95%로 잡습니다.

신뢰수준과 반대되는 개념이 유의수준입니다. 유의수준은 연구자가 설정한 가설이 기각되는 기준입니다. 즉 신뢰수준이 95%라면 유의수준은 5%가 됩니다. 그런데 연구의 엄격함 정도에 따라 신뢰수준은 90% 혹은 99%로 조정되기도 합니다. 이 말은 유의수준도 10% 혹은 1%로 조정된다는 말과 같습니다. 다시 말해, 유의수준은 100%에서 신뢰수준을 뺀 값이라고 할 수 있습니다.

유의확률은 실제 연구에서 가설이 기각될 가능성을 의미하며 보통 'p값'이라고 합니다. 예를 들어 독립변수에 따른 종속변수의 차이를 분석한 결과에서 p값이 0.03이라면, 독립변수에 따라 종속변수의 차이가 없을 가능성이 약 3%라는 의미이고, 차이가 있을 가능성이 약 97%라는 의미입니다. 결국 차이가 있을 가능성이 95%가 넘어가므로 이는 통계적으로 유의한 차이가 있다고 판단할 수 있겠죠. 그래서 논문에서 항상 p값을 .05 기준으로 하여 .05 미만이면 통계적으로 유의하다고 하는 겁니다. 무작정 p값이 .05 미만이면 유의하다는 것만 외울 게 아니라, 이런 개념을 대략 알아야 분석에 대한 이해도 빨라집니다.

PART 02에서는 다음 설문지를 독자가 받았다고 가정하고, 통계분석 방법을 하나씩 차근 차근 살펴보도록 하겠습니다. 통계분석 교재마다 각 분석 방법에 사용하는 데이터가 다르 기 때문에, 정작 자신의 논문에서는 어떤 분석을 사용해야 하는지 어려워하는 경우가 많습 니다. 따라서 모든 독자가 이해하기 쉬운 주제인 '스마트폰 만족도'에 대한 간략한 설문을 독 자가 직접 받아서 코딩을 했다고 가정하고 실습하도록 하겠습니다.

다음 설문을 받아 작업한 파일은 '기본 실습파일.sav'입니다. 모든 실습은 '기본 실습파 일.sav' 파일을 활용하도록 하겠습니다.

문항	문항 내용	보기
문1	스마트폰 브랜드	1) A사　2)　B사 3)　C사
문2-1	스마트폰 친숙도	1) 전혀 그렇지 않다.　2) 그렇지 않다. 3) 보통이다.　4) 그렇다.　5) 매우 그렇다.
문2-2		
문2-3		
문3_1	스마트폰 품질에 대한 만족도	1) 전혀 그렇지 않다.　2) 그렇지 않다. 3) 보통이다.　4) 그렇다.　5) 매우 그렇다.
문3_2		
문3_3		
문3_4		
문3_5		
문4_1	스마트폰 이용 편리성에 대한 만족도	1) 전혀 그렇지 않다.　2) 그렇지 않다. 3) 보통이다.　4) 그렇다.　5) 매우 그렇다.
문4_2		
문4_3		
문4_4		
문5_1	스마트폰 디자인에 대한 만족도	1) 전혀 그렇지 않다.　2) 그렇지 않다. 3) 보통이다.　4) 그렇다.　5) 매우 그렇다.
문5_2		
문5_3		
문5_4		
문5_5		
문6_1	스마트폰 부가 기능에 대한 만족도	1) 전혀 그렇지 않다.　2) 그렇지 않다. 3) 보통이다.　4) 그렇다.　5) 매우 그렇다.
문6_2		
문6_3		
문6_4		
문6_5		

문항	문항 내용	보기
문7_1	스마트폰에 대한 전반적인 만족도	1) 전혀 그렇지 않다. 2) 그렇지 않다. 3) 보통이다. 4) 그렇다. 5) 매우 그렇다.
문7_2		
문7_3		
문7_4		
문8_1	동일 브랜드 재구매 의도	1) 전혀 그렇지 않다. 2) 그렇지 않다. 3) 보통이다. 4) 그렇다. 5) 매우 그렇다.
문8_2		
문8_3		
문9	추천 경험	0) 아니요 (추천 안 함) 1) 예 (추천함)
문10-1	성별	1) 남자 2) 여자
문10-2	연령	주관식

1 귀하께서 사용하는 스마트폰 브랜드는 어느 회사의 브랜드입니까?

① A사   ② B사   ③ C사

2 다음은 스마트폰 친숙도에 관한 문항입니다. 각 항목별로 해당되는 곳에 V 표를 해주십시오.

항목	전혀 그렇지 않다	별로 그렇지 않다	보통 이다	대체로 그렇다	매우 그렇다
1. 나는 스마트폰을 잘 다루는 편이다.	①	②	③	④	⑤
2. 나는 스마트폰을 사용하는 데 어려움이 없다.	①	②	③	④	⑤
3. 나는 스마트폰의 다양한 기능을 활용한다.	①	②	③	④	⑤

3 다음은 스마트폰 품질에 관한 문항입니다. 각 항목별로 해당되는 곳에 V 표를 해주십시오.

항목	전혀 그렇지 않다	별로 그렇지 않다	보통 이다	대체로 그렇다	매우 그렇다
1. 외관이 튼튼하다.	①	②	③	④	⑤
2. 오래 쓸 수 있을 것 같다.	①	②	③	④	⑤
3. 잘 고장 나지 않을 것 같다.	①	②	③	④	⑤
4. 통화 품질이 좋다.	①	②	③	④	⑤
5. 품질 문제로 서비스 센터에 자주 방문하지 않는다.	①	②	③	④	⑤

4 다음은 스마트폰 이용 편리성에 관한 문항입니다. 각 항목별로 해당되는 곳에 V 표를 해주십시오.

항목	전혀 그렇지 않다	별로 그렇지 않다	보통 이다	대체로 그렇다	매우 그렇다
1. 통화하기가 편리하다.	①	②	③	④	⑤
2. 화면이 보기 좋다.	①	②	③	④	⑤
3. 원하는 메뉴로 이동하기 쉽다.	①	②	③	④	⑤
4. 메뉴 이동 시 반응이 빠르다.	①	②	③	④	⑤

5 다음은 스마트폰 디자인에 관한 문항입니다. 각 항목별로 해당되는 곳에 V 표를 해주십시오.

항목	전혀 그렇지 않다	별로 그렇지 않다	보통 이다	대체로 그렇다	매우 그렇다
1. 디자인이 좋다.	①	②	③	④	⑤
2. 모양이 마음에 든다.	①	②	③	④	⑤
3. 크기가 마음에 든다.	①	②	③	④	⑤
4. 두께가 마음에 든다.	①	②	③	④	⑤
5. 색깔이 마음에 든다.	①	②	③	④	⑤

6 다음은 스마트폰 부가 기능에 관한 문항입니다. 각 항목별로 해당되는 곳에 V 표를 해주십시오.

항목	전혀 그렇지 않다	별로 그렇지 않다	보통 이다	대체로 그렇다	매우 그렇다
1. 카메라 사진이 잘 나온다.	①	②	③	④	⑤
2. 동영상 촬영 품질이 좋다.	①	②	③	④	⑤
3. 음악을 들을 때 음질이 좋다.	①	②	③	④	⑤
4. 영화 감상 시 화질이 좋다.	①	②	③	④	⑤
5. 블루투스가 잘 연결된다.	①	②	③	④	⑤

7 다음은 스마트폰에 대한 전반적인 만족도에 관한 문항입니다. 각 항목별로 해당되는 곳에 V 표를 해주십시오.

항목	전혀 그렇지 않다	별로 그렇지 않다	보통 이다	대체로 그렇다	매우 그렇다
1. 전반적으로 좋다.	①	②	③	④	⑤
2. 전반적으로 호감이 간다.	①	②	③	④	⑤
3. 전반적으로 마음에 든다.	①	②	③	④	⑤
4. 스마트폰 구입에 만족한다.	①	②	③	④	⑤

8 다음은 스마트폰 재구매 의도에 관한 문항입니다. 각 항목별로 해당되는 곳에 V 표를 해주십시오.

항목	전혀 그렇지 않다	별로 그렇지 않다	보통 이다	대체로 그렇다	매우 그렇다
1. 나는 스마트폰 재구매 시 같은 회사 제품을 다시 구매하고 싶다.	①	②	③	④	⑤
2. 다른 회사의 좋은 제품이 출시되어도 현재와 같은 회사 제품을 구매할 것이다.	①	②	③	④	⑤
3. 현재 사용하고 있는 회사 제품의 재구매 의향이 높다.	①	②	③	④	⑤

9 사용하고 계신 스마트폰이 좋다고 가족, 친구 또는 지인에게 말한 적이 있습니까?

⓪ 아니요(추천 안 함) ① 예(추천함)

※ 다음은 일반적 특성에 관한 문항입니다.

10-1 귀하의 성별은 무엇입니까?

① 남자 ② 여자

10-2 귀하의 연령은 어떻게 되십니까?

만 (　　　) 세

12

타당도 분석(요인분석) / 신뢰도 분석
: 설문 문항의 적합성 검증

bit.ly/onepass-spss13

PREVIEW

· **타당도** : 측정 도구가 측정하고자 하는 것을 얼마나 잘 측정하는가를 나타냄
· **타당도 분석** : 개념을 구성하는 요인들이 사전연구와 동일하게 구성되었는지 확인하는 분석(요인분석을 통해 확인)
· **신뢰도** : 측정하고자 하는 것을 얼마나 일관성 있게 측정하는가를 나타냄
· **신뢰도 분석** : 요인 내 항목들이 일관성이 있는지 확인하는 분석

01 _ 타당도 분석(요인분석)이란?

요인분석(Factor analysis)은 여러 개의 측정 항목을 공통 요인으로 묶어 자료의 복잡함을 줄이고, 변수를 구성하는 항목들이 동일한 구성 개념을 측정하고 있는지를 파악하는 분석 방법입니다. 따라서 요인분석은 측정 도구의 타당성을 검증하기 위해 많이 사용됩니다.

여기서는 다음 과제를 실습해봄으로써 요인분석에 대해 좀 더 구체적으로 살펴보도록 하겠습니다.

[과제 12-1] 스마트폰 품질 측정 도구의 요인분석

19개 문항으로 구성된 스마트폰 품질에 대한 측정 도구를 요인분석해봅시다. 이는 사전 연구에서 4개 요인으로 정의된 측정 도구입니다. 요인을 구성하는 문항은 다음과 같습니다.

요인명	문항
품질	Q3-1, Q3-2, Q3-3, Q3-4, Q3-5
이용 편리성	Q4-1, Q4-2, Q4-3, Q4-4
디자인	Q5-1, Q5-2, Q5-3, Q5-4, Q5-5
부가 기능	Q6-1, Q6-2, Q6-3, Q6-4, Q6-5

---

02 _ SPSS 무작정 따라하기 : 타당도 분석(요인분석)

준비파일 : 기본실습파일.SAV

1 분석–차원 축소–요인분석을 클릭합니다.

분석(A)	다이렉트 마케팅(M)	그래프(G)	유틸리티(U)	확경

		값	결측값
보고서(P)	▶		없음
기술통계량(E)	▶	A사)	999
표(B)	▶		999
평균 비교(M)	▶		없음
일반선형모형(G)	▶		없음
일반화 선형 모형(Z)	▶		999
혼합 모형(X)	▶		999
상관분석(C)	▶		999
회귀분석(R)	▶		999
로그선형분석(O)	▶		999
신경망(W)	▶		
분류분석(F)	▶		
차원 축소(D)	▶	요인분석(F)...	
척도분석(A)	▶	대응일치분석(C)...	
비모수검정(N)	▶	최적화 척도법(O)...	
시계열 분석(T)	▶		

그림 12-1

2 요인분석 창에서 ❶ 첫 번째 문항 변수를 클릭하고 ❷ Shift 버튼을 누른 상태에서 마지막 문항 변수를 클릭하면 모든 문항 변수가 선택됩니다. ❸ 오른쪽 이동 버튼(→)을 클릭하면 선택한 문항 변수가 오른쪽으로 옮겨집니다.

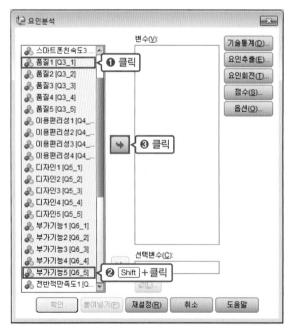

그림 12-2

여기서 잠깐!!

Ctrl 과 Shift 버튼은 여러 개를 동시에 선택할 때 사용하면 편리합니다. 서로 떨어져 있는 A와 F라는 변수가 있을 때, A와 F만 선택하고 싶다면 Ctrl 버튼을 누른 상태에서 A와 F를 선택하면 됩니다. A에서 F까지 모든 변수를 선택할 때는 Shift 버튼을 누른 상태에서 A와 F를 선택하면 됩니다. 하나씩 선택하지 말고, Ctrl 과 Shift 버튼을 잘 활용해주세요.

3 ❶ 기술통계를 클릭합니다. ❷ 요인분석: 기술통계 창에서 'KMO와 Bartlett의 구형성 검정' 에 체크하고 ❸ 계속을 클릭합니다.

그림 12-3

KMO(Kaiser–Meyer–Olkin)와 Bartlett의 구형성 검정은 요인분석 모형의 적합도를 검증하는 수치입니다. SPSS 22 하위 버전에서는 'KMO와 Bartlett의 단위행렬 검정'이라고 표현되어 있습니다. 그러나 '단위행렬 검정'이라는 말은 잘 쓰지 않으므로, 이 책에서는 '구형성 검정'이라는 표현으로 통일하겠습니다. 혹시 다른 버전에서도 '단위행렬 검정'으로 해석되어 있다면 구형성 검정이라고 생각하면 됩니다.

그림 12-4 | **SPSS 21 버전의 KMO-Bartlett의 구형성 검정 표현 예시**

4 ❶ 요인추출을 클릭합니다. ❷ 요인분석: 요인추출 창에서 '방법'을 '주축 요인 추출'로 선택합니다. ❸ '고정된 요인 수'를 체크하고 ❹ '추출할 요인'에 4를 입력한 후 ❺ 계속을 클릭합니다.

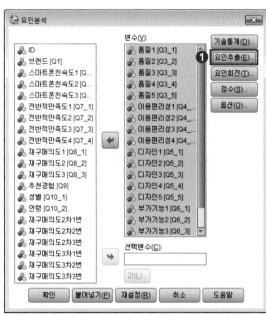

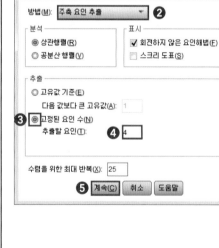

그림 12-5

아무도 가르쳐주지 않는 Tip

요인 추출에는 다양한 방법이 있는데, 논문에서는 주로 복잡하지 않은 '주성분 분석'이나 '주축 요인 추출'을 활용합니다. 요인 추출 방법에는 여러 가지가 있지만 그 해석 방법은 동일하기 때문에, 이 책에서는 '주축 요인 추출'을 기준으로 설명하겠습니다.

요인 수의 경우, 개수를 고정시키거나 개수를 알아서 결정할 수 있게 하는 옵션도 있습니다. 사전 연구에서 하위 요인의 개수가 결정된 상태라면 일반적으로 '고정된 요인 수'를 체크하여 요인의 개수를 결정합니다. 새로 개발한 척도인 경우에는 '고유값 기준'을 체크해 SPSS 자체적으로 요인 수를 결정하게 하여, 탐색적인 개념으로 요인 수를 확인할 수 있습니다. 여기서는 스마트폰 품질 만족 구성 요소로 '품질, 이용 편리성, 디자인, 부가 기능'을 가정하고 있기 때문에, '고정된 요인 수'를 4로 고정했습니다.

 여기서 잠깐!!

설명하기에 앞서, 이 부분의 내용은 저자와 히든그레이스 논문통계팀의 의견임을 밝혀둡니다. 요인분석을 할 때 일반적으로 '탐색적 요인분석(EFA, Exploratory Factor Analysis)'과 '확인적 요인분석(CFA, Confirmatory Factor Analysis)'이라는 두 가지 방법을 많이 사용합니다. '탐색적 요인분석'은 공통 요인을 몇 개로 묶어야 하는지 잘 몰라서 척도를 개발할 때 많이 사용하고, 주로 SPSS에서 사용합니다. 반면 '확인적 요인분석'은 이미 개발되어 있는 척도가 각각의 공통 요인으로 잘 묶여 있는지 확인할 때 사용하고, 주로 Amos라는 통계 프로그램에서 사용합니다.

하지만 [그림 12-5]처럼 고정된 요인 수가 이미 정해져 있을 때는 SPSS에서도 확인적 요인분석을 사용한다고 이야기할 수 있습니다. 그러나 고정된 요인이 정해져 있다고 해도 공통성, 요인적재값, 베리멕스 회전 등을 통해 적합하지 않은 요인을 제거하고 다시 요인분석을 진행할 수 있기 때문에 완전한 확인적 요인분석이라고 할 수도 없습니다. 또한 Amos에서 대부분 요인분석 결과 값을 CFA로 적고 있기 때문에 논문 결과표에 '확인적 요인분석(CFA)'을 했다고 하면 지도 교수님이나 논문 심사위원님들께 지적을 받을 수 있죠. 그래서 이 책에서는 타당도 분석으로 이야기하고, 그 분석 방법을 '요인분석'으로 정의하겠습니다. 이 부분은 학계에서도 견해차가 있기 때문에 이렇게 정의 내리는 것이 논문을 쓸 때 좋을 것 같습니다. 요인분석으로 쓰고, 향후 지도 교수님께서 탐색적 요인분석으로 수정하라고 할 경우 그 글자만 수정하면 큰 문제는 없을 것입니다.

5 ❶ 요인회전을 클릭합니다. ❷ 요인분석: 요인회전 창에서 '베리멕스'에 체크하고 ❸ 계속을 클릭합니다.

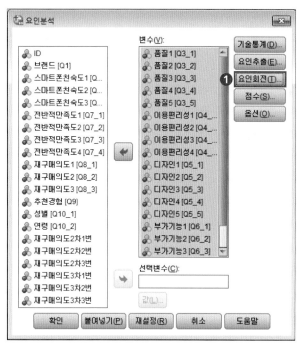
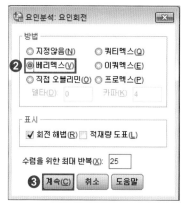

그림 12-6

아무도 가르쳐주지 않는 Tip

회전에는 다양한 옵션이 있는데요. 직교회전과 사교회전으로 분류됩니다. 직교회전은 직각을 유지하면서 요인 축을 회전하는 것이고, 사교회전은 직각을 유지하지 않고 요인 축을 회전하는 것입니다. 사교회전도 종종 활용됩니다. 하지만 실제 데이터에서는 요인이 뚜렷하게 분리되지 않는 경우가 흔하기 때문에 보다 뚜렷한 요인분석 결과를 얻기 위해서 주로 직교회전을 활용합니다. 결과 해석 방법은 동일하므로, 이 책에서는 직교회전에서 가장 많이 활용되는 '베리멕스'를 체크했습니다.

그러면 좀 더 원론적으로 들어가볼까요? 요인회전은 왜 하는 걸까요? 예를 들어 [그림 12-7]에서 동그라미(파란색)와 같이 항목 3개로 구성된 요인과 다이아몬드(빨간색)와 같이 항목 3개로 구성된 요인이 있다고 가정해봅시다.

다이아몬드 3개 항목과 동그라미 3개 항목은 둘 다 동일 항목 간의 거리가 굉장히 좁지만, 다이아몬드들과 동그라미들 간의 거리는 굉장히 먼 것으로 나타나 있습니다. 즉 데이터상에서 동그라미 3개 항목과 다이아몬드 3개 항목이 2개 요인으로 뚜렷하게 구분되는 것으로 판단됩니다.

회전 전 그림을 보면, 하나의 사분면 안에 두 요인이 모두 들어가 있습니다. 데이터 자체는 뚜렷하게 구분되지만, 애매한 축 때문에 요인이 구분되지 못한 것입니다. 그래서 축을 오른쪽으로 회전합니다. 회전 후 그림을 보면, 2개 요인으로 분리가 되었죠? 이런 식으로 요인이 잘 구분되는 축을 찾아 회전하는 것이 요인회전입니다.

여기서는 단순히 2차원적으로 설명했지만, 실제로는 요인이 많으니 다차원적으로 회전이 진행됩니다. 조금 이해하기 어려울 수도 있습니다. 일단 지금은 요인회전의 개념이 이렇다는 정도만 알고 넘어가도 좋습니다.

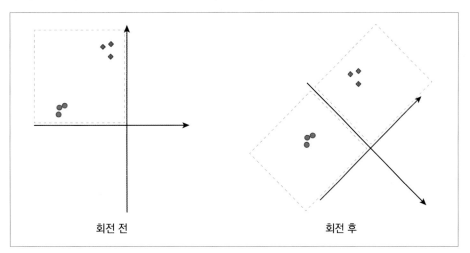

회전 전　　　　　　　　　　　　회전 후

그림 12-7 | 베리멕스 회전의 의미

6 ❶ 옵션을 클릭합니다. ❷ 요인분석: 옵션 창에서 '크기순 정렬'에 체크하고 ❸ 계속을 클릭합니다.

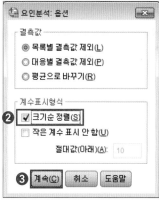

그림 12-8

7 확인을 클릭하여 출력 결과를 확인합니다.

그림 12-9

03 _ 출력 결과 해석하기 : 타당도 분석(요인분석)

앞서 언급했듯이, KMO와 Bartlett의 구형성 검정은 요인분석 모형의 적합도를 파악하는 것입니다. KMO 값은 0.6 이상일 때, 엄격하게 적용하면 0.7 이상일 때 받아들일 수 있는 수준으로 판단합니다. Bartlett의 구형성 검정에서는 p값이 유의수준인 .05 미만으로 나타나면 요인분석 모형이 적합한 것으로 판단합니다. [그림 12-10]의 〈KMO와 Bartlett의 검정〉 결과표에는 큰 문제가 없는 걸로 보이죠?

KMO와 Bartlett의 검정

표본 적절성의 Kaiser-Meyer-Olkin 측도.		.867
Bartlett의 구형성 검정	근사 카이제곱	3446.532
	자유도	171
	유의확률	.000

그림 12-10 | 요인분석의 SPSS 출력 결과 : KMO 및 Bartlett의 검정

다음으로 공통성(Communality)을 확인해봅시다. 공통성은 0.4 미만이면 요인분석에서 제거하는 편이 요인분석 적합도 면에서 더 좋을 수 있습니다. 하지만 뒤에서 '회전 요인 행렬' 결과, 요인이 뚜렷하게 분리되고 요인 적재량이 높으면, 공통성이 다소 낮더라도 문항에 포함하곤 합니다. [그림 12-11]의 〈공통성〉 결과표에는 0.4 미만인 것이 없으므로 공통성이 낮은 항목은 없는 것으로 판단됩니다.

공동성		
	초기	추출
품질1	.399	.405
품질2	.606	.634
품질3	.658	.749
품질4	.579	.603
품질5	.436	.404
이용편리성1	.622	.631
이용편리성2	.639	.749
이용편리성3	.577	.624
이용편리성4	.537	.433
디자인1	.525	.452
디자인2	.472	.451
디자인3	.620	.684
디자인4	.595	.645
디자인5	.548	.615
부가기능1	.670	.636
부가기능2	.741	.721
부가기능3	.744	.793
부가기능4	.753	.732
부가기능5	.663	.623

추출 방법: 주축요인추출.

그림 12-11 | 요인분석의 SPSS 출력 결과 : 공통성

[그림 12-12]의 〈설명된 총분산〉 결과표는 4개 요인이 19개 항목을 얼마나 잘 설명하는가를 의미합니다. 19개 항목으로 구성된 것을 4개 요인으로 축소시키는 것이므로 설명력이 100%일 수는 없겠죠? 일반적으로 누적변량(누적분산)이 60% 이상이면 요인의 설명력이 높다고 평가하는데, 본 결과에서는 60% 이상의 설명력을 보여 설명력이 양호한 것으로 평가됩니다. 60%가 조금 안 되더라도, 요인이 뚜렷하게 분리된다면 요인분석 모형을 수용하기도 합니다.

설명된 총분산

요인	초기 고유값			추출 제곱합 적재량			회전 제곱합 적재량		
	전체	% 분산	누적 %	전체	% 분산	누적 %	전체	% 분산	누적 %
1	7.008	36.883	36.883	6.624	34.865	34.865	3.549	18.678	18.678
2	2.745	14.446	51.329	2.405	12.657	47.522	2.875	15.130	33.808
3	1.962	10.328	61.657	1.594	8.388	55.910	2.621	13.794	47.602
4	1.321	6.951	68.608	.961	5.060	60.970	2.540	13.368	60.970
5	.846	4.454	73.062						
6	.673	3.540	76.601						
7	.621	3.268	79.869						
8	.567	2.983	82.852						
9	.493	2.594	85.446						
10	.422	2.223	87.668						
11	.405	2.130	89.798						
12	.358	1.884	91.682						
13	.293	1.542	93.223						
14	.274	1.440	94.664						
15	.245	1.288	95.952						
16	.234	1.232	97.185						
17	.210	1.103	98.288						
18	.191	1.006	99.294						
19	.134	.706	100.000						

아이겐값   공통분산   누적분산

추출 방법: 주축요인추출.

그림 12-12 | 요인분석의 SPSS 출력 결과 : 설명된 총분산과 설명력 확인

여기서 잠깐!!

설명력이 너무 낮다면, 요인의 개수를 늘려서 설명력을 높이는 방법이 있습니다. 물론 요인의 개수를 늘려도 설명력이 거의 증가하지 않는 경우가 많죠. 간혹 드라마틱하게 증가하는 경우도 있습니다. 무엇보다 중요한 건 '요인이 잘 분리되었는가' 여부겠죠?

이제 가장 중요한 부분이 남았습니다. 요인 적재값(Factor loading)을 확인하여, 요인이 사전 연구에 맞게 분리되었는지 확인해야 합니다. 요인행렬과 회전된 요인행렬 내에 있는 숫자들이 요인 적재값입니다.

요인행렬[a]

	요인			
	1	2	3	4
부가기능2	.684	-.452	-.217	.052
부가기능1	.679	-.324	-.260	-.038
디자인4	.674	.138	-.130	-.394
부가기능3	.666	-.533	-.251	.060
부가기능4	.664	-.423	-.308	.129
디자인3	.647	.291	-.051	-.422
디자인1	.628	.216	-.094	-.048
디자인5	.619	.287	-.052	-.383
이용편리성4	.579	.253	-.036	.180
품질4	.573	-.038	.516	.083
부가기능5	.570	-.396	-.322	.194
품질2	.564	-.142	.541	.052
품질1	.560	-.069	.295	.011
이용편리성3	.552	.502	-.166	.200
품질5	.505	-.143	.357	.025
디자인2	.500	.387	-.039	-.222
이용편리성2	.432	.613	-.099	.421
이용편리성1	.466	.551	-.058	.326
품질3	.571	-.228	.607	.048

추출 방법: 주축 요인추출.
a. 추출된 4 요인 9의 반복계산이 요구됩니다.

회전된 요인행렬[a]

	요인			
	1	2	3	4
부가기능3	.850	.230	.133	-.013
부가기능4	.822	.167	.126	.111
부가기능2	.791	.252	.173	.038
부가기능5	.770	.108	.040	.132
부가기능1	.716	.180	.292	.074
품질3	.172	.843	.090	.013
품질2	.148	.769	.122	.081
품질4	.107	.735	.144	.176
품질5	.203	.582	.138	.068
품질1	.218	.542	.211	.140
디자인3	.144	.185	.765	.207
디자인5	.137	.175	.720	.217
디자인4	.299	.164	.713	.145
디자인2	.028	.122	.570	.332
디자인1	.266	.189	.447	.382
이용편리성2	-.009	.055	.130	.854
이용편리성1	.012	.109	.193	.762
이용편리성3	.124	.059	.330	.704
이용편리성4	.225	.228	.252	.516

추출 방법: 주축 요인추출.
회전 방법: Kaiser 정규화가 있는 베리멕스.
a. 5 반복계산에서 요인회전이 수렴되었습니다.

그림 12-13 | 요인분석의 SPSS 출력 결과 : 요인행렬과 회전된 요인행렬 비교

[그림 12-13]에서 〈요인행렬〉 결과표는 회전하기 전의 결과이고, 〈회전된 요인행렬〉 결과표는 회전한 후의 결과입니다. 회전 전의 결과는 1번 요인에 전반적으로 요인 적재값이 높게 나타났습니다. 회전되기 전이라서 요인이 뚜렷하게 분리되지 않은 것을 확인할 수 있죠.

반면, 회전 후 결과는 요인이 비교적 뚜렷하게 분리된 것을 볼 수 있습니다. 부가 기능의 5개 항목은 1번 요인이 가장 높고, 품질의 5개 항목은 2번 요인이 가장 높으며, 디자인의 5개 항목은 3번 요인이 가장 높습니다. 또한 이용 편리성의 4개 항목은 4번 요인에서 가장 높게 나타나, 요인이 뚜렷하게 구분되었습니다.

요인 적재값은 0.4 이상(엄격하게는 0.5를 기준으로 보기도 함)이면 해당 요인으로 분류하는데, 대체로 요인 적재값이 가장 큰 요인과 두 번째로 큰 요인 간의 차이가 매우 큽니다. 그런데 디자인 1번 항목의 경우, 가장 큰 요인의 적재량이 .447, 두 번째로 큰 요인의 적재량이 .382(4번 요인: 이용편리성)로 나타납니다. 즉 디자인 1번 항목은 디자인의 나머지 항목과도 연관성이 높은 편이지만, 이용 편리성의 4개 항목과도 연관성이 높다는 의미입니다. 그러므로 디자인 1번 항목은 개념이 뚜렷하지 않기 때문에 제외하는 편이 더 좋다고 할 수 있습니다.

다만 디자인 1번 항목의 요인 적재량이 3번 요인(.447)과 4번 요인(.382)에서 큰 차이는 없지만, 디자인 항목으로 구성된 3번 요인의 요인 적재값이 가장 높게 나타났기 때문에 연구자 입장에서 제외하지 않는 게 좋겠다고 판단되면 유지할 수도 있습니다. 하지만 이 책에서는 삭제하는 것도 실습해보기 위해, 디자인 1번 항목을 삭제하고 재분석하도록 하겠습니다. 재분석한 결과는 논문 결과표를 작성하면서 같이 언급하겠습니다.

04 _ 신뢰도 분석이란?

신뢰도는 측정 도구(설문지 문항)가 측정하고자 하는 것을 얼마나 일관성 있게 측정하는가를 나타냅니다. 신뢰도 분석은 요인 내 항목들이 일관성이 있는지 확인하는 분석입니다.

스마트폰 이용 편리성에 대해 4개 문항으로 측정되었는데, 만약 사람들의 응답이 1, 5, 1, 5로 나왔다면 이 4개의 평균은 3점이겠죠? 응답은 1, 5, 1, 5인데 평균은 1도 아니고 5도 아닌 3점이 나온다면, 이 평균은 믿을 만한 수치일까요? 아니겠죠.

즉 신뢰도 분석이란 요인을 구성하는 문항들에 대해 사람들이 일관성 있게 인식하는지 판단하는 분석입니다. 좀 더 쉽게 이야기하면, '요인을 구성하는 문항들을 평균하여 점수를 내도 괜찮은가?'를 검증하는 것으로 생각하면 되겠습니다.

그럼 앞서 요인분석을 진행한 스마트폰 품질 측정 도구의 신뢰도 분석을 살펴보겠습니다.

05 _ SPSS 무작정 따라하기 : 신뢰도 분석

1 분석−척도분석−신뢰도 분석을 클릭합니다.

그림 12-14

2 신뢰도 분석 창에서 ❶ 첫 번째 문항 변수를 클릭하고 ❷ [Shift] 버튼을 누른 채 마지막 문항 변수를 클릭하면 모든 문항 변수가 선택됩니다. ❸ 오른쪽 이동 버튼(➡)을 클릭하면 선택한 문항 변수가 오른쪽으로 옮겨집니다. ❹ 통계량 버튼을 클릭합니다.

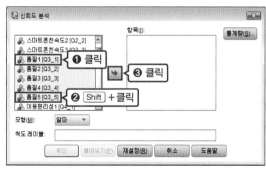

그림 12-15

3 신뢰도 분석: 통계량 창에서 ❶ '항목제거시 척도'에 체크하고 ❷ 계속을 클릭합니다.

그림 12-16

4 확인을 클릭하여 출력 결과를 확인합니다.

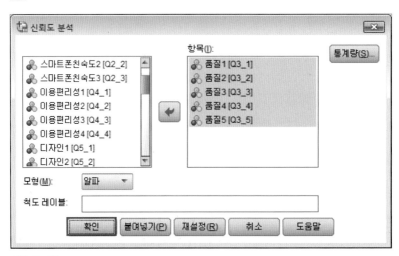

그림 12-17

06 _ 출력 결과 해석하기 : 신뢰도 분석

[그림 12–18]의 〈신뢰도 통계량〉 결과표를 보면 크론바흐 알파 계수(Cronbach's alpha)가 0.7보다 훨씬 높은 수치로 나타났습니다. 즉 품질을 구성하는 5개 문항은 내적 일관성이 높아 측정도구의 신뢰도는 받아들일 수 있는 수준인 것으로 평가됩니다.

그림 12–18 | 신뢰도 분석의 SPSS 출력 결과 : 신뢰도 통계량

여기서 잠깐!!

알파 계수는 0.6 이상~0.7 미만이면 수용 가능한 수준, 0.7 이상~0.8 미만이면 양호한 수준으로 판단하며, 0.8 이상~0.9 미만이면 우수한 수준으로 판단합니다.[1] 주로 수용 가능한 수준인 0.60이나 양호한 수준인 0.7을 기준으로 측정 도구의 신뢰성 여부를 판단합니다. 10개 이상의 많은 문항으로 구성된 측정 도구는 보다 엄격하게 적용하여 우수한 수준인 0.8을 기준으로 보기도 합니다.

그럼, 품질의 신뢰도 분석을 한 방법과 동일한 방법으로 나머지 요인들도 신뢰도 분석을 할 수 있겠죠? '이용 편리성', '디자인', '부가 기능'에 대해 신뢰도 분석을 진행해보기 바랍니다. 단, 디자인의 경우는 요인분석 결과 1번 항목을 제외하기로 했기 때문에, 2번 항목부터 5번 항목까지만 분석하면 됩니다. 그리고 단일 요인으로 구성된 '스마트폰 친숙도'나 '전반적 만족도', '재구매 의도'도 동일한 방식으로 진행해보세요. 그 결과는 [표 12–1]과 같습니다. 표 내용과 결과가 다르다면 어디선가 실수가 있었던 것이니 다시 해보세요.

---

1 DeVellis, R.F. (2012). Scale development: Theory and applications. Los Angeles: Sage. pp. 109-110.

표 12-1 | 신뢰도 분석 결과 요약

변수		Cronbach's alpha	항목 수
스마트폰 품질 요인	품질	.852	5
	이용 편리성	.838	4
	디자인	.842	4
	부가 기능	.915	5
전반적 만족도		.861	4
재구매 의도		.846	3
스마트폰 친숙도		.799	3

아무도 가르쳐주지 않는 Tip

설문 문항에 역채점 문항을 넣을 수 있습니다. 역채점 문항의 장점은 이론적으로 보자면 응답자가 성실하게 응답했는지 걸러낼 수 있다는 것입니다. 하지만 실제로 조사해보면 그 문항이 신뢰도를 저해하는 경우가 많습니다.

긍정적인 내용의 질문이 나오다가 갑자기 부정적인 질문이 나오면, 응답 방향이 틀어져야 합니다(예를 들어 4~5점을 체크하고 있었다면, 역채점 문항은 1~2점 쪽으로 체크해야 함). 그러면 성실하게 응답한 사람이라도 문항을 잘못읽어서 제대로 체크하지 못한 경우가 많습니다. 수능 시험을 볼 때 '~가 아닌 것을 고르시오.'라는 문항에서 '맞는 것을 골라' 실수하는 것처럼 말이죠.

한마디로 역채점 문항은 불성실한 응답자를 걸러내기 위해 넣어도 좋지만, 신뢰도에는 악영향을 끼칠 수 있으니 참고하세요.

하지만 신뢰도도 언제나 잘 나오는 건 아니겠지요? 본 데이터에서는 신뢰도가 대체로 양호하게 나타났지만, 만약 알파 계수가 0.4~0.5대로 나왔다면 어떻게 해야 할까요? 신뢰도를 저해하는 항목을 제거해줘야 합니다. 그걸 어떻게 판단하는지 살펴보겠습니다.

조금 전 통계 옵션에서 '항목제거시 척도'에 체크했죠? 그 옵션을 체크했기 때문에 [그림 12-19]의 〈항목 총계 통계량〉 결과표에 '항목이 삭제된 경우 Cronbach 알파'가 나오는 것입니다. 이 값은 해당 문항을 삭제했을 때의 Cronbach's 알파 계수를 의미합니다.

〈항목 총계 통계량〉 결과표를 살펴봅시다. 품질 5개 항목의 신뢰도를 검증한 결과, 품질1은 '항목이 삭제된 경우 Cronbach 알파'가 .846입니다. 이는 품질1을 삭제하고 품질2부터 품질5까지만으로 척도를 구성한다면 알파 계수가 .846이라는 의미입니다. 오히려 품질1을 포함했을 때보다 떨어지죠? 마찬가지로 나머지 항목의 '항목이 삭제된 경우 Cronbach 알파'도 실제 알파 계수인 .852보다 높은 값이 없는 것을 확인할 수 있습니다. 즉 어떤 문항을 지워도 신뢰도 지수가 떨어진다는 의미입니다. 하지만 알파 계수가 0.4~0.5대로 나왔다면, '항목이 삭제된 경우 Cronbach 알파'가 높게 나오는 항목을 삭제해서 신뢰도를 높여줄 수 있습니다.

항목 총계 통계량

	항목이 삭제된 경우 척도 평균	항목이 삭제된 경우 척도 분산	수정된 항목-전체 상관계수	항목이 삭제된 경우 Cronbach 알파
품질1	13.39	8.566	.570	.846
품질2	13.30	7.841	.717	.808
품질3	13.23	7.674	.753	.798
품질4	13.36	7.997	.701	.812
품질5	13.16	8.400	.584	.843

그림 12-19 | 신뢰도 분석의 SPSS 출력 결과 : 항목 총계 통계량

 여기서 잠깐!!

저희 팀이 가장 많이 듣는 질문은 "이미 타당화된 척도인데, 내 마음대로 항목을 지워도 되나요?"입니다. 물론 막 지우면 안 되죠. 하지만 아무리 타당화된 척도라도 해외에서 개발된 척도가 많고, 국내에서 개발된 척도일지라도 조사 대상자의 특성이라든가 조사 환경이 다르기 때문에 결과가 다르게 나올 수 있습니다. 오래된 연구에서 개발된 척도는 시대 변화에 따라 차이를 보일 수도 있고요. 즉 이미 타당화된 척도를 사용했더라도, 조사 대상자나 환경에 따라서 일부 항목을 제외하는 것은 큰 문제가 아니니 걱정하지 마세요!

07 _ 논문 결과표 작성하기 : 타당도 분석(요인분석)

지금까지 타당도 분석과 신뢰도 분석에 대해 살펴보았습니다. 대부분의 통계 관련 서적들을 보면 SPSS 출력 결과만 언급하고, 실제 논문 결과표 작성에 대한 설명은 없습니다. 하지만 연구자들 입장에서는 논문 결과표 작성과 해석 방법이 더 궁금하겠죠? 그래서 이 책에서는 출력 결과를 바탕으로 어떻게 논문 결과표와 해석을 작성하는지에 대해 구체적으로 살펴보겠습니다.

1 4개 요인에 대한 요인분석이므로 한글 프로그램에서 4개 요인의 열을 만들고, [그림 12-13]의 〈회전된 요인행렬〉 결과표에서 왼쪽 항목 순서와 동일하게 행을 만듭니다. 요인별 '아이겐값', '공통분산(%)', '누적분산(%)' 행을 추가하고, 표 하단에 KMO와 Bartlett의 카이제곱, 유의확률을 포함하여 작성합니다.

Item	1	2	3	4
부가기능				
부가기능				
부가기능				
부가기능				
부가기능				
품질				
품질				
품질				
품질				
품질				
이용편리성				
이용편리성				
이용편리성				
이용편리성				
디자인				
디자인				
디자인				
디자인				
아이겐값				
공통분산(%)				
누적분산(%)				
$KMO=$, Bartlett's $\chi^2=$ $(p<.001)$				

그림 12-20

2 요인분석 엑셀 결과에서 '회전된 요인행렬' 결과 값을 모두 선택하여 복사($Ctrl$+C)합니다.

회전된 요인행렬[a]

	요인			
	1	2	3	4
부가기능3	0.851	0.232	-0.017	0.122
부가기능4	0.825	0.167	0.110	0.121
부가기능2	0.793	0.254	0.035	0.161
부가기능5	0.771	0.108	0.130	0.036
부가기능1	0.719	0.183	0.072	0.281
품질3	0.173	0.843	0.012	0.088
품질2	0.149	0.770	0.077	0.116
품질4	0.110	0.736	0.177	0.143
품질5	0.204	0.584	0.064	0.128
품질1	0.220	0.543	0.139	0.204
이용편리성2	-0.003	0.056	0.870	0.126
이용편리성1	0.018	0.111	0.767	0.191
이용편리성3	0.131	0.063	0.707	0.325
이용편리성4	0.225	0.236	0.494	0.220
디자인3	0.152	0.185	0.215	0.792
디자인5	0.146	0.178	0.225	0.722
디자인4	0.306	0.171	0.150	0.692
디자인2	0.036	0.128	0.331	0.552

추출 방법: 주축 요인추출.
회전 방법: Kaiser 정규화가 있는 베리멕스.
a. 5 반복계산에서 요인회전이 수렴되었습니다.

$Ctrl$ + C

그림 12-21

여기서 잠깐!!

- 혹시 결과 값이 다르게 나왔나요? 앞에서 디자인 1 요인은 삭제한 다음 분석한다고 설명했습니다. 디자인 1을 빼고 한 번 더 분석하면 같은 결과가 나올 것입니다.

- 엑셀로 SPSS 출력 결과를 저장하는 방법은 SECTION 09에서 다뤘습니다. SPSS 결과 Viewer의 **파일-내보내기** 창에서 유형을 Excel로 선택해서 저장하면 됩니다. 좀 더 자세한 설명은 SECTION 09를 참고하세요.

3 미리 작성해놓은 한글 표에서 첫 번째 항목에 붙여넣기($Ctrl$+V)합니다.

Item	1	2	3	4
부가기능	$Ctrl$ + V			
부가기능				
부가기능				
부가기능				

그림 12-22

4 셀 붙이기 창에서 **❶** '내용만 덮어 쓰기'를 클릭한 뒤 **❷** 붙이기를 클릭합니다.

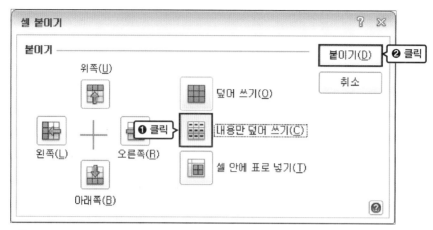

그림 12-23

5 요인분석 엑셀 결과의 〈설명된 총분산〉 결과표에서 **❶** '회전 제곱합 적재량'의 '전체(아이겐 값)', '% 분산(공통분산)', '누적 %(누적분산)'를 복사하고 **❷** 빈 셀에서 마우스 오른쪽 버튼 을 클릭한 후 **❸** 선택하여 붙여넣기를 클릭합니다.

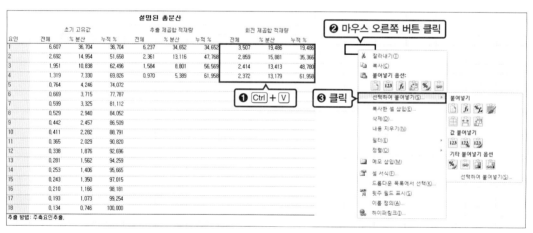

그림 12-24

6 선택하여 붙여넣기 창에서 ❶ '행/열 바꿈'에 체크하고 ❷ 확인을 클릭합니다.

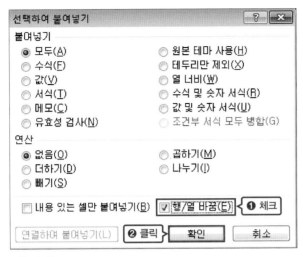

그림 12-25

7 행과 열이 바뀌어 붙여넣기된 4개 요인의 아이겐값, 공통분산, 누적분산 값을 모두 복사
합니다.

설명된 총분산

요인	초기 고유값			추출 제곱합 적재량			회전 제곱합 적재량		
	전체	% 분산	누적 %	전체	% 분산	누적 %	전체	% 분산	누적 %
1	6,607	36,704	36,704	6,237	34,652	34,652	3,507	19,486	19,486
2	2,692	14,954	51,658	2,361	13,116	47,768	2,859	15,881	35,366
3	1,951	10,838	62,496	1,584	8,801	56,569	2,414	13,413	48,780
4	1,319	7,330	69,826	0,970	5,389	61,958	2,372	13,179	61,958
5	0,764	4,246	74,072						
6	0,669	3,715	77,787						
7	0,599	3,325	81,112						
8	0,529	2,940	84,052						
9	0,442	2,457	86,509						
10	0,411	2,282	88,791						
11	0,365	2,029	90,820						
12	0,338	1,876	92,696						
13	0,281	1,562	94,259						
14	0,253	1,406	95,665						
15	0,243	1,350	97,015						
16	0,210	1,166	98,181						
17	0,193	1,073	99,254						
18	0,134	0,746	100,000						

3,507	2,859	2,414	2,372
19,486	15,881	13,413	13,179
19,486	35,366	48,780	61,958

Ctrl + C

추출 방법: 주축요인추출.

그림 12-26

8 미리 작성해둔 한글 표의 첫 번째 아이겐값 칸에 복사한 결과 값을 붙여넣기(Ctrl + V)
합니다.

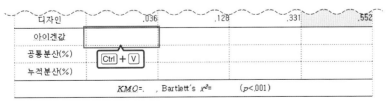

그림 12-27

9 셀 붙이기 창에서 ❶ '내용만 덮어 쓰기'를 클릭한 뒤 ❷ 붙이기를 클릭합니다.

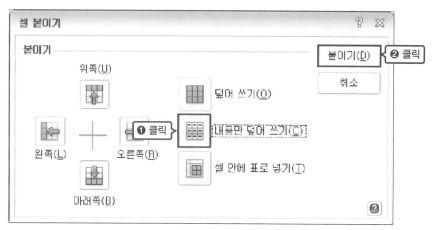

그림 12-28

10 요인분석 엑셀 결과의 〈KMO와 Bartlett의 검정〉 결과표에서 'KMO', 'Bartlett의 근사 카이제곱', '유의확률'을 각각 순서대로 복사해 한글 문서에 만들어놓은 표의 하단에 옮깁 니다.

그림 12-29

11 입력한 모든 셀의 글자 모양을 양식에 맞게 변경하면 결과표가 완성됩니다.

Item	1	2	3	4
부가기능3	.851	.232	-.017	.122
부가기능4	.825	.167	.110	.121
부가기능2	.793	.254	.035	.161
부가기능5	.771	.108	.130	.036
부가기능1	.719	.183	.072	.281
품질3	.173	.843	.012	.088
품질2	.149	.770	.077	.116
품질4	.110	.736	.177	.143
품질5	.204	.584	.064	.128
품질1	.220	.543	.139	.204
이용편리성2	-.003	.056	.870	.126
이용편리성1	.018	.111	.767	.191
이용편리성3	.131	.063	.707	.325
이용편리성4	.225	.236	.494	.220
디자인3	.152	.185	.215	.792
디자인5	.146	.178	.225	.722
디자인4	.306	.171	.150	.692
디자인2	.036	.128	.331	.552
아이겐값	3.507	2.859	2.414	2.372
공통분산(%)	19.486	15.881	13.413	13.179
누적분산(%)	19.486	35.366	48.780	61.958
$KMO=.863$, Bartlett's $\chi^2=3,233.200(p<.001)$				

그림 12-30 | 스마트폰 품질 측정 도구의 요인분석 결과표

08 _ 논문 결과표 해석하기 : 타당도 분석(요인분석)

타당도 분석 결과표에 대한 해석은 다음 4단계로 작성합니다.

❶ 분석 내용과 분석법 설명
"스마트폰 품질 요인에 대해 하위 요인이 어떻게 분류되는지 파악하고자 요인분석(분석법)을 실시하였다. 요인 추출 방법으로는 주축 요인 추출(요인 추출 방법)을 실시하였고 베리멕스 회전(요인회전 방법)을 하였다."

❷ 전체 항목 수 설명
요인분석에 사용한 항목 수를 설명하며, 타당도를 저해하여 제외된 항목이 있으면 기술합니다.

❸ 요인분석 결과 값 설명

KMO 측도, Bartlett 구형성 검정 결과, 누적분산 결과 값을 설명합니다.

❹ 요인을 구성하는 항목 설명

요인분석 결과로 구성된 요인을 설명합니다.

이 4단계에 맞춰 '스마트폰 품질 측정 도구의 타당도 분석'에 대한 해석을 작성하면 다음과 같습니다.

❶ 스마트폰 품질 요인에 대해 하위 요인이 어떻게 분류되는지 파악하고자 요인분석을 실시하였다. 요인 추출 방법으로는 주축 요인 추출[2]을 실시하였고 베리멕스 회전[3]을 하였다.

❷ 그 결과 19개 항목[4] 중 디자인의 첫 번째 항목[5]은 타당도를 저해하여 분석해서 제외하였고, 총 18개 항목[6]으로 요인분석을 실시하였다.

❸ KMO 측도는 .863[7]으로 나타났고, Bartlett의 구형성 검정 결과도 유의확률이 .05 미만[8]으로 나타나 요인분석 모형이 적합한 것으로 판단되었다. 한편 누적분산이 61.958%[9]로 나타나, 구성된 4개 요인의 설명력이 높은 것으로 판단되었다.

❹ 각 요인에 구성된 항목을 보면, 첫 번째, 두 번째 요인에는 5개 항목이, 세 번째, 네 번째 요인에는 4개 항목이 포함되어 있다. 구성된 항목의 내용을 바탕으로, 첫 번째 요인은 부가 기능[10], 두 번째 요인은 품질[11], 세 번째 요인은 이용 편리성[12], 네 번째 요인은 디자인[13]으로 명명하였다. 요인 적재값은 모두 0.4 이상으로 나타나, 전반적인 측정 도구의 타당도를 만족하였으며, 추가적인 항목 제외 및 조정 없이 분석을 진행하였다.

---

2 요인 추출 옵션에서 선택한 방법

3 요인회전 옵션에서 선택한 방법

4 최초 요인분석 시 전체 문항 수

5 삭제한 항목

6 삭제 후 요인분석에 투입한 문항 수

7 Kaiser-Meyer-Oklin 측도

8 Bartlett의 구형성 검정에서 유의확률

9 설명된 총 분산의 % 누적 열의 마지막 수치

10 첫 번째 요인의 이름

11 두 번째 요인의 이름

12 세 번째 요인의 이름

13 네 번째 요인의 이름

[타당도 분석(요인분석) 논문 결과표 완성 예시]

스마트폰 품질 측정 도구의 타당도 분석

⟨표⟩ 스마트폰 품질 측정 도구의 요인분석

Item	1	2	3	4
부가기능3	.851	.232	-.017	.122
부가기능4	.825	.167	.110	.121
부가기능2	.793	.254	.035	.161
부가기능5	.771	.108	.130	.036
부가기능1	.719	.183	.072	.281
품질3	.173	.843	.012	.088
품질2	.149	.770	.077	.116
품질4	.110	.736	.177	.143
품질5	.204	.584	.064	.128
품질1	.220	.543	.139	.204
이용편리성2	−.003	.056	.870	.126
이용편리성1	.018	.111	.767	.191
이용편리성3	.131	.063	.707	.325
이용편리성4	.225	.236	.494	.220
디자인3	.152	.185	.215	.792
디자인5	.146	.178	.225	.722
디자인4	.306	.171	.150	.692
디자인2	.036	.128	.331	.552
아이겐값	3.507	2.859	2.414	2.372
공통분산(%)	19.486	15.881	13.413	13.179
누적분산(%)	19.486	35.366	48.780	61.958

$KMO=.863$, Bartlett's $\chi^2=3,233.200(p<.001)$

　스마트폰 품질 요인에 대해 하위 요인이 어떻게 분류되는지 파악하고자 요인분석을 실시하였다. 요인 추출 방법으로는 주축 요인 추출을 실시하였고 베리멕스 회전을 하였다. 그 결과 19개 항목 중 디자인의 첫 번째 항목은 타당도를 저해하여 분석해서 제외하였고, 총 18개 항목으로 요인분석을 실시하였다.

　KMO 측도는 .863으로 나타났고, Bartlett의 구형성 검정 결과도 유의확률이 .05 미만으로 나타나 요인분석 모형이 적합한 것으로 판단되었다. 한편 누적분산이 61.958%로 나타나, 구성된 4개 요인의 설명력이 높은 것으로 판단되었다.

　각 요인에 구성된 항목을 보면, 첫 번째, 두 번째 요인에는 5개 항목이, 세 번째, 네 번째 요인에는 4개 항목이 포함되어 있다. 구성된 항목의 내용을 바탕으로, 첫 번째 요인은 부가 기능, 두 번째 요인은 품질, 세 번째 요인은 이용 편리성, 네 번째 요인은 디자인으로 명명하였다. 요인 적재 값은 모두 0.4 이상으로 나타나, 전반적인 측정 도구의 타당도를 만족하였으며, 추가적인 항목 제외 및 조정 없이 분석을 진행하였다.

09 _ 논문 결과표 해석하기 : 신뢰도 분석

신뢰도 분석 결과표의 해석은 다음 2단계로 작성합니다.

❶ 분석 내용과 분석법 설명

"스마트폰 품질의 하위 요인과 전반적 만족도, 재구매 의도, 스마트폰 친숙도(측정 변수)의 내적 일관성 검증을 위해 신뢰도 분석(분석법)을 실시하였다."

❷ 분석 결과 설명

신뢰도 분석 결과를 설명합니다.

2단계에 맞춰 '스마트폰 품질 측정 도구의 신뢰도 분석'에 대한 해석을 작성하면 다음과 같습니다.

❶ 스마트폰 품질의 하위 요인과 전반적 만족도, 재구매 의도, 스마트폰 친숙도의 내적 일관성 검증을 위해 신뢰도 분석(Reliability analysis)을 실시하였다. 주로 크론바흐 알파 계수(Cronbach's alpha)를 산출하여 신뢰도를 판단하는데, 일반적으로 0.7 이상이면 신뢰도가 양호한 것으로 판단한다.[14]

❷ 스마트폰 품질의 하위 요인 및 전반적 만족도, 재구매 의도, 스마트폰 친숙도[15]에 대해서 각각 크론바흐 알파 계수를 산출한 결과, 모두 0.7 이상으로 높게 나타나, 본 연구의 주요 변수들의 신뢰도는 양호한 것으로 판단되었다. 따라서 신뢰도를 저해하는 문항은 없는 것으로 평가되었고, 문항 제거 없이 분석을 진행하였다.

---

14 신뢰도 지수가 0.7보다는 작고 0.6보다는 큰 경우에는 '0.6 이상이면 신뢰도가 수용 가능한 수준인 것으로 판단한다'로 대체
15 신뢰도 검증한 변수들 이름

[신뢰도 분석 논문 결과표 완성 예시]

측정도구의 신뢰도 분석

〈표〉 측정 도구의 신뢰도 분석

변수		Cronbach's alpha	항목 수
스마트폰 품질 요인	품질	.852	5
	이용 편리성	.838	4
	디자인	.842	4
	부가 기능	.915	5
전반적 만족도		.861	4
재구매 의도		.846	3
스마트폰 친숙도		.799	3

스마트폰 품질의 하위 요인과 전반적 만족도, 재구매 의도, 스마트폰 친숙도의 내적 일관성 검증을 위해 신뢰도 분석(Reliability analysis)을 실시하였다. 주로 크론바흐 알파 계수(Cronbach's alpha)를 산출하여 신뢰도를 판단하는데, 일반적으로 0.7 이상이면 신뢰도가 양호한 것으로 판단한다.

스마트폰 품질의 하위 요인 및 전반적 만족도, 재구매 의도, 스마트폰 친숙도에 대해서 각각 크론바흐 알파 계수를 산출한 결과, 모두 0.7 이상으로 높게 나타나, 본 연구의 주요 변수들의 신뢰도는 양호한 것으로 판단되었다. 따라서 신뢰도를 저해하는 문항은 없는 것으로 평가되었고, 문항 제거 없이 분석을 진행하였다.

아무도 가르쳐주지 않는 Tip

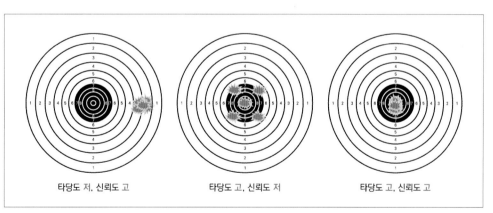

그림 12-31 | 과녁 맞히기 : 타당도와 신뢰도 비유

군대에서 사격 훈련을 할 때 과녁을 향해 총을 쏘면 분명 잘 쏜 것 같은데 높은 점수가 아닌 낮은 점수에 몰리는 경향이 있습니다. 이때 교관들이 0점 조절에 실패했다며 0점 조절을 하라고 이야기합니다. 갑자기 사격 이야기를 꺼내든 것은 이 상황이 신뢰도와 타당도를 설명하는 데 유용하기 때문입니다.

신뢰도 분석은 많은 사람이 내가 물어보고자 하는 척도(개념)에 대해서 비슷하게 생각하는 정도를 측정하는 것입니다. 그래서 내가 물어보려는 개념이 '창의성'일 때, 답하는 사람은 어떤 개념인지 모르더라도 그 개념에 대해 일관되게 응답하는 것을 의미합니다. 이와 달리 타당도 분석은 '창의성을 잘 설명해주었는가'를 측정하는 분석입니다.

[그림 12-31]의 첫 번째 그림은 총알이 낮은 점수대에 몰려 있습니다. 타당도는 떨어지지만 신뢰도는 높다고 볼 수 있습니다. 가운데 그림처럼 총알이 한 곳으로 모이지는 않았지만 높은 점수대에 분포한 경우 신뢰도는 낮지만 타당도는 높은 상황이 됩니다. 즉 과녁을 설문지, 총알을 응답자라고 생각했을 때, 세 번째 그림처럼 과녁 중앙에 있는 높은 점수에 총알들이 집중되어 있으면 좋은 설문지 문항 또는 좋은 척도라고 볼 수 있습니다.

논문에서는 모든 양적 연구 방법을 가설에 따라 적용하기 전에 신뢰도와 타당도 값을 확인합니다. 값이 충족되지 않을 경우 다시 설문조사를 진행하거나 값이 충족될 수 있도록 설문지 문항을 삭제 및 검토합니다. 논문 가설의 핵심인 척도가 좋은 문항이 아니라면, 아무리 좋은 연구 방법이나 분석을 진행해도 의미 없는 결과가 나오기 때문입니다. 신뢰도 분석의 경우, 사람들이 일관되게 응답한 문항이 아니라면 전체 문항에 대한 평균을 내서 진행하는 t-test, ANOVA, 회귀분석 등을 적용할 수 없습니다.

그래서 대부분의 양적 논문은 신뢰도 분석과 타당도 분석을 가설 검증(본 분석) 전에 진행하고, 논문 결과표 앞 부분에 기재하여 앞으로 진행될 분석에 대한 타당함을 증명하는 수치로 사용하고 있습니다. 이 때문에 설문지 문항을 만들 때, 선행 논문의 타당도와 신뢰도를 확인하고, 그 기준값이 높게 나온 설문지 척도를 채택하는 방법도 많이 사용됩니다.

10 _ 노하우 : 요인이 잘 묶이지 않을 때

대부분의 통계 관련 서적들은 결과가 잘 나오는 데이터를 이용하여 기술합니다. 그러다보니 연구자가 실제로 연구를 진행할 때 결과가 잘 나오지 않으면 어떻게 해야 하는지 몰라 어려움을 겪는 경우가 많습니다. 여기서는 결과가 잘 나오는 않는 경우 어떻게 해결해야 하는지를 살펴보고자 합니다.

[과제 12-2] 요인이 생각대로 분리되지 않는 측정 도구의 요인분석

24개 문항으로 구성된 측정 도구를 요인분석해보겠습니다. 이는 사전 연구에서 4개 요인으로 정의된 측정 도구입니다. 요인을 구성하는 문항은 다음과 같습니다.

요인명	문항
요인 1	1, 2, 3, 4
요인 2	5, 6, 7, 8, 9, 10, 11, 12, 13, 14, 15
요인 3	16, 17, 18, 19, 20, 21
요인 4	22, 23, 24

그럼 앞서 진행한 방법대로 요인분석을 실행해보겠습니다.

1 분석-차원 축소-요인분석을 클릭합니다.

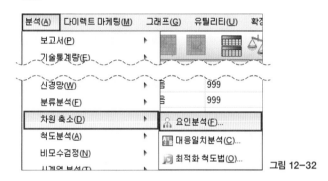

그림 12-32

2 요인분석을 진행할 24개 문항을 모두 오른쪽으로 옮깁니다.

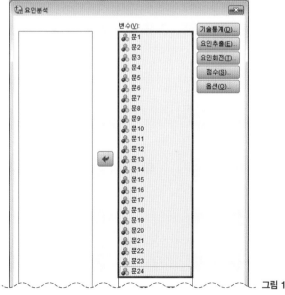

그림 12-33

3 ❶ 기술통계를 클릭합니다. ❷ 요인분석: 기술통계 창에서 'KMO와 Bartlett의 구형성 검정'에 체크하고 ❸ 계속을 클릭합니다.

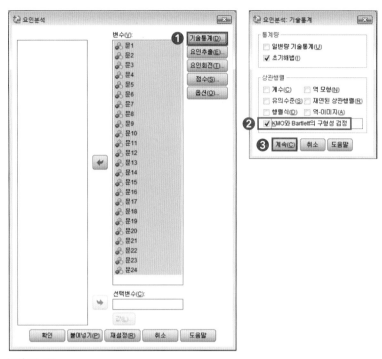

그림 12-34

4 ❶ 요인추출을 클릭합니다. ❷ 요인분석: 요인추출 창에서 '방법'을 '주축 요인 추출'로 선택합니다. ❸ '고정된 요인 수'에 체크하고 ❹ '추출할 요인'에 4를 입력한 후 ❺ 계속을 클릭합니다.

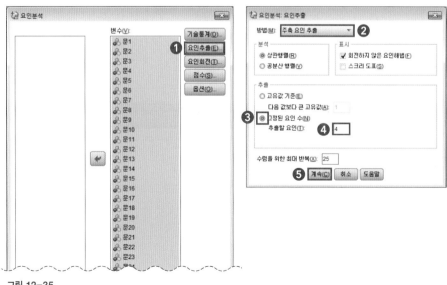

그림 12-35

5 ❶ 요인회전을 클릭합니다. ❷ 요인분석: 요인회전 창에서 '베리멕스'에 체크하고 ❸ 계속을 클릭합니다.

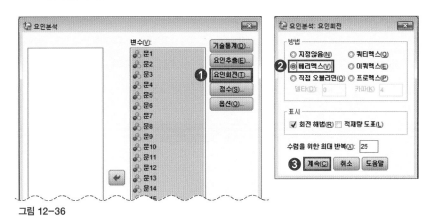

그림 12-36

6 ❶ 옵션을 클릭합니다. ❷ 요인분석: 옵션 창에서 '크기순 정렬'에 체크하고 ❸ 계속을 클릭합니다.

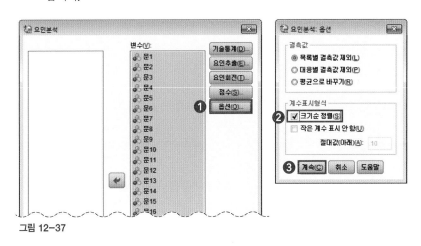

그림 12-37

7 확인을 클릭하여 출력 결과를 확인합니다.

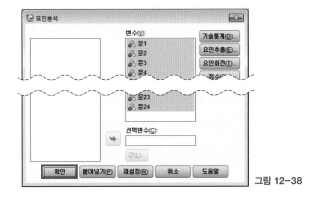

그림 12-38

출력 결과에서 〈회전된 요인행렬〉 결과표부터 확인해보겠습니다. [그림 12-39]를 살펴봅시다.

요인 1에는 문1부터 문4까지 묶였습니다. 요인 2에는 문5부터 문12까지, 그리고 문14가 묶였습니다. 요인 3에는 문16부터 문21까지 묶였습니다. 요인 4에는 문22부터 문24까지 묶였습니다. 여기서 문13과 문15는 요인 2에 묶여야 하는데, 요인 1에 묶인 것을 확인할 수 있습니다. 만약 문13과 문15가 내용상 요인 1과 묶여서는 안 되는 문항이라면 이는 제거해야 합니다.

회전된 요인행렬[a]

	요인			
	1	2	3	4
문2	.857	.236	.047	-.006
문1	.835	.248	.019	.000
문4	.820	.102	.097	.096
문3	.797	.115	.059	.112
문15	.637	.267	.214	-.008
문13	.617	.255	.203	-.003
문8	.173	.773	.195	.166
문7	.180	.692	.189	.202
문5	.253	.601	.151	.234
문11	.242	.594	.267	.021
문10	.084	.590	.145	.089
문14	.196	.571	.234	.108
문9	.161	.490	.176	.120
문6	.409	.448	.102	.141
문12	.189	.436	.298	.087
문18	.089	.245	.785	.161
문19	.111	.242	.775	.088
문17	.093	.209	.767	.039
문16	.093	.228	.643	-.040
문21	.103	.102	.493	.292
문20	.073	.219	.449	.277
문23	.030	.188	.111	.895
문22	-.006	.177	.133	.782
문24	.087	.189	.132	.683

추출 방법: 주축 요인추출.
회전 방법: Kaiser 정규화가 있는 베리멕스.
a. 6 반복계산에서 요인회전이 수렴되었습니다.

그림 12-39 | 요인분석의 SPSS 출력 결과 : 잘못 묶인 요인 확인 방법

이를 위해 요인분석 메뉴에 들어가 문13과 문15를 제외하고 요인분석을 다시 실시합니다.

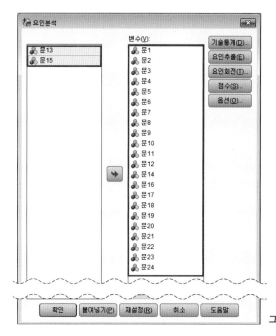

그림 12-40 │ 잘못된 요인을 제거한 요인분석 실행 화면

다시 출력된 〈회전된 요인행렬〉 결과표를 보면 사전 연구와 동일하게 요인이 4개로 잘 분류된 것을 확인할 수 있습니다. 따라서 추가 문항 제거는 필요 없는 것으로 판단됩니다.

회전된 요인행렬[a]

	요인			
	1	2	3	4
문8	.779	.197	.135	.167
문7	.699	.191	.143	.204
문5	.611	.158	.235	.230
문11	.607	.270	.200	.022
문10	.593	.146	.059	.089
문14	.580	.239	.170	.105
문9	.496	.179	.136	.119
문6	.468	.107	.363	.141
문12	.445	.302	.163	.085
문18	.250	.787	.062	.161
문19	.248	.776	.078	.089
문17	.216	.767	.058	.041
문16	.233	.648	.072	-.043
문21	.108	.493	.082	.293
문20	.222	.450	.056	.277
문2	.283	.069	.835	-.023
문4	.136	.123	.834	.078
문3	.144	.087	.829	.093
문1	.293	.041	.817	-.017
문23	.186	.107	.028	.902
문22	.173	.134	.006	.777
문24	.192	.131	.079	.685

추출 방법: 주축 요인추출.
회전 방법: Kaiser 정규화가 있는 베리멕스.
a. 6 반복계산에서 요인회전이 수렴되었습니다.

그림 12-41 │ 요인분석의 SPSS 출력 결과 :
요인을 제거한 회전 요인 적재값 확인

그리고 〈설명된 총분산〉 결과표를 보면, 요인 4개의 설명력(누적률)이 약 56.050%인 것으로 나타납니다. 60%가 조금 안 되긴 하지만, 60%에 근사하므로 이대로 진행해도 큰 문제는 없습니다.

설명된 총분산

요인	초기 고유값 전체	초기 고유값 % 분산	초기 고유값 누적 %	추출 제곱합 적재량 전체	추출 제곱합 적재량 % 분산	추출 제곱합 적재량 누적 %	회전 제곱합 적재량 전체	회전 제곱합 적재량 % 분산	회전 제곱합 적재량 누적 %
1	7.559	34.359	34.359	7.125	32.386	32.386	3.782	17.190	17.190
2	2.744	12.474	46.833	2.440	11.089	43.475	3.138	14.266	31.456
3	1.966	8.935	55.768	1.627	7.397	50.872	3.126	14.211	45.667
4	1.575	7.157	62.925	1.139	5.178	56.050	2.284	10.383	56.050
5	.897	4.076	67.001						
6	.837	3.804	70.804						
7	.798	3.628	74.432						
8	.647	2.942	77.374						
9	.568	2.580	79.954						
10	.559	2.539	82.493						
11	.509	2.313	84.806						
12	.461	2.095	86.901						
13	.439	1.996	88.896						
14	.421	1.913	90.810						
15	.392	1.780	92.590						
16	.376	1.709	94.299						
17	.333	1.513	95.812						
18	.302	1.374	97.185						
19	.222	1.008	98.193						
20	.200	.908	99.101						
21	.128	.583	99.684						
22	.069	.316	100.000						

추출 방법: 주축요인추출.

그림 12-42 | 요인분석의 SPSS 출력 결과 : 요인을 제거한 요인 설명력 확인

여기서 잠깐!!

만약 요인 설명력(누적률)을 60%에 맞춰야 마음이 편하다면, 해당 요인에 대한 요인 적재량이 비교적 낮은 문항을 하나씩 제거해주세요. 그러면 요인 설명력이 조금씩 올라갑니다.

집단 간 비교 분석 ❶

카이검증 : 집단 간 비율 비교

13_카이제곱 검정(교차분석)

13

카이제곱 검정(교차분석)
: 범주형 자료들 간의 비율 비교

bit.ly/onepass-spss14

PREVIEW

· **카이제곱 검정** : 범주형 자료에 따라 범주형 자료의 비율 구성에 유의한 차이가 있는지 확인할 때 활용하는 분석 방법

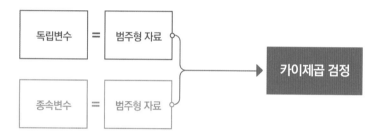

01 _ 기본 개념과 연구 가설

카이제곱 검정(Chi-square test)은 범주형 자료에 따라 범주형 자료의 비율 구성에 유의한 차이가 있는지 확인할 때 활용하는 분석 방법입니다. 교차표를 통해 분석한다고 해서 교차분석이라고도 합니다.

이제 어떤 상황에서 카이제곱 검정을 실시하는지 알아보겠습니다. 그리고 SPSS 분석과 결과 해석을 진행하는 방법에 대해서도 파악해보겠습니다.

성별에 따른 휴대폰 브랜드 차이 검증

휴대폰 브랜드별로 사용자의 점유율을 조사한 결과, A사(43.3%), B사(37.3%), C사(19.3%) 순으로 나타났다. 본 연구에서는 이러한 휴대폰 브랜드별 사용자의 점유율이 성별에 따라 차이가 있는지 검증해보고자 한다.

성별에 따라 사용하는 휴대폰의 브랜드의 분포에 차이가 있는지 검증해보자.

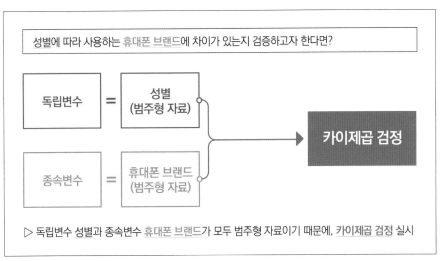

그림 13-1 | 카이제곱 검정을 사용하는 연구문제 예시

성별은 남자와 여자로 분류가 되는 범주형 자료이고, 휴대폰 브랜드도 A사, B사, C사 형태로 분류되는 범주형 자료입니다. 따라서 성별에 따라 사용하는 휴대폰 브랜드에 차이가 있는지에 대한 검증은 카이제곱 검정으로 실시하면 됩니다.

[연구문제 13-1]을 가설 형태로 작성하면 다음과 같습니다.

> **가설 형태 : (독립변수)**에 따라 **(종속변수)**의 비율에는 유의한 차이가 있다.

여기서 독립변수와 종속변수 자리에 각각 성별과 사용하는 휴대폰 브랜드를 적용하면 가설은 다음과 같습니다.

> **가설 : (성별)**에 따라 **(사용하는 휴대폰 브랜드)** 비율은 유의한 차이가 있다.

02 _ SPSS 무작정 따라하기

1 분석−기술통계량−교차분석을 클릭합니다.

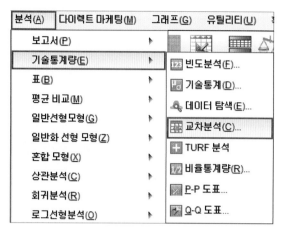

그림 13-2

2 교차분석 창에서 **①** '브랜드[Q1]'을 선택하고 **②** '행(O):' 칸 옆에 있는 오른쪽 이동 버튼
(➡)을 클릭합니다.

그림 13-3

3 ❶ '성별[Q10_1]'을 선택하고 ❷ '열(C):' 칸 옆에 있는 오른쪽 이동 버튼(➡️)을 클릭합니다.

그림 13-4

아무도 가르쳐주지 않는 Tip

성별(Q10_1)에 따라 브랜드(Q1) 비율에 유의한 차이를 보이는지 검증하겠다면, 행과 열에 무엇을 넣는지는 중요하지 않습니다. 단순히 표가 가로로 보이느냐 세로로 보이느냐의 차이만 있을 뿐이죠. 즉 '행'에 '성별'을, '열'에 '브랜드'를 넣어도 괜찮습니다. 하지만 논문 용지에서는 가로가 세로보다 좁기 때문에, 가능하면 집단이 적은 변수를 열에 넣는 편이 좋습니다. 여기서 '성별'은 '남', '여'의 두 집단, '브랜드'는 'A사', 'B사', 'C사'의 세 집단이므로 '성별'을 '열'에, '브랜드'를 '행'으로 옮겼습니다.

4 통계량을 클릭합니다.

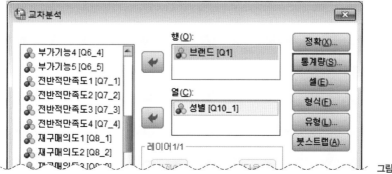

그림 13-5

5 교차분석: 통계량 창에서 **❶** '카이제곱(H)'을 체크하고 **❷** 계속을 클릭합니다.

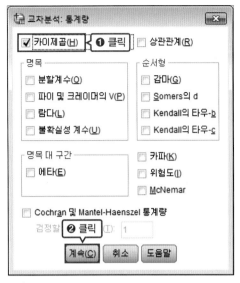

그림 13-6

6 교차분석 창에서 셀을 클릭합니다.

그림 13-7

7 교차분석: 셀 표시 창에서 ❶ '열(C)'을 체크한 후 ❷ 계속을 클릭합니다.

그림 13-8

아무도 가르쳐주지 않는 **Tip**

[그림 13-8]에서 '열' 퍼센트를 체크했는데, 그 이유는 독립변수인 '성별'이 '열'에 들어갔기 때문입니다. 만약 독립변수가 '행'에 들어갔다면 '행' 퍼센트를 체크해야 합니다. 결국 '백분율'에 대한 체크는 어떤 자료가 독립변수인지에 따라 결정됩니다.

8 교차분석 창에서 확인을 클릭합니다.

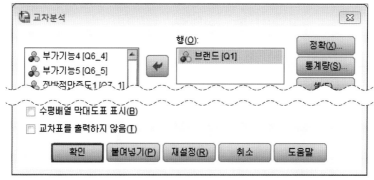

그림 13-9

03 _ 출력 결과 해석하기

출력 결과에서 가장 마지막에 나오는 [그림 13-10]의 〈카이제곱 검정〉 결과표를 보면, 카이제곱 값에 대한 유의확률은 .139로 .05를 초과했습니다. 즉 성별에 따라 사용하는 휴대폰 브랜드는 통계적으로 유의한 차이가 없다고 할 수 있습니다.

카이제곱 검정

	값	자유도	근사 유의확률 (양측검정)
Pearson 카이제곱	3.950[a]	2	.139
우도비	3.972	2	.137
선형 대 선형결합	.454	1	.500
유효 케이스 수	300		

a. 0 셀 (0.0%)은(는) 5보다 작은 기대 빈도를 가지는 셀입니다. 최소 기대빈도는 27.07입니다.

그림 13-10 | 카이제곱 검정 출력 결과

이번에는 [그림 13-11]의 〈브랜드*성별 교차표〉를 살펴봅시다. 퍼센트를 비교해보면, A사의 경우 여자(47.9%)가 남자(39.4%)보다 비교적 비율이 높고, B사의 경우 남자(42.5%)가 여자(31.4%)보다 비교적 비율이 높습니다. 하지만 앞서 살펴보았듯이 유의확률이 .05보다 크게 나타났으므로, 이러한 비율 차이는 통계적으로 의미가 있는 차이라고 해석할 수 없습니다.

브랜드 * 성별 교차표

			성별 남자	성별 여자	전체
브랜드	A사	빈도	63	67	130
		성별 중 %	39.4%	47.9%	43.3%
	B사	빈도	68	44	112
		성별 중 %	42.5%	31.4%	37.3%
	C사	빈도	29	29	58
		성별 중 %	18.1%	20.7%	19.3%
전체		빈도	160	140	300
		성별 중 %	100.0%	100.0%	100.0%

그림 13-11 | 카이제곱 검정 출력 결과 : 브랜드*성별 교차표

04 _ 논문 결과표 작성하기

1 카이제곱 검정 결과표는 독립변수별 종속변수에 해당하는 빈도와 %, 그리고 카이제곱, 유의확률의 결과 값을 열로 구성하여 작성합니다.

표 13-1

		성별		전체	χ^2	p
		남자	여자			
브랜드	A사					
	B사					
	C사					
전체						

2 성별에 따른 브랜드의 빈도와 %를 '빈도(%)'와 같은 형태로 결과표에 넣기 위해 엑셀의 CONCATENATE 함수를 활용합니다. 사용할 함수 구문은 다음과 같습니다.

=CONCATENATE(빈도 셀,"(",FIXED(퍼센트 셀*100,1),")")

교차표 엑셀 결과에서 비어 있는 H4 셀에 위의 함수를 넣습니다. **①** '남자*A사'의 빈도에 해당하는 'D4 셀'을 빈도 셀에, **②** '남자*A사'의 %에 해당하는 'D5 셀'을 퍼센트 셀에 넣습니다.

=CONCATENATE(D4,"(",FIXED(D5*100,1),")")

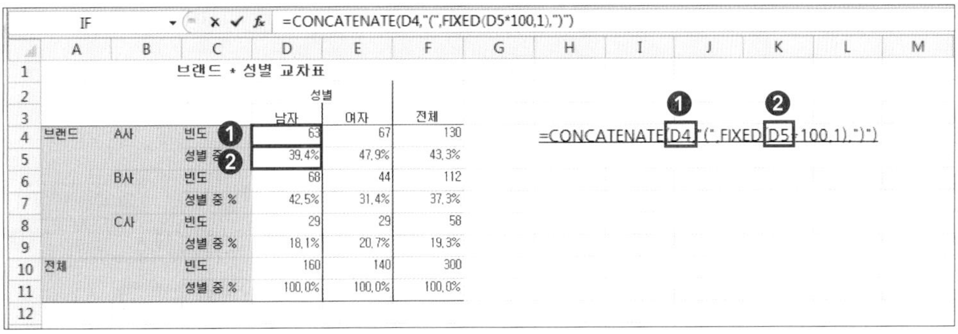

그림 13-12

엑셀 함수를 사용하지 않고, 직접 타이핑하여 '빈도(%)' 형태의 결과표를 작성해도 됩니다. 하지만 직접 타이핑을 하다보면 숫자를 잘못 입력할 수 있습니다. 분석 결과가 아주 많을 경우 일일이 타이핑하려면 시간도 많이 걸립니다. 따라서 엑셀 함수 사용법을 알고 있으면 결과표를 작성하는 데 큰 도움이 됩니다.

- CONCATENATE 엑셀 함수는 다른 셀에 있는 텍스트를 합칠 때 사용합니다.
  =CONCATENATE(셀1,셀2,…)
- FIXED 엑셀 함수는 숫자를 지정한 소수점 자릿수로 반올림해줍니다.
  =FIXED(숫자,자릿수)

3 함수가 제대로 입력되면 H4 셀에 '63(39.4)'가 출력됩니다. 여자 항목과 총계 항목의 빈도와 %도 변환하기 위해 ❶ H4 셀을 선택하고 ❷ J4 셀까지 드래그해서 복사합니다.

	A	B	C	D	E	F	G	H	I	J
1			브랜드 * 성별 교차표							
2					성별					
3				남자	여자	전체				
4	브랜드	A사	빈도	63	67	130		63(39.4)		
5			성별 중 %	39.4%	47.9%	43.3%		❶ 클릭 ❷ 드래그		
6		B사	빈도	68	44	112				
7			성별 중 %	42.5%	31.4%	37.3%				
8		C사	빈도	29	29	58				
9			성별 중 %	18.1%	20.7%	19.3%				
10	전체		빈도	160	140	300				
11			성별 중 %	100.0%	100.0%	100.0%				

그림 13-13

4 B사의 빈도와 %도 변환하기 위해 ❶ H4 셀, I4 셀, J4 셀을 선택하여 복사하고(Ctrl + C), ❷ H6 셀에 붙여넣기(Ctrl + V)를 합니다.

	A	B	C	D	E	F	G	H	I	J
1			브랜드 * 성별 교차표							
2					성별					
3				남자	여자	전체				
4	브랜드	A사	빈도	63	67	130		63(39.4)	67(47.9)	130(43.3)
5			성별 중 %	39.4%	47.9%	43.3%		❶ Ctrl + C		
6		B사	빈도	68	44	112				
7			성별 중 %	42.5%	31.4%	37.3%		❷ Ctrl + V		
8		C사	빈도	29	29	58				
9			성별 중 %	18.1%	20.7%	19.3%				
10	전체		빈도	160	140	300				
11			성별 중 %	100.0%	100.0%	100.0%				

그림 13-14

5 C사와 총계도 같은 방법으로 복사해서 붙여넣기하면(Ctrl + C, Ctrl + V) 모든 빈도와 %가 변경됩니다.

	A	B	C	D	E	F	G	H	I	J
1			브랜드 * 성별 교차표							
2					성별					
3				남자	여자	전체				
4	브랜드	A사	빈도	63	67	130		63(39.4)	67(47.9)	130(43.3)
5			성별 중 %	39.4%	47.9%	43.3%				
6		B사	빈도	68	44	112		68(42.5)	44(31.4)	112(37.3)
7			성별 중 %	42.5%	31.4%	37.3%				
8		C사	빈도	29	29	58		29(18.1)	29(20.7)	58(19.3)
9			성별 중 %	18.1%	20.7%	19.3%				
10	전체		빈도	160	140	300		160(100.0)	140(100.0)	300(100.0)
11			성별 중 %	100.0%	100.0%	100.0%				

그림 13-15

6 미리 작성해놓은 한글 결과표로 결과 값을 옮기기 위해, 변환한 모든 셀을 선택하여 한 번에 복사합니다.

H4　　▼　　f_x　=CONCATENATE(D4,"(",FIXED(D5*100,1),")")

	A	B	C	D	E	F	G	H	I	J
1			브랜드 * 성별 교차표							
2					성별			Ctrl + C		
3				남자	여자	전체				
4	브랜드	A사	빈도	63	67	130		63(39.4)	67(47.9)	130(43.3)
5			성별 중 %	39.4%	47.9%	43.3%				
6		B사	빈도	68	44	112		68(42.5)	44(31.4)	112(37.3)
7			성별 중 %	42.5%	31.4%	37.3%				
8		C사	빈도	29	29	58		29(18.1)	29(20.7)	58(19.3)
9			성별 중 %	18.1%	20.7%	19.3%				
10	전체		빈도	160	140	300		160(100.0)	140(100.0)	300(100.0)
11			성별 중 %	100.0%	100.0%	100.0%				

그림 13-16

7 새로운 시트(Sheet)를 열어 첫 셀을 선택합니다. ❶ 붙여넣기를 클릭한 후 ❷ 값 붙여넣기를 클릭합니다.

그림 13-17

8 붙여넣은 결과 값에서 비어있는 행을 삭제하겠습니다. ❶ 2행을 클릭하고 ❷ Ctrl 키를 누른 상태에서 4행과 ❸ 6행을 클릭하여 3개의 행을 모두 선택합니다. ❹ 행 삭제 단축 키 Ctrl + − 를 눌러 3개의 행을 삭제합니다.

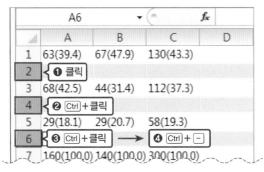

그림 13-18

여기서 잠깐!!

단축키가 익숙하지 않다면 ❶～❸까지 진행한 후에 행 번호 위에서 오른쪽 마우스 버튼을 클릭하여 '삭제' 항목을 클릭해도 같은 결과가 나옵니다.

9 결과 값만 남은 모든 셀을 선택하여 복사합니다.

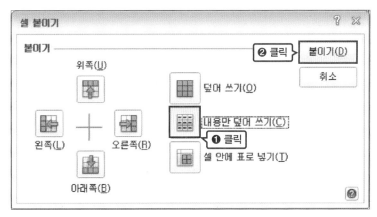

	A	B	C	D
1	63(39.4)	67(47.9)	130(43.3)	
2	68(42.5)	44(31.4)	112(37.3)	
3	29(18.1)	29(20.7)	58(19.3)	
4	160(100.0)	140(100.0)	300(100.0)	
5				
6				
7				

Ctrl + C

그림 13-19

10 복사한 빈도(%) 결과 값을 한글에 만들어놓은 결과표에 붙여넣기합니다.

단위: 빈도(%)

		성별		전체	χ^2	p
		남자	여자			
브랜드	A사	I				
	B사	Ctrl + V				
	C사					
전체						

그림 13-20

11 셀 붙이기 창에서 ❶ '내용만 덮어 쓰기'를 클릭하고 ❷ 붙이기를 클릭합니다.

셀 붙이기

붙이기
위쪽(U)
❷ 클릭 붙이기(D)
취소
덮어 쓰기(O)
내용만 덮어 쓰기(C)
❶ 클릭
왼쪽(L) 오른쪽(R)
셀 안에 표로 넣기(T)
아래쪽(B)

그림 13-21

12 〈카이제곱 검정〉 결과표에서 ❶ 'Pearson 카이제곱'의 '값'을 클릭하고 ❷ 'Pearson 카이제곱'의 '근사 유의확률(양측검정)'을 Ctrl + 클릭으로 함께 선택하여 ❸ 복사한 후 ❹ 빈 셀에 붙여넣기합니다.

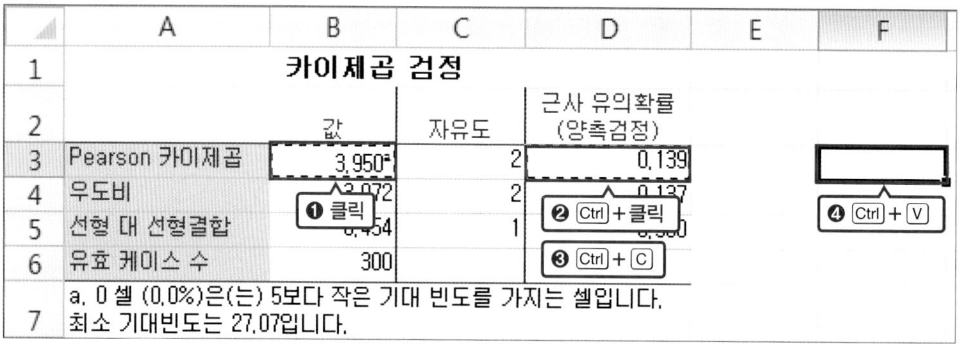

그림 13-22

13 붙여넣은 카이제곱 값과 유의확률을 복사합니다.

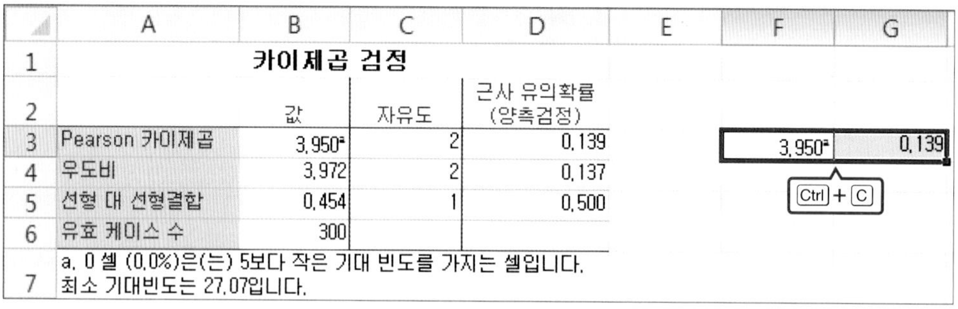

그림 13-23

14 복사한 카이제곱 값과 유의확률을 한글에 만들어놓은 결과표에 붙여넣기합니다.

단위: 빈도(%)

		성별		전체	χ^2	p
		남자	여자			
브랜드	A사	63(39.4)	67(47.9)	130(43.3)		
	B사	68(42.5)	44(31.4)	112(37.3)	3.950ª	.139
	C사	29(18.1)	29(20.7)	58(19.3)		
전체		160(100.0)	140(100.0)	300(100.0)		

그림 13-24

15 셀 붙이기 창에서 ❶ '내용만 덮어 쓰기'를 클릭하고 ❷ 붙이기를 클릭합니다.

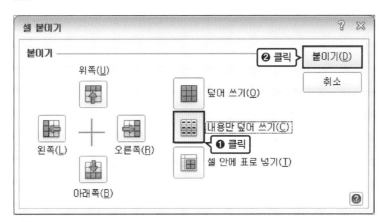

그림 13-25

16 카이제곱 값 3.950의 위첨자 'a'는 삭제하고, 입력한 모든 셀의 글자 모양을 양식에 맞게 변경하면 결과표가 완성됩니다.

표 13-2 │ 성별에 따른 사용 휴대폰 브랜드 차이   단위: 빈도(%)

		성별		전체	χ^2	p
		남자	여자			
	A사	63(39.4)	67(47.9)	130(43.3)		
브랜드	B사	68(42.5)	44(31.4)	112(37.3)	3.950	.139
	C사	29(18.1)	29(20.7)	58(19.3)		
전체		160(100.0)	140(100.0)	300(100.0)		

05 _ 논문 결과표 해석하기

카이제곱 검정 결과표에 대한 해석은 다음 3단계로 작성합니다.

❶ 분석 내용과 분석법 설명
"성별(독립변수)에 따라 사용하는 휴대폰 브랜드(종속변수)의 비율 차이를 검증하기 위해 교차표(분석법)를 산출하였다."

❷ 독립변수와 종속변수의 결과 값 나열
성별에 따른 브랜드의 빈도와 퍼센트를 나열합니다.

❸ 카이제곱 검정 유의성 결과 설명
유의확률(p)이 0.05 미만인지, 0.05 이상인지에 따라 유의성 검증 결과를 설명합니다.
- 유의확률(p)이 0.05 미만으로 유의한 차이가 있을 때는 "성별에 따른 사용 휴대폰 브랜드의 비율이 유의한 차이를 보이는 것으로 나타났다($p < .05$)."로 적고, "남자는 B사 브랜드를 더 많이 사용했고, 여자는 A사 브랜드를 더 많이 사용했다."와 같이 어떻게 유의한 차이를 보이는지 설명합니다.
- 유의확률(p)이 0.05 이상으로 유의하지 않을 때는 "유의한 차이를 보이지 않는 것으로 나타났다."로 마무리합니다.

이 3단계에 맞춰 앞에서 실습한 출력 결과 값을 작성하면 다음과 같습니다.

❶ 성별에 따라 사용하는 휴대폰 브랜드의 비율 차이를 검증하기 위해 교차표를 산출하였다.
❷ 그 결과 남자는 A사가 63명(39.4%), B사가 68명(42.5%), C사가 29명(18.1%)으로 나타났고, 여자는 A사가 67명(47.9%), B사가 44명(31.4%), C사가 29명(20.7%)으로 나타났다.
❸ 성별에 따른 사용 휴대폰 브랜드 차이의 통계적 유의성 여부를 판단하기 위해 카이제곱 검정을 실시한 결과, 이는 유의한 차이를 보이지 않는 것으로 나타났다.

아무도 가르쳐주지 않는 Tip

χ^2는 엑스제곱이 아니라 카이제곱으로 읽습니다. χ^2(카이제곱)과 p(유의확률)와 같은 통계적 약어는 일반적으로 논문에서 기울임 꼴로 표현해줍니다. 또한 카이제곱 검정 결과는 SPSS의 출력 결과처럼 빈도(N)과 퍼센트(%)를 따로 표기해주기보다는 한 칸 안에 N(%) 형태로 표기해주는 것이 일반적입니다.

[카이제곱 검정 논문 결과표 완성 예시]
성별에 따른 휴대폰 브랜드 이용 비율 차이 분석

〈표〉 성별에 따른 사용 휴대폰 브랜드 차이   단위: 빈도(%)

		성별		전체	χ^2	p
		남자	여자			
브랜드	A사	63(39.4)	67(47.9)	130(43.3)		
	B사	68(42.5)	44(31.4)	112(37.3)	3.950	.139
	C사	29(18.1)	29(20.7)	58(19.3)		
전체		160(100.0)	140(100.0)	300(100.0)		

    성별에 따라 사용하는 휴대폰 브랜드의 비율 차이를 검증하기 위해 교차표를 산출하였다. 그 결과 남자는 A사가 63명(39.4%), B사가 68명(42.5%), C사가 29명(18.1%)으로 나타났고, 여자는 A사가 67명(47.9%), B사가 44명(31.4%), C사가 29명(20.7%)으로 나타났다.

    성별에 따른 사용 휴대폰 브랜드 차이의 통계적 유의성 여부를 판단하기 위해 카이제곱 검정을 실시한 결과, 이는 유의한 차이를 보이지 않는 것으로 나타났다.

06 _ 노하우 : 카이제곱 검정 결과가 잘 나오지 않는 경우

연구문제 13-2

직업에 따른 선호 브랜드 차이 검증

직업에 따라 선호 브랜드 분포에 차이가 있는지 검증해보자.

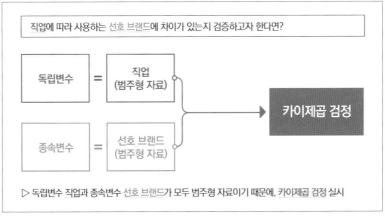

그림 13-26 | 카이제곱 검정을 사용하는 추가 연구문제 예시

'카이제곱 검정–아무도 가르쳐주지 않는 팁.sav' 파일을 열면 [그림 13–27]과 같이 직업과 선호 브랜드 변수가 있는 데이터를 확인할 수 있습니다. 직업은 주부, 사무직, 영업직, 자영업, 현장 직, 무직/기타로 분류되어 있고, 선호 브랜드는 A사, B사, C사, D사로 분류되어 있습니다.

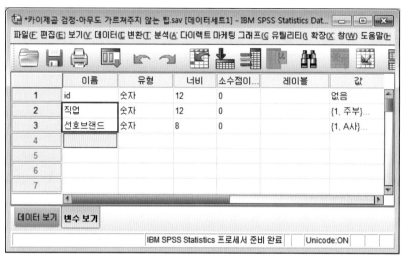

그림 13–27 | 카이제곱 검정을 사용하는 추가 연구문제 데이터

그럼 앞서 진행한 방법과 같이 카이제곱 검정을 진행해보겠습니다.

1 분석–기술통계량–교차분석을 클릭합니다.

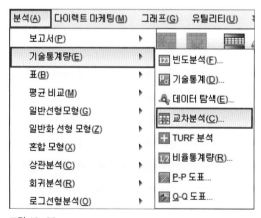

그림 13–28

2 교차분석 창에서 ❶ 독립변수인 '직업'을 '행'에 넣고 ❷ 종속변수인 '선호브랜드'를 '열'에 넣은 후 ❸ 통계량을 클릭합니다.

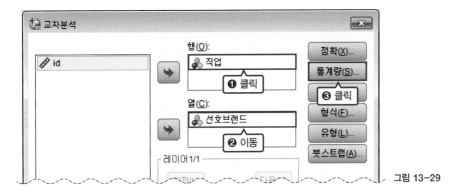

그림 13-29

3 교차분석: 통계량 창에서 ❶ '카이제곱(H)'을 체크하고 ❷ 계속을 클릭합니다.

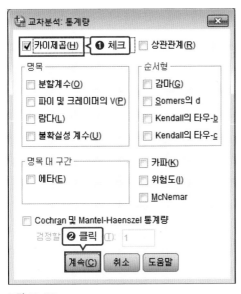

그림 13-30

4 교차분석 창에서 셀을 클릭합니다.

그림 13-31

5 교차분석: 셀 표시 창에서 독립변수인 직업을 '행'으로 설정했기 때문에 ❶ '행(R)'을 체크한 후 ❷ 계속을 클릭합니다.

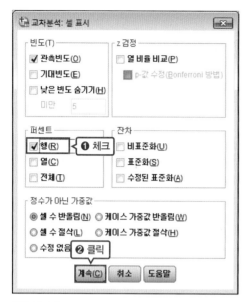

그림 13-32

6 교차분석 창에서 확인을 클릭합니다.

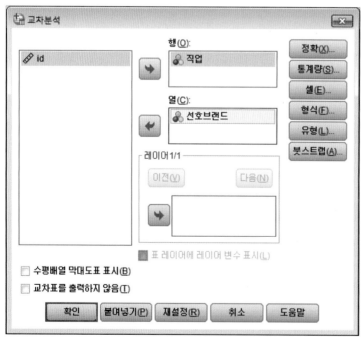

그림 13-33

이제 출력 결과를 확인해볼까요? [그림 13-34]의 〈카이제곱 검정〉 결과표를 살펴보면 유의확률이 .099로 .05보다 높습니다. 즉 직업에 따라 선호 브랜드는 유의한 차이를 보이지 않는 것으로 판단됩니다.

카이제곱 검정

	값	자유도	근사 유의확률 (양측검정)
Pearson 카이제곱	22.350[a]	15	.099
우도비	23.910	15	.067
선형 대 선형결합	8.557	1	.003
유효 케이스 수	186		

a. 11 셀 (45.8%)은(는) 5보다 작은 기대 빈도를 가지는 셀입니다. 최소 기대빈도는 .16입니다.

그림 13-34 | 직업에 따른 선호 브랜드 차이를 검증하는 SPSS 출력 결과 : 카이제곱 검정

하지만 [그림 13-35]의 〈직업*선호브랜드 교차표〉를 보면 사무직, 영업직, 현장직 등의 표본 수가 매우 적음을 확인할 수 있습니다. 사무직, 영업직, 현장직은 직장인의 일종이므로 이 세 가지 직업을 직장인으로 묶어서 분석할 수 있습니다. 이렇게 변환한 후 분석하면 결과가 다르게 나올 수 있습니다.

직업 * 선호브랜드 교차표

			A사	B사	C사	D사	전체
직업	주부	빈도	7	7	15	45	74
		직업 중 %	9.5%	9.5%	20.3%	60.8%	100.0%
	사무직	빈도	4	2	4	3	13
		직업 중 %	30.8%	15.4%	30.8%	23.1%	100.0%
	영업직	빈도	3	2	0	2	7
		직업 중 %	42.9%	28.6%	0.0%	28.6%	100.0%
	자영업	빈도	6	7	8	15	36
		직업 중 %	16.7%	19.4%	22.2%	41.7%	100.0%
	현장직	빈도	0	0	0	1	1
		직업 중 %	0.0%	0.0%	0.0%	100.0%	100.0%
	무직/기타	빈도	13	12	11	19	55
		직업 중 %	23.6%	21.8%	20.0%	34.5%	100.0%
전체		빈도	33	30	38	85	186
		직업 중 %	17.7%	16.1%	20.4%	45.7%	100.0%

그림 13-35 | 직업에 따른 선호 브랜드 차이를 검증하는 SPSS 출력 결과 : 교차표

즉 직업이 '1. 주부, 2. 사무직, 3. 영업직, 4. 자영업, 5. 현장직, 6. 무직/기타'로 입력되어 있지만, '2. 사무직, 3. 영업직, 5. 현장직'을 하나로 통합하여 '직장인'으로 변환하면 '1. 주부, 2. 직장인, 3. 자영업, 4. 무직/기타'가 됩니다. 이렇게 변환하려면 다른 변수로 코딩변경 메뉴를 활용합니다. 순서는 다음과 같습니다.

1 변환-다른 변수로 코딩변경을 클릭합니다.

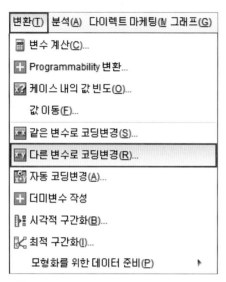

그림 13-36

2 다른 변수로 코딩변경 창에서 ❶ 코딩을 변경하고자 하는 변수인 '직업'을 선택하고, ❷ 오른쪽 이동 버튼(➡)을 클릭합니다.

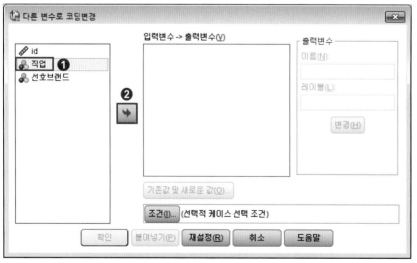

그림 13-37

3 ❶ '출력변수'의 '이름'에 바꾸고자 하는 변수 이름인 '직업4분류'를 입력하고 ❷ 변경을 클릭
합니다.

그림 13-38

4 기존값 및 새로운 값을 클릭합니다.

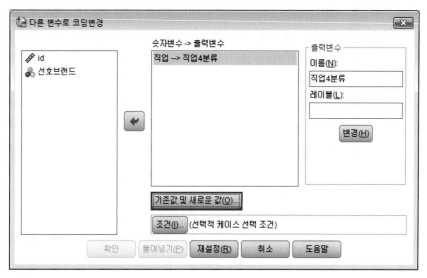

그림 13-39

5 ❶ '기존값'에 '1'을 입력하고 ❷ '새로운 값'에도 '1'을 입력한 후 ❸ 추가를 클릭합니다.

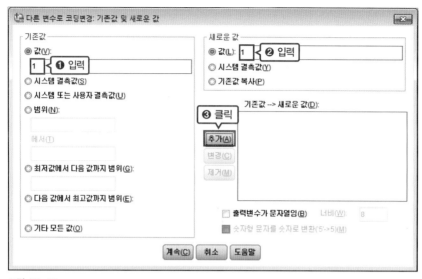

그림 13-40

아무도 가르쳐주지 않는 Tip

기존의 '1. 주부'는 새로 변환하고자 하는 변수에서도 '1. 주부'이기 때문에, 기존값에도 '1', 새로운 값에도 '1'을 입력합니다. 또한 **다른 변수로 코딩변경** 메뉴는 기존에 코딩한 값을 살리고 싶을 때 많이 사용합니다. **변환–같은 변수로 코딩변경**을 클릭하여 변수 변환을 진행하면 기존에 코딩한 값이 변경되어, 나중에 직업4분류가 아닌 처음 설정했던 직업6분류에 대해 분석을 진행할 수 없기 때문입니다. 그러므로 상황에 따라 잘 판단하여 진행해야 합니다.

6 '기존값--> 새로운 값(D):'에 '1 --> 1'이 추가된 것을 확인할 수 있습니다. 이는 기존에 1인 항목을 새로운 변수에서도 변함없이 1 그대로 둔다는 의미입니다.

그림 13-41

7 같은 방법으로 ❶ 2번은 2번(2 --> 2), 3번도 2번(3 --> 2), 5번도 2번(5 --> 2)으로 바꾸고, 4번은 3번(4 --> 3)으로, 6번은 4번(6 --> 4)으로 바꾼 후 ❷ 계속을 클릭합니다.

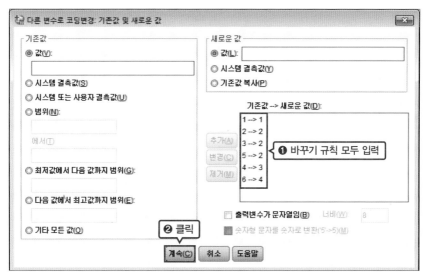

그림 13-42

8 다른 변수로 코딩변경 창에서 확인을 클릭합니다.

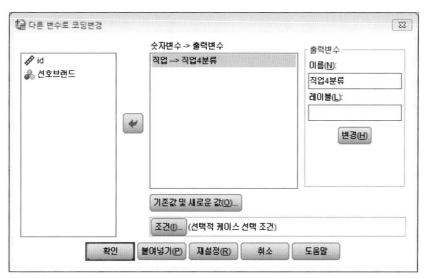

그림 13-43

9 변수 보기에서 '직업4분류' 행의 '값' 열을 클릭하고 오른쪽 버튼(▦)을 클릭합니다.

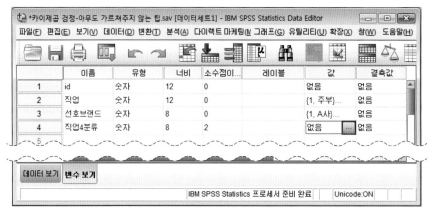

그림 13-44

10 ❶ '기준값'에는 '1', ❷ '레이블'에는 '주부'를 입력하고 ❸ 추가를 클릭합니다.

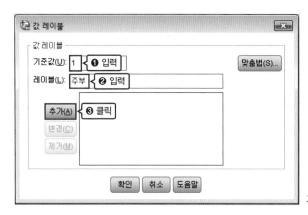

그림 13-45

11 '주부'를 추가한 방법과 마찬가지로 ❶ '2'는 '직장인', '3'은 '자영업', '4'는 '무직/기타'를 추가하고 ❷ 확인을 클릭합니다.

그림 13-46

변수 변환이 완료되었습니다. 이제 새로운 변수인 '직업4분류'에 따른 '선호 브랜드'의 차이를 검증할 수 있습니다. 마찬가지로 범주형 변수에 따른 범주형 변수의 차이이기 때문에 카이제곱 검정을 활용해야겠죠? 순서는 앞에서 살펴본 것과 동일합니다.

1 분석-기술통계량-교차분석을 클릭합니다.

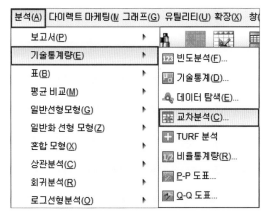

그림 13-47

2 교차분석 창에서 ❶ 독립변수인 '직업'을 '행'에 넣고 ❷ 종속변수인 '선호브랜드'를 '열'에 넣은 후 ❸ 통계량을 클릭합니다.

그림 13-48

3 교차분석: 통계량 창에서 ❶ '카이제곱(H)'을 체크하고 ❷ 계속을 클릭합니다.

그림 13-49

4 교차분석 창에서 셀을 클릭합니다.

그림 13-50

5 교차분석: 셀 표시 창에서 독립변수인 직업4분류를 '행'으로 설정했기 때문에 ❶ '행(R)'을 체크한 후 ❷ 계속을 클릭합니다.

그림 13-51

6 교차분석 창에서 확인을 클릭합니다.

그림 13-52

이제 출력결과를 확인해볼까요? [그림 13-53]의 〈카이제곱 검정〉 결과표를 살펴보면 유의확률은 .047로 .05보다 낮습니다. 즉 직업에 따라 선호 브랜드에 유의한 차이가 있는 것으로 나타납니다. 변수 변환 전의 결과와 달리 유의성 결과를 보여주고 있습니다.

카이제곱 검정

	값	자유도	근사 유의확률 (양측검정)
Pearson 카이제곱	17.093[a]	9	.047
우도비	17.214	9	.045
선형 대 선형결합	9.475	1	.002
유효 케이스 수	186		

a. 3 셀 (18.8%)은(는) 5보다 작은 기대 빈도를 가지는 셀입니다. 최소 기대빈도는 3.39입니다.

그림 13-53 | 직업4분류에 따른 선호 브랜드 차이를 검증하는 SPSS 출력 결과 : 카이제곱 검정

[그림 13-54]의 〈직업4분류＊선호브랜드 교차표〉를 살펴보면, 주부는 D사의 선호 비율 (60.8%)이 매우 높고, 직장인은 A사의 선호 비율(33.3%)이 타 직업 대비 상대적으로 높은 것을 확인할 수 있습니다. 이처럼 직업별로 선호 브랜드 비율에 큰 차이가 나타나므로 카이제곱 검정 결과가 유의하다고 판단할 수 있습니다.

직업4분류 * 선호브랜드 교차표

			A사	B사	C사	D사	전체
직업4분류	주부	빈도	7	7	15	45	74
		직업4분류 중 %	9.5%	9.5%	20.3%	60.8%	100.0%
	직장인	빈도	7	4	4	6	21
		직업4분류 중 %	33.3%	19.0%	19.0%	28.6%	100.0%
	자영업	빈도	6	7	8	15	36
		직업4분류 중 %	16.7%	19.4%	22.2%	41.7%	100.0%
	무직/기타	빈도	13	12	11	19	55
		직업4분류 중 %	23.6%	21.8%	20.0%	34.5%	100.0%
전체		빈도	33	30	38	85	186
		직업4분류 중 %	17.7%	16.1%	20.4%	45.7%	100.0%

그림 13-54 | **직업4분류에 따른 선호 브랜드 차이를 검증하는 SPSS 출력 결과 : 교차표**

이와 같이 표본 수가 비교적 적은 집단을 찾아서 유사한 집단끼리 묶어주는 작업을 하면, 카이 제곱 검정 결과와 마찬가지로 유의하지 않게 나올 수도 있지만, 본 예시와 같이 유의하지 않던 변수 간 관계가 변환한 후에는 유의하게 나올 수도 있습니다.

여기서는 직업을 예로 들었지만, 연령대, 학력, 종교 등도 마찬가지입니다. 연령대는 '20대', '30 대', '40대', '50대', '60대 이상'으로 조사했지만 만약 '20대'와 '60대 이상'의 표본 수가 적다면 '30대 이하', '40대', '50대 이상'의 형태로 집단을 변경해줄 수 있습니다. 학력도 '초졸', '중졸', '고 졸', '대졸', '대학원 이상'으로 조사했지만, 만약 '초졸', '중졸'의 표본 수가 적다면 '고졸 이하', '대 졸', '대학원 이상'의 형태로 집단을 변경해줄 수 있습니다. 종교도 '개신교', '가톨릭', '불교', '기 타', '무교'로 조사했지만, 만약 종교에 따른 차이가 잘 나오지 않는다면 '종교 있음'과 '종교 없음' 의 형태로 변경해줄 수 있습니다.

집단 간 비교 분석 ②

t-검정 : 두 집단 간 평균 비교

14_독립표본 t-검정

15_대응표본 t-검정

14

독립표본 t-검정
: 2개의 범주형 집단에 따른 연속형 자료의 평균 비교 분석

bit.ly/onepass-spss15

PREVIEW

· **독립표본 t-검정** : 두 집단 간 평균을 비교하는 통계 검정 방법. 두 집단의 범주형 자료에 따라 연속형 자료의 평균에 유의한 차이가 있는지 확인할 때 활용

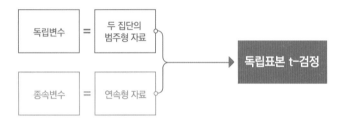

01 _ 복습하기 : 평균 계산, 기술통계

두 집단의 평균을 비교하는 독립표본 t-검정을 학습하기 전에, SECTION 08의 '데이터 핸들링'에서 살펴본 '평균 계산'을 복습해보겠습니다. 독립표본 t-검정은 종속변수가 연속형 자료이기 때문에, 그 연속형 자료를 점수화해야 합니다.

스마트폰 만족도를 분석한 SPSS 데이터에서 5점 척도 형태로 측정된 '품질, 이용 편리성, 디자인, 부가 기능, 전반적 만족도, 재구매 의도, 스마트폰 친숙도'의 평균을 전부 산출해볼까요? 먼저 품질을 구성하는 5개 항목의 평균을 산출해보겠습니다.

1 변환-변수 계산을 클릭합니다.

그림 14-1

2 변수 계산 창에서 ❶ '목표변수'에 새로 만들 변수 이름인 '품질'을 입력합니다. ❷ '숫자표
현식'에는 'mean(변수1,변수2,변수3,변수4,변수5)'와 같은 형태로 mean() 안에 평균을 낼
변수를 입력합니다. 여기서는 Q3_1부터 Q3_5까지 평균 내는 것이므로 'mean(Q3_1,
Q3_2,Q3_3,Q3_4,Q3_5)'를 입력합니다. 그리고 ❸ 확인을 클릭합니다.

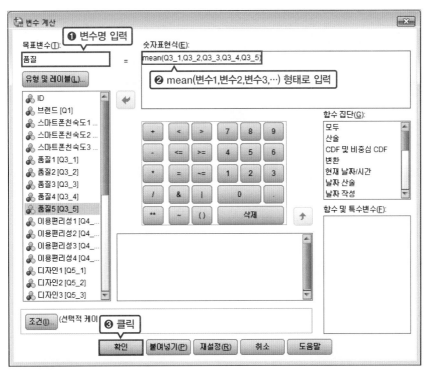

그림 14-2

대상 변수의 이름은 마음대로 정해도 됩니다. '품질평균', '품질점수' 등 본인이 알아볼 수 있게 정하세요. 단, 변수 이름에 공백이나 언더바(_)를 제외한 특수문자는 없어야 합니다.

나머지 변수들도 품질을 산출해준 방식과 동일하게 평균을 산출해주면 되겠죠? 디자인의 1번 항목은 앞서 SECTION 12에서 타당도를 저해하는 것으로 가정했기 때문에, 디자인 점수는 2번부터 5번까지만 평균을 내야 합니다.

변수 계산을 통해 평균을 모두 산출했다면, 평균을 제대로 내었는지 확인해야 합니다. 앞서 진행했던 '기술통계'를 진행해보겠습니다.

1 분석-기술통계량-기술통계를 클릭합니다.

분석(A)	다이렉트 마케팅(M)	그래프(G)	유틸리티(U)	
보고서(P)	▶			
기술통계량(E)	▶	123 빈도분석(F)...		
표(B)	▶	기술통계(D)...		
평균 비교(M)	▶	데이터 탐색(E)...		
일반선형모형(G)	▶	교차분석(C)...		
일반화 선형 모형(Z)	▶	TURF 분석		
혼합 모형(X)	▶	1/2 비율통계량(R)...		
상관분석(C)	▶	P-P 도표...		
회귀분석(R)	▶	Q-Q 도표...		
로그선형분석(O)	▶			

그림 14-3

2 기술통계 창에서 ❶ 평균을 산출한 변수를 오른쪽으로 옮기고 ❷ 확인을 클릭합니다.

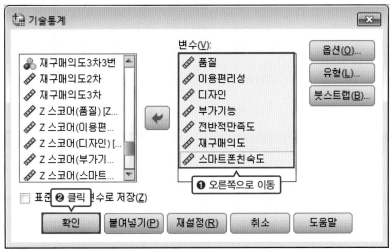

그림 14-4

그림 출력 결과에 [그림 14-5]와 같이 평균이 나옵니다. 다음과 같이 점수가 나오지 않았다면, 잘못한 부분이 있는 것이니 다시 산출해보기 바랍니다.

기술통계량

	N	최소값	최대값	평균	표준편차
품질	300	1.00	5.00	3.3213	.69855
이용편리성	300	1.00	5.00	2.8192	.79084
디자인	300	1.00	5.00	3.1083	.74337
부가기능	300	1.00	5.00	3.7780	.80942
전반적만족도	300	1.00	5.00	2.9925	.78296
재구매의도	300	1.00	5.00	2.9233	.76117
스마트폰친숙도	300	1.00	5.00	3.3878	1.00593
유효 N(목록별)	300				

그림 14-5 | 변수 계산을 통한 기술통계량 출력 결과

 여기서 잠깐!!

혹시 디자인 평균 값이 다르게 나왔나요? 만약 그렇다면 디자인 1번 문항을 포함해서 변수 계산을 했기 때문입니다. 1번을 포함한 평균은 3.1420이 나옵니다. 앞에서 설명한 것처럼 1번 문항을 제거하고 다시 변수 계산을 진행하면 [그림 14-5]의 디자인 값처럼 3.1083이 나옵니다.

02 _ 기본 개념과 연구 가설

독립표본 t-검정(Independent sample t-test)은 두 집단 간 평균을 비교하는 통계 검정 방법입니다. 독립변수가 두 집단으로 구성된 범주형 자료, 종속변수가 연속형 자료인 경우에 활용합니다.

만약 앞서 평균을 산출한 스마트폰 품질 요인(품질, 이용편리성, 디자인, 부가기능)과 전반적 만족도, 재구매의도, 스마트폰 친숙도가 성별에 따라 유의한 차이가 있는지 검증하고자 한다면, 독립변수가 성별, 종속변수는 스마트폰 만족 요인(품질, 이용편리성, 디자인, 부가기능), 전반적 만족도, 재구매의도, 스마트폰 친숙도가 됩니다. 즉 독립변수는 두 집단으로 구성된 범주형 자료, 종속변수는 연속형 자료이기 때문에 독립표본 t-검정을 활용할 수 있습니다.

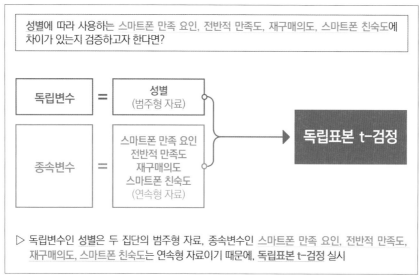

그림 14-6 | 독립표본 t-검정을 사용하는 연구문제 예시

연구문제 14-1

성별에 따른 주요 변수 차이 검증

스마트폰 만족 요인(품질, 이용편리성, 디자인, 부가기능), 스마트폰에 대한 전반적 만족도, 동일 브랜드 재구매의도, 스마트폰 친숙도는 남자와 여자가 차이가 있을 수 있다. 성별에 따라 이러한 인식에 차이가 있는지 검증해보자.

성별은 남자와 여자로 분류되는 범주형 자료이고, 스마트폰 만족 요인(품질, 이용편리성, 디자인, 부가기능), 전반적 만족도, 재구매의도, 스마트폰 친숙도는 연속형 자료이기 때문에, 성별에 따른 스마트폰 만족 요인, 전반적 만족도, 재구매의도, 스마트폰 친숙도의 차이 검증은 독립표본 t-검정으로 실시하면 됩니다.

[연구문제 14-1]을 가설 형태로 작성하면 다음과 같습니다.

가설 형태 : (독립변수)에 따라 (종속변수)는 유의한 차이가 있다.

여기서 독립변수 자리에 '성별'과 종속변수 자리에 '스마트폰 만족 요인(품질, 이용편리성, 디자인, 부가기능), 전반적 만족도, 재구매의도, 스마트폰 친숙도'를 적용하면 가설은 다음과 같이 나타낼 수 있습니다.

가설 1-1 : (성별)에 따라 (품질 만족도)는 유의한 차이가 있다.
가설 1-2 : (성별)에 따라 (이용편리성 만족도)는 유의한 차이가 있다.
가설 1-3 : (성별)에 따라 (디자인 만족도)는 유의한 차이가 있다.
가설 1-4 : (성별)에 따라 (부가기능 만족도)는 유의한 차이가 있다.
가설 1-5 : (성별)에 따라 (전반적 만족도)는 유의한 차이가 있다.
가설 1-6 : (성별)에 따라 (재구매의도)는 유의한 차이가 있다.
가설 1-7 : (성별)에 따라 (스마트폰 친숙도)는 유의한 차이가 있다.

03 _ SPSS 무작정 따라하기

1 분석–평균 비교–독립표본 T 검정을 클릭합니다.

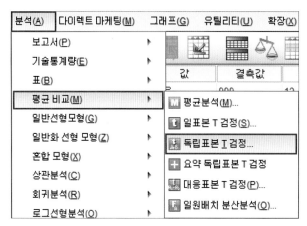

그림 14-7

2 독립표본 T 검정 창에서 **❶** '성별[Q10_1]'을 선택하고 **❷** '집단변수(G):' 항목의 오른쪽 이동
버튼(➡)을 클릭합니다.

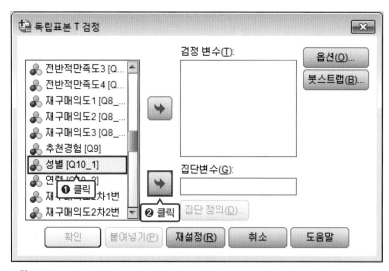

그림 14-8

3 집단 정의를 클릭합니다.

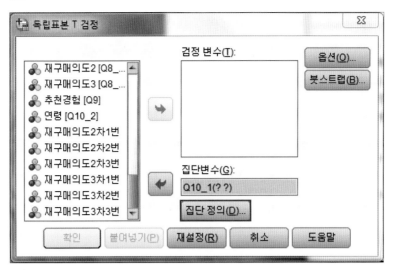

그림 14-9

4 집단 정의 창에서 **❶** '집단 1:'에는 '1', **❷** '집단 2:'에는 '2'를 입력하고 **❸** 계속을 클릭합니다.

그림 14-10

 여기서 잠깐!!

집단 1과 집단 2에는 집단에 해당하는 값을 넣어주면 됩니다. 여기서는 1번이 남자, 2번이 여자로 되어 있기 때문에
집단 1에는 1을, 집단 2에는 2로 설정해주었습니다. 만약 남자가 0, 여자가 1로 입력되었다면, 집단 1에는 0을, 집단
2에는 1을 입력해줘야 합니다.

5 독립표본 T 검정 창에서 ❶ '품질'부터 '스마트폰친숙도'까지 변수를 선택하고 ❷ '검정변수
(T):' 항목의 오른쪽 이동 버튼(➡)을 클릭합니다.

그림 14-11

6 확인을 클릭합니다.

그림 14-12

04 _ 출력 결과 해석하기

[그림 14-13]의 〈집단통계량〉 결과표를 보면, 성별에 따른 종속변수들의 평균 및 표준편차를 확인할 수 있습니다. 그리고 N에 있는 값을 통해 남자는 160명, 여자는 140명이 응답했다는 것도 확인할 수 있습니다.

집단통계량

	성별	N	평균	표준편차	평균의 표준오차
품질	남자	160	3.3988	.72146	.05704
	여자	140	3.2329	.66294	.05603
이용편리성	남자	160	2.7828	.82708	.06539
	여자	140	2.8607	.74806	.06322
디자인	남자	160	3.0516	.78813	.06231
	여자	140	3.1732	.68573	.05796
부가기능	남자	160	3.7500	.81093	.06411
	여자	140	3.8100	.80941	.06841
전반적만족도	남자	160	3.0219	.75828	.05995
	여자	140	2.9589	.81168	.06860
재구매의도	남자	160	2.8896	.79720	.06302
	여자	140	2.9619	.71870	.06074
스마트폰친숙도	남자	160	3.3292	.98981	.07825
	여자	140	3.4548	1.02347	.08650

그림 14-13 | 독립표본 t-검정 SPSS 출력 결과 : 집단통계량

그리고 [그림 14-14]의 〈독립표본 검정〉 결과표를 보면, 각 변수별로 t값과 유의확률(p값)이 2개씩 나오는 것을 확인할 수 있습니다. 둘 중에서 어떤 것을 활용해야 할지 어려워하는 분들이 있는데요. 방법은 간단합니다. Levene의 등분산 검정에 있는 유의확률이 .05 이상이면 윗줄의 값, 유의확률이 .05 미만이면 아랫줄의 값을 보면 됩니다. 결국 본 결과에서는 Levene의 등분산 검정 유의확률이 모두 .05 이상이므로 모두 윗줄의 값을 보면 됩니다.

독립표본 검정

| | | Levene의 등분산 검정 | | 평균의 동일성에 대한 T 검정 | | | | | | |
| | | F | 유의확률 | t | 자유도 | 유의확률 (양측) | 평균차이 | 차이의 표준오차 | 차이의 95% 신뢰구간 | |
									하한	상한
품질	등분산을 가정함	2.724	.100	2.063	298	.040	.16589	.08040	.00766	.32413
	등분산을 가정하지 않음			2.075	297.274	.039	.16589	.07995	.00855	.32324
이용편리성	등분산을 가정함	2.171	.142	-.851	298	.396	-.07790	.09156	-.25810	.10229
	등분산을 가정하지 않음			-.857	297.665	.392	-.07790	.09095	-.25689	.10109
디자인	등분산을 가정함	3.130	.078	-1.416	298	.158	-.12165	.08588	-.29067	.04737
	등분산을 가정하지 않음			-1.430	297.992	.154	-.12165	.08509	-.28911	.04581
부가기능	등분산을 가정함	.198	.657	-.640	298	.523	-.06000	.09377	-.24453	.12453
	등분산을 가정하지 않음			-.640	292.880	.523	-.06000	.09375	-.24452	.12452
전반적만족도	등분산을 가정함	.188	.665	.694	298	.488	.06295	.09069	-.11553	.24142
	등분산을 가정하지 않음			.691	286.364	.490	.06295	.09110	-.11637	.24226
재구매의도	등분산을 가정함	2.785	.096	-.821	298	.413	-.07232	.08814	-.24577	.10113
	등분산을 가정하지 않음			-.826	297.727	.409	-.07232	.08753	-.24458	.09993
스마트폰친숙도	등분산을 가정함	.684	.409	-1.079	298	.281	-.12560	.11638	-.35463	.10344
	등분산을 가정하지 않음			-1.077	289.880	.282	-.12560	.11664	-.35517	.10398

그림 14-14 | 독립표본 t-검정 SPSS 출력 결과 : 독립표본 검정

p값을 보면 품질만 .040으로 유의하게 나타났고, 나머지는 .05보다 값이 큽니다. 즉 품질에 대한 평가만 성별에 따라 유의한 차이를 보였습니다. 앞서 평균은 남자가 3.3988, 여자가 3.2329로 나타나 남자의 품질에 대한 평가가 여자보다 높다고 평가할 수 있습니다.

 여기서 잠깐!!

저희가 독립표본 t-검정 강의를 진행하면서 가장 어려웠던 부분은 '왜 Levene의 등분산 검정에 있는 유의확률이 .05 이상이면 윗줄의 값, 유의확률이 .05 미만이면 아랫줄의 값을 봐야 하는가?'였습니다. 여러 참고 서적과 전문가의 의견을 들어보면 귀무가설, 채택가설 등의 전문 용어로 설명해서 이해하기가 어려웠습니다. 그래서 통계적으로 명확한 용어는 아니지만, 조금 이해하기 쉽게 설명해보도록 하겠습니다.

[그림 14-14]에서 Levene의 등분산 검정은 집단의 분포가 같은지 검증하는 방법이고, 평균의 동일성에 대한 T 검정은 Levene의 등분산 검정을 통해 집단의 분포가 같은지, 다른지에 따라 실제 우리가 검증하고자 하는 종속변수(평균값)의 차이를 확인하는 분석 방법입니다.

결국 우리가 비교해보고자 하는 독립변수(성별)의 특성을 제외하고는 집단의 분포가 동일해야 그 분석(검증)은 의미가 있을 것입니다. 〈한번에 통과하는 논문 : 논문 검색과 쓰기 전략〉 책에서 유의확률 p값은 빗나갈 확률로 말씀드렸는데, 그 말은 p값이 유의했을 때 '집단 간의 차이가 있다는 것'으로 해석될 수 있습니다.

따라서 Levene의 등분산 가정에서 유의확률이 0.05보다 클 때는 '차이가 없다.'는 의미로 해석되고, '등분산을 가정함'이라는 윗줄의 유의확률(양측)값을 '평균의 동일성에 대한 T검정'에서 확인하는 것이고, 유의확률이 0.05보다 작을 때는 '차이가 있다.'라는 의미로 해석하게 되어, '등분산을 가정하지 않음'이 적혀 있는 아랫줄의 유의확률(양측)값을 확인하게 되는 것입니다. 그래서 우리가 나중에 배울 대응표본 t-검정은 '같은 집단'을 대상으로 분석을 진행하기 때문에, Levene 등분산 검정을 따로 진행하지 않는 것을 확인할 수 있습니다.

현상은 매우 복잡하기 때문에, 통계는 항상 무언가를 가정하고 시작합니다. 그래서 그 가정에 대한 검증 용어들로 '귀무가설, 대립가설, 채택, 통제변수' 등을 사용하고, '분산의 동질성 검증, 회귀모형 적합성' 등을 확인함을 통해 현실과 연구의 간극이 적음을 논문을 읽는 독자들에게 설득하는 과정이라고 생각하시면 될 것 같습니다.

05 _ 논문 결과표 작성하기

1 성별에 따른 7개 요인에 대한 독립표본 t-검정이므로, 한글에서 7개 종속변수별 집단(남자/여자), 표본수, 평균, 표준편차, t, p 열을 구성하여 작성합니다.

표 14-1

종속변수	집단	표본수	평균	표준편차	t	p
품질	남자					
	여자					
이용편리성	남자					
	여자					
디자인	남자					
	여자					
부가기능	남자					
	여자					
전반적 만족도	남자					
	여자					
재구매의도	남자					
	여자					
스마트폰 친숙도	남자					
	여자					

2 독립표본 t-검정 엑셀 결과에서 〈집단통계량〉 결과표의 평균과 표준편차 값을 모두 선택하여 [Ctrl]+[1] 단축키로 셀 서식 창을 엽니다. 단축키를 사용하지 않는다면 마우스 오른쪽 버튼을 클릭한 후 '셀 서식'을 선택하면 됩니다.

집단통계량

성별		N	평균	표준편차	평균의 표준오차
품질	남자	160	3.3988	0.72146	0.05704
	여자	140	3.2329	0.66294	0.05603
이용편리성	남자	160	2.7828	0.82708	0.06539
	여자	140	2.8607	0.74806	0.06322
디자인	남자	160	3.0516	0.78813	0.06231
	여자	140	3.1732	0.68573	0.05796
부가기능	남자	160	3.7500	0.81093	0.06411
	여자	140	3.8100	0.80941	0.06841
전반적만족도	남자	160	3.0219	0.75828	0.05995
	여자	140	2.9589	0.81168	0.06860
재구매의도	남자	160	2.8896	0.79720	0.06302
	여자	140	2.9619	0.71870	0.06074
스마트폰친속도	남자	160	3.3292	0.98981	0.07825
	여자	140	3.4548	1.02347	0.08650

[Ctrl]+[1]

그림 14-15

3 셀 서식 창에서 ❶ '범주'의 '숫자'를 클릭하고 ❷ '음수'의 '-1234'를 선택합니다. ❸ '소수 자 릿수'를 '2'로 수정한 후 ❹ 확인을 클릭해서 소수점 둘째 자리의 수로 변경합니다.

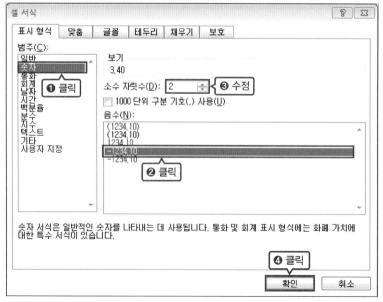

그림 14-16

4 〈집단통계량〉 결과표에서 N(명수)을 포함한 변경된 평균과 표준편차를 모두 선택하여 복사합니다.

집단통계량

성별		N	평균	표준편차	평균의 표준오차
품질	남자	160	3.40	0.72	0.05704
	여자	140	3.23	0.66	0.05603
이용편리성	남자	160	2.78	0.83	0.06539
	여자	140	2.86	0.75	0.06322
디자인	남자	160	3.05	0.79	0.06231
	여자	140	3.17	0.69	0.05796
부가기능	남자	160	3.75	0.81	0.06411
	여자	140	3.81	0.81	0.06841
전반적만족도	남자	160	3.02	0.76	0.05995
	여자	140	2.96	0.81	0.06860
재구매의도	남자	160	2.89	0.80	0.06302
	여자	140	2.96	0.72	0.06074
스마트폰친속도	남자	160	3.33	0.99	0.07825
	여자	140	3.45	1.02	0.08650

Ctrl + C

그림 14-17

5 한글에 만들어놓은 결과표에서 표본수 항목의 첫 번째 빈칸에 복사한 값을 붙여넣기합니다.

종속변수	집단	표본수	평균	표준편차	t	p
품질	남자					
	여자	Ctrl + V				
이용편리성	남자					

그림 14-18

6 셀 붙이기 창에서 ❶ '내용만 덮어 쓰기'를 클릭하고 ❷ 붙이기를 클릭합니다.

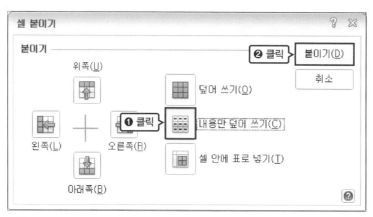

그림 14-19

7 독립표본 t-검정 엑셀 결과의 ❶ 〈독립표본 검정〉 결과표에서 7개 변수의 '등분산을 가정함'에 해당하는 't'의 값과 '유의확률(양측)'의 값을 Ctrl 를 누른 채 순서대로 클릭해서 모두 선택하고 ❷ 복사해서 ❸ 빈 셀에 붙여넣습니다.

독립표본 검정

		Levene의 등분산 검정		평균의 동일성에 대한 T 검정					차이의 95% 신뢰구간	
		F	유의확률	t	자유도	유의확률 (양측)	평균차이	차이의 표준 오차	하한	상한
품질	등분산을 가정함	2,724	0,100	2,063	298	0,040	0,16589	0,08040	0,00766	0,32413
	등분산을 가정하지 않음			2,075	297,274	0,039	0,16589	0,07995	0,00855	0,32324
이용편리성	등분산을 가정함	2,171	0,142	-0,851	298	0,396	-0,07790	0,09156	-0,25810	0,10229
	등분산을 가정하지 않음			-0,857	297,665	0,392	-0,07790	0,09095	-0,25689	0,10109
디자인	등분산을 가정함	3,130	0,078	-1,416	298	0,158	-0,12165	0,08588	-0,29067	0,04737
	등분산을 가정하지 않음			-1,430	297,992	0,154	-0,12165	0,08509	-0,28911	0,04581
부가기능	등분산을 가정함	0,198	0,657	-0,640	298	0,523	-0,06000	0,09377	-0,24453	0,12453
	등분산을 가정하지 않음			-0,640	292,880	0,523	-0,06000	0,09375	-0,24452	0,12452
전반적만족도	등분산을 가정함	0,188	0,665	0,694	298	0,488	0,06295	0,09069	-0,11553	0,24142
	등분산을 가정하지 않음			0,691	286,364	0,490	0,06295	0,09110	-0,11637	0,24226
재구매의도	등분산을 가정함	2,785	0,096	-0,821	298	0,413	-0,07232	0,08814	-0,24577	0,10113
	등분산을 가정하지 않음			-0,826	297,727	0,409	-0,07232	0,08753	-0,24458	0,09993
스마트폰친숙도	등분산을 가정함	0,684	0,409	-1,079	298	0,281	-0,12560	0,11638	-0,35463	0,10344
	등분산을 가정하지 않음			-1,077	289,880	0,282	-0,12560	0,11664	-0,35517	0,10398

❶ Ctrl + 클릭   ❷ Ctrl + C

❸ Ctrl + V

그림 14-20

8 붙여넣은 7개 변수의 t 값과 p 값을 모두 선택하여 복사합니다.

독립표본 검정

		Levene의 등분산 검정		평균의 동일성에 대한 T 검정					차이의 95% 신뢰구간	
		F	유의확률	t	자유도	유의확률 (양측)	평균차이	차이의 표준 오차	하한	상한
품질	등분산을 가정함	2.724	0.100	2.063	298	0.040	0.16589	0.08040	0.00766	0.32413
	등분산을 가정하지 않음			2.075	297.274	0.039	0.16589	0.07995	0.00855	0.32324
이용편리성	등분산을 가정함	2.171	0.142	-0.851	298	0.396	-0.07790	0.09156	-0.25810	0.10229
	등분산을 가정하지 않음			-0.857	297.665	0.392	-0.07790	0.09095	-0.25689	0.10109
디자인	등분산을 가정함	3.130	0.078	-1.416	298	0.158	-0.12165	0.08588	-0.29067	0.04737
	등분산을 가정하지 않음			-1.430	297.992	0.154	-0.12165	0.08509	-0.28911	0.04581
부가기능	등분산을 가정함	0.198	0.657	-0.640	298	0.523	-0.06000	0.09377	-0.24453	0.12453
	등분산을 가정하지 않음			-0.640	292.880	0.523	-0.06000	0.09375	-0.24452	0.12452
전반적만족도	등분산을 가정함	0.188	0.665	0.694	298	0.488	0.06295	0.09069	-0.11553	0.24142
	등분산을 가정하지 않음			0.691	286.364	0.490	0.06295	0.09110	-0.11637	0.24226
재구매의도	등분산을 가정함	2.785	0.096	-0.821	298	0.413	-0.07232	0.08814	-0.24577	0.10113
	등분산을 가정하지 않음			-0.826	297.727	0.409	-0.07232	0.08753	-0.24458	0.09993
스마트폰추천속도	등분산을 가정함	0.684	0.409	-1.079	298	0.281	-0.12560	0.11638	-0.35463	0.10344
	등분산을 가정하지 않음			-1.077	289.880	0.282	-0.12560	0.11664	-0.35517	0.10398

2.063	0.040
-0.851	0.396
-1.416	0.158
-0.640	0.523
0.694	0.488
-0.821	0.413
-1.079	0.281

Ctrl + C

그림 14-21

9 한글에 만들어놓은 결과표에서 t 값 항목의 첫 번째 빈칸에 복사한 값을 붙여넣기합니다.

종속변수	집단	표본수	평균	표준편차	t	p
품질	남자	160	3.40	0.72		
	여자	140	3.23	0.66		
이용편리성	남자	160	2.78	0.83	Ctrl + V	
	여자	140	2.86	0.75		

그림 14-22

10 입력한 모든 셀의 글자 모양을 양식에 맞게 변경하면 결과표가 완성됩니다. 유의확률 p가 0.01 이상~0.05 미만이면 t값에 ＊표 한 개를, 유의확률 p가 0.001 이상~0.01 미만이면 t값에 ＊표 두 개를, 유의확률 p가 0.001 미만이면 t값에 ＊표 세 개를 위첨자로 달아줍니다. 성별에 따라서 '품질'만 유의확률이 0.01 이상~0.05 미만으로 유의한 차이를 보였으므로 t값 오른쪽에 ＊표 한 개를 위첨자로 달아줍니다.

표 14-2 | 성별에 따른 주요 변수 평균 비교

종속변수	집단	표본수	평균	표준편차	t	p
품질	남자	160	3.40	0.72	2.063*	.040
	여자	140	3.23	0.66		
이용편리성	남자	160	2.78	0.83	−0.851	.396
	여자	140	2.86	0.75		
디자인	남자	160	3.05	0.79	−1.416	.158
	여자	140	3.17	0.69		
부가기능	남자	160	3.75	0.81	−0.640	.523
	여자	140	3.81	0.81		
전반적 만족도	남자	160	3.02	0.76	0.694	.488
	여자	140	2.96	0.81		
재구매의도	남자	160	2.89	0.80	−0.821	.413
	여자	140	2.96	0.72		
스마트폰 친숙도	남자	160	3.33	0.99	−1.079	.281
	여자	140	3.45	1.02		

* $p<.05$

여기서 잠깐!!

'＊' 표기와 '위첨자'를 어떻게 작성해야 할지 모르는 독자가 있을 것 같은데요. '＊'는 Shift + 8 을 눌러 입력하거나 Ctrl + F10 을 눌러 '문자표 입력'에 들어가 찾을 수도 있습니다. 위첨자는 '마우스 오른쪽 클릭-글자 모양-속성'에 들어가 '가'라는 글자가 오른쪽 상단에 배치된 버튼을 클릭하면 됩니다. 한글 버전에 따라 조금씩 다를 수 있으니 참고해주세요.

06 _ 논문 결과표 해석하기

독립표본 t-검정 결과표에 대한 해석은 다음 3단계로 작성합니다.

❶ 분석 내용과 분석법 설명
"성별(독립변수)에 따라 주요 변수(종속변수)에 유의한 차이를 보이는지 검증하고자 독립표본 t-검정(분석법)을 실시하였다."

❷ 유의한 결과 설명
유의한 차이를 보인 변수에 대해서 t값과 유의수준, 성별 평균값을 비교한 결과를 기술합니다.

❸ 유의하지 않은 결과 설명
"성별에 따라 유의한 차이를 보이지 않았다."로 마무리합니다.

위의 3단계에 맞춰 앞에서 실습한 출력 결과 값을 작성하면 다음과 같습니다.

❶ 성별에 따라 주요 변수에 유의한 차이를 보이는지 검증하고자 독립표본 t-검정을 실시하였다.

❷ 그 결과 품질은[1] 성별에 따라 유의한 차이를 보였고[2]($t = 2.063$, $p < .05$)[3], 남자($M = 3.40$[4])가 여자($M = 3.23$[5])보다 더 높은 것으로 나타났다.

❸ 반면에 이용편리성, 디자인, 부가기능, 전반적 만족도, 재구매의도, 스마트폰 친숙도[6]는 성별에 따라 유의한 차이를 보이지 않았다.

---

1 유의한 변수
2 p값이 .05보다 크게 나타났다면, '유의한 차이를 보이지 않았다'라고 표기
3 유의한 차이가 난 경우 t값과 p값 제시
4 남자의 평균
5 여자의 평균
6 유의하지 않은 변수들

[독립표본 t-검정 논문 결과표 완성 예시]

성별에 따른 주요 변수들의 차이

⟨표⟩ 성별에 따른 주요 변수 평균 비교

종속변수	집단	표본수	평균	표준편차	t	p
품질	남자	160	3.40	0.72	2.063*	.040
	여자	140	3.23	0.66		
이용편리성	남자	160	2.78	0.83	−0.851	.396
	여자	140	2.86	0.75		
디자인	남자	160	3.05	0.79	−1.416	.158
	여자	140	3.17	0.69		
부가기능	남자	160	3.75	0.81	−0.640	.523
	여자	140	3.81	0.81		
전반적 만족도	남자	160	3.02	0.76	0.694	.488
	여자	140	2.96	0.81		
재구매의도	남자	160	2.89	0.80	−0.821	.413
	여자	140	2.96	0.72		
스마트폰 친숙도	남자	160	3.33	0.99	−1.079	.281
	여자	140	3.45	1.02		

* $p<.05$

　성별에 따라 주요 변수에 유의한 차이를 보이는지 검증하고자 독립표본 t-검정을 실시하였다. 그 결과 품질은 성별에 따라 유의한 차이를 보였고($t=2.063$, $p<.05$), 남자($M=3.40$)가 여자($M=3.23$)보다 더 높은 것으로 나타났다. 반면에 이용편리성, 디자인, 부가기능, 전반적 만족도, 재구매의도, 스마트폰 친숙도는 성별에 따라 유의한 차이를 보이지 않았다.

07 _ 노하우 : 사전 동질성 검증의 중요성

독립표본 t−검정에서 특별히 유의하지 않게 나온 결과를 유의하게 할 방법은 없습니다. 따라서 결과가 잘 나오지 않는 예시는 생략하겠습니다.

하지만 사전−사후 조사를 진행할 때 '동질성 검증'을 실시해야 합니다. 왜냐하면 사전−사후 조사는 어떤 실험을 하기 전에는 요인의 평균값에 차이가 나지 않았는데 실험한 후에는 그 평균값에 차이가 나타났다는 것을 검증하는 분석이기 때문입니다.

만약 사전 조사 때부터 집단 간에 유의한 차이가 난다면, 이건 실험 설계가 잘못된 것이라 할 수 있습니다. 많은 연구자들이 사전 조사를 실시하지 않고 바로 실험에 들어간 다음에 사후 조사를 하지만, 실험에 들어가기 전 반드시 사전 집단 동질성 검증을 실시해야 합니다. 만약 사전 조사 때부터 집단 간 동질성에서 차이가 난다면, 집단을 재구성해야 합니다. 이 부분을 확인하지 않고 실험했다가 사전 동질성이 확보되지 않았다는 사실을 실험이 다 끝난 뒤에야 확인해서, 처음부터 다시 실험하는 분들도 종종 보았으니, 반드시 주의해주세요.

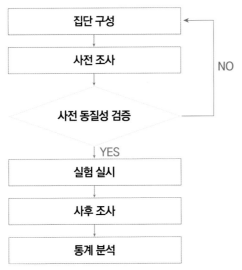

그림 14−23 | 사전−사후 조사 순서와 사전 동질성 검증의 중요성

15

대응표본 t-검정
: 2개의 연속형 변수의 평균 차이 검증

PREVIEW

· **대응표본 t-검정** : 두 개의 연속형 변수 간 평균을 비교하는 통계 검정 방법. 사전 점수와 사후 점수를 비교
하는 경우에 가장 많이 활용하지만, 두 개의 변수 평균을 비교할 때도 활용

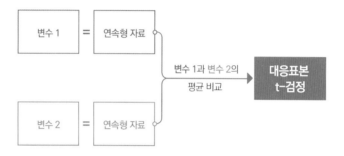

01 _ 기본 개념과 연구 가설

대응표본 t-검정(Paired sample t-test)은 두 개의 연속형 변수 간 평균을 비교하는 통계 검
정 방법입니다. 만약 '기본 실습파일.sav'에서 품질에 대한 평가와 디자인에 대한 평가 점수가
유의한 차이를 보이는지 검증하고자 한다면, 품질 만족도와 디자인 만족도는 둘 다 연속형 변
수이므로, 대응표본 t-검정을 실시할 수 있습니다.

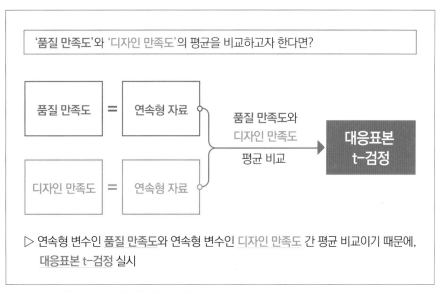

그림 15-1 | 대응표본 t-검정을 사용하는 연구문제 예시

연구 문제 15-1 **품질 만족도와 디자인 만족도의 차이 검증**

스마트폰 만족 요인들 중에서 소비자가 생각하는 품질에 대한 평가와 디자인에 대한 평가는 다를 수 있다. 품질 만족도와 디자인 만족도에 대한 소비자의 인식에 차이가 나타나는지 검증해보자.

품질에 대한 평가와 디자인에 대한 평가, 두 개의 변수가 모두 연속형 자료이기 때문에, 두 변수의 평균 차이 검증을 위해 대응표본 t-검정을 실시하면 됩니다.

[연구문제 15-1]을 가설 형태로 작성하면 다음과 같습니다.

가설 형태 : (변수1)과 (변수2)에는 유의한 차이가 있다.

여기서 변수1과 변수2의 자리에 '품질 만족도'와 '디자인 만족도'를 적용하면 가설은 다음과 같습니다.

가설 : (품질 만족도)와 (디자인 만족도)에는 유의한 차이가 있다.

02 _ SPSS 무작정 따라하기

1 분석-평균 비교-대응표본 T 검정을 클릭합니다.

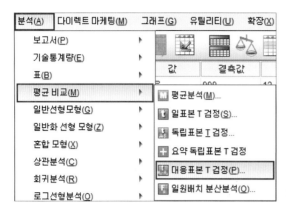

그림 15-2

2 대응표본 T 검정 창에서 ❶ '품질'을 선택하고 ❷ Ctrl 키를 누른 상태에서 '디자인'을 선택한 후 ❸ 오른쪽 이동 버튼(➡)을 클릭합니다.

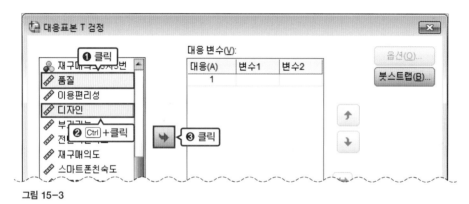

그림 15-3

3 확인을 클릭합니다.

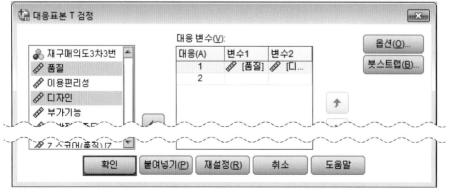

그림 15-4

03 _ 출력 결과 해석하기

[그림 15-5]의 대응표본 t-검정 SPSS 출력 결과에서 〈대응표본 통계량〉 결과표를 보면, '품질 만족도'와 '디자인 만족도'의 평균 및 표준편차를 확인할 수 있습니다. 또한 〈대응표본 검정〉 결과표를 보면 알 수 있듯이 독립표본 t-검정과 거의 유사하지만 Levene의 등분산 검정 결과를 볼 필요가 없기 때문에 해석방법이 더 간단합니다.

〈대응표본 검정〉 결과표를 보면, p값이 .000으로 나타나 .05보다 작은 수치를 보였습니다. 즉 품질과 디자인 간에는 유의한 차이를 보이는 것으로 판단됩니다. 〈대응표본 통계량〉 결과표를 보면, 품질과 디자인의 평균이 나오는데, 품질은 3.3213, 디자인은 3.1083으로 품질이 비교적 높게 나타났습니다. 즉 품질에 대한 평가가 디자인에 대한 평가보다 유의한 수준으로 더 높다고 해석할 수 있겠습니다.

대응표본 통계량

		평균	N	표준편차	평균의 표준오차
대응 1	품질	3.3213	300	.69855	.04033
	디자인	3.1083	300	.74337	.04292

대응표본 상관계수

		N	상관관계	유의확률
대응 1	품질 & 디자인	300	.392	.000

대응표본 검정

		대응차					t	자유도	유의확률 (양측)
		평균	표준편차	평균의 표준오차	차이의 95% 신뢰구간 하한	상한			
대응 1	품질 - 디자인	.21300	.79593	.04595	.12257	.30343	4.635	299	.000

그림 15-5 | 대응표본 t-검정 SPSS 출력 결과

04 _ 논문 결과표 작성하기

1 품질 만족도와 디자인 만족도에 대한 대응표본 t-검정이므로, 한글에서 품질 만족도와
디자인 만족도 2개 변수의 표본수, 평균, 표준편차, *t*, *p* 열을 작성합니다.

표 15-1

집단	표본수	평균	표준편차	*t*	*p*
품질 만족도					
디자인 만족도					

2 대응표본 t-검정 엑셀 결과에서 **1** 〈대응표본 통계량〉 결과표의 평균과 **2** 표준편차 값을
모두 선택하여 **3** Ctrl + 1 단축키로 셀 서식 창을 엽니다.

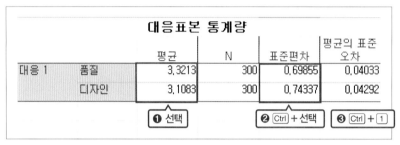

그림 15-6

3 셀 서식 창에서 **1** '범주'의 '숫자'를 클릭하고 **2** '음수'의 '-1234'를 선택합니다. **3** '소수 자
릿수'를 '2'로 수정한 후 **4** 확인을 클릭해서 소수점 둘째 자리의 수로 변경합니다.

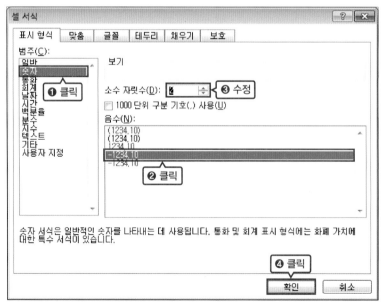

그림 15-7

4 〈대응표본 통계량〉 결과표에서 소수점 둘째 자리로 변경된 ❶ 평균을 선택하고 ❷ Ctrl
키를 누른 상태에서 표준편차를 선택한 후 ❸ 복사하여 ❹ 빈 셀에 붙여넣기합니다.

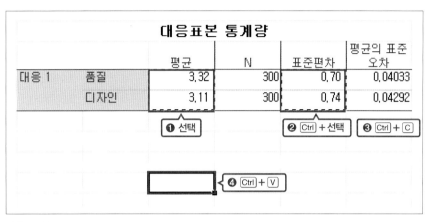

그림 15-8

5 〈대응표본 통계량〉 결과표에서 ❶ N의 표본수를 복사하여 ❷ 붙여넣은 평균과 표준편차
의 앞 칸에 붙여넣기합니다.

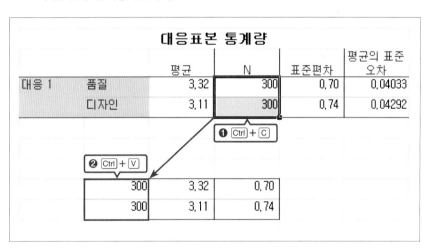

그림 15-9

6 〈대응표본 통계량〉 결과표에서 붙여넣은 표본수와 평균, 표준편차를 모두 선택하여 복사합니다.

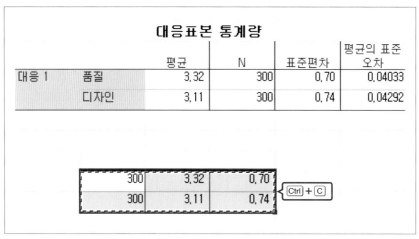

그림 15-10

7 한글에 만들어놓은 결과표의 표본수 항목에서 첫 번째 빈칸에 복사한 값을 붙여넣기합니다.

집단	표본수	평균	표준편차	*t*	*p*
품질 만족도	⎮ Ctrl + V				
디자인 만족도					

그림 15-11

8 셀 붙이기 창에서 ❶ '내용만 덮어 쓰기'를 클릭하고 ❷ 붙이기를 클릭합니다.

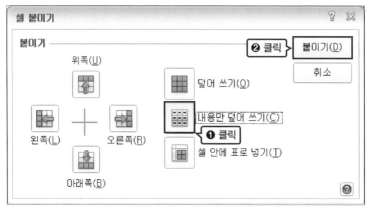

그림 15-12

9 〈대응표본 검정〉 결과표에서 ❶ *t*값을 선택하고 ❷ [Ctrl] 키를 누른 상태에서 유의확률(양측)의 값을 선택한 후 ❸ 복사하여 ❹ 빈 셀에 붙여넣기합니다.

그림 15-13

10 앞서 붙여넣은 *t*값과 유의확률(양측)의 값을 동시에 선택하여 복사합니다.

대응표본 검정

		대응차							유의확률 (양측)
		평균	표준편차	평균의 표준 오차	차이의 95% 신뢰구간		t	자유도	
					하한	상한			
대응 1	품질 - 디자인	0.21300	0.79593	0.04595	0.12257	0.30343	4.635	299	0.000

[Ctrl] + [C]   4.635   0.000

그림 15-14

11 한글에 만들어놓은 결과표의 *t*값 항목에서 첫 번째 빈칸에 복사한 값을 붙여넣기합니다.

집단	표본수	평균	표준편차	*t*	*p*
품질 만족도	300	3.32	0.70		
디자인 만족도	300	3.11	0.74		[Ctrl] + [V]

그림 15-15

12 입력한 모든 셀의 글자 모양을 양식에 맞게 변경하면 결과표가 완성됩니다. 유의확률 p가 0.001 미만이므로 t값 오른쪽에 *표 세 개를 위첨자로 달아주고, p값은 '<.001'로 표기합니다.

표 15-2 | 품질 만족도와 디자인 만족도 평균 비교

집단	표본수	평균	표준편차	t	p
품질 만족도	300	3.32	0.70	4.635***	<.001
디자인 만족도	300	3.11	0.74		

*** $p < .001$

여기서 잠깐!!

SPSS 엑셀 결과에서 한글 결과표로 결과 값을 옮길 때 위에서 설명한 순서대로 진행할 필요는 없습니다. 작업하기 편한 방식을 예를 들어 설명한 것이니까요. 한 번만 똑같이 따라 해보고, 이후로는 본인에게 더 맞는 방식을 찾아서 진행하면 됩니다.

05 _ 논문 결과표 해석하기

대응표본 t-검정 결과표에 대한 해석은 다음 3단계로 작성합니다.

❶ 분석 내용과 분석법 설명
"품질 만족도(변수1)와 디자인 만족도(변수2)의 평균이 유의한 차이를 보이는지 검증하고자 대응표본 t-검정(분석법)을 실시하였다."

❷ 유의한 결과 설명
유의한 차이를 보인 변수에 대해서 t값과 유의수준, 변수의 평균값을 비교한 결과를 기술합니다.

❸ 유의하지 않은 결과 설명
유의하지 않은 결과가 있을 때는 "변수1과 변수2는 유의한 차이를 보이지 않았다."로 마무리합니다.

3단계에 맞춰 앞에서 실습한 출력 결과 값을 작성하면 다음과 같습니다.

❶ 품질 만족도와 디자인 만족도의 평균이 유의한 차이를 보이는지 검증하고자 대응표본 t−검
정을 실시하였다.

❷ 그 결과 품질 만족도와 디자인 만족도 간에는 유의한 차이를 보이는 것으로 나타났다[1]
($t=4.635$, $p<.001$).[2] 평균 비교 결과, 품질 만족도($M=3.32$[3])는 디자인 만족도($M=3.11$[4])
보다 더 높은 것으로 평가되었다.

[대응표본 t−검정 논문 결과표 완성 예시]

품질 만족도와 디자인 만족도의 차이

〈표〉 품질 만족도와 디자인 만족도 평균 비교

집단	표본수	평균	표준편차	t	p
품질 만족도	300	3.32	0.70	4.635***	<.001
디자인 만족도	300	3.11	0.74		

*** $p<.001$

품질 만족도와 디자인 만족도의 평균이 유의한 차이를 보이는지 검증하고자 대응표본 t−검정
을 실시하였다. 그 결과 품질 만족도와 디자인 만족도 간에는 유의한 차이를 보이는 것으로 나타
났다($t=4.635$, $p<.001$). 평균 비교 결과, 품질 만족도($M=3.32$)는 디자인 만족도($M=3.11$)보다
더 높은 것으로 평가되었다.

여기서 잠깐!!

지금까지 SPSS 출력 결과표를 해석하고 이를 논문 결과표로 만드는 과정을 살펴보았습니다. 사실 논문 결과표 작
성에 정답이 있는 것은 아닙니다. 5년간 여러 학교의 논문을 진행하면서 연구자들이 가장 많이 사용하고 이해하기
쉬운 표로 구성하다 보니, 앞에서 다룬 표 형태로 발전했습니다. 하지만 학교 양식과 지도 교수님의 스타일에 따라
표 구성과 출력결과 값 기입 방법 등이 달라질 수 있습니다. 여기에서 다룬 표 양식을 통해 분석을 연습하고, 선배들
이 해온 학교 양식을 구해 조금씩 변형하여 사용하는 것이 가장 지혜로운 방법이라 생각합니다.

---

1 p값이 .05보다 크게 나타났다면, '유의한 차이를 보이지 않았다'라고 표기
2 유의한 차이가 난 경우 t값과 p값 제시
3 품질 평균
4 디자인 평균

06 _ 노하우 : 대응표본 t-검정의 유용성

때로는 독립표본 t-검정에서 집단 간 사후점수 차이는 유의하지 않은데, 집단별로 대응표본 t-검정을 통해 사전-사후 차이를 보면 실험집단에서는 유의하고, 대조집단에서는 유의하지 않게 나타나는 경우가 있습니다. 예를 들면 [그림 15-16]과 같은 경우입니다.

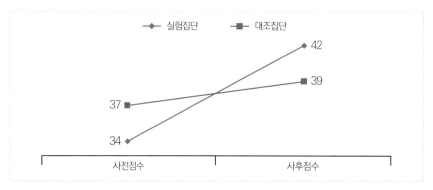

그림 15-16 | 대응표본 t-검정이 유용한 이유 : 실험 집단 사전-사후 검사만 유의하게 나타난 경우

실험집단의 사전점수는 34, 대조집단의 사전점수는 37이라면, 실험집단과 대조집단 간 사전점수는 3의 차이를 보입니다. 실험집단의 사후점수는 42, 대조집단의 사후점수는 39라면, 실험집단과 대조집단 간 사후점수도 3의 차이를 보입니다.

3점의 차이가 충분치 않아, 독립표본 t-검정을 통해 사전점수와 사후점수의 집단 간 차이를 검증한 결과, 사전점수와 사후점수 모두 집단 간에 유의한 차이를 보이지 않았다고 가정해보겠습니다.

하지만 실험집단의 결과만 보았을 때 사전점수는 34점, 사후점수는 42점으로 8점이나 증가한 것을 확인할 수 있습니다. 반면 대조집단의 결과만 보았을 때 사전점수는 37점, 사후점수는 39점으로 2점밖에 증가하지 않았습니다. 실험집단에서는 8점이나 차이가 나기 때문에 사전점수보다 사후점수에서 유의하게 증가한 결과를 보이고, 대조집단에서는 2점밖에 증가하지 않아서 사전점수와 사후점수 간 차이가 유의하지 않게 나올 수 있겠죠.

즉 독립표본 t-검정에서 유의하지 않은 결과를 보였어도, 대응표본 t-검정에서 의미 있는 결과가 나올 수 있습니다. 따라서 독립표본 t-검정 결과가 잘 안 나왔어도, 집단별로 사전-사후 차이를 대응표본 t-검정을 통해 진행하여 유의한 결과가 나오는지 확인해보기 바랍니다.

집단 간 비교 분석 ③

변량분석 : 여러 집단 간 평균 비교

16_일원배치 분산분석

17_이원배치 분산분석

18_반복측정 분산분석

가이드라인
동영상

bit.ly/onepass-spss17

일원배치 분산분석
: 세 개 이상 집단 간 평균 비교

PREVIEW

· **일원배치 분산분석** : 세 개 이상 집단 간 평균을 비교하는 통계 검정 방법

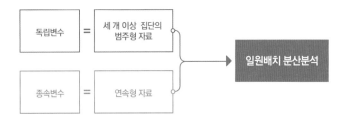

01 _ 기본 개념과 연구 가설

일원배치 분산분석(One-way ANOVA)은 세 개 이상 집단 간 평균을 비교하는 통계 검정 방법입니다. 독립변수가 세 집단 이상으로 구성된 범주형 자료, 종속변수가 연속형 자료인 경우에 활용합니다.

만약 '기본 실습파일.sav'에서 스마트폰 품질에 대한 인식(품질, 이용 편리성, 디자인, 부가기능)과 전반적 만족도, 재구매의도, 스마트폰 친숙도가 브랜드에 따라 유의한 차이가 있는지 검증하고자 한다면, 독립변수가 브랜드, 종속변수는 스마트폰 품질에 대한 인식, 전반적 만족도, 재구매의도, 스마트폰 친숙도가 됩니다. 즉 독립변수는 세 집단으로 구성된 범주형 자료, 종속변수는 연속형 자료이므로, 일원배치 분산분석을 활용할 수 있습니다.

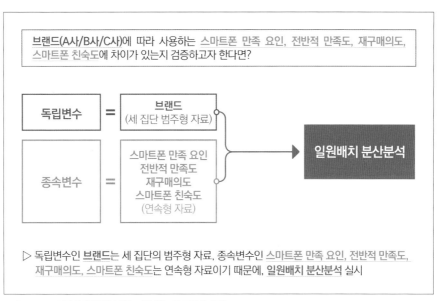

그림 16-1 | 일원배치 분산분석을 사용하는 연구문제 예시

연구문제 16-1

브랜드에 따른 주요 변수 차이 검증

스마트폰 만족 요인(품질, 이용 편리성, 디자인, 부가기능), 스마트폰에 대한 전반적 만족도, 동일 브랜드 재구매의도, 스마트폰 친숙도는 A사, B사, C사가 차이가 있을 수 있다. 브랜드에 따라 이러한 인식에 차이가 있는지 검증해보자.

[연구문제 16-1]을 가설 형태로 작성하면 다음과 같습니다.

가설 형태 : (독립변수)에 따라 (종속변수)에는 유의한 차이가 있다.

독립표본 t-검정과 가설 형태에는 차이가 없죠? 다만, t-검정이 두 개 집단의 범주형 자료를 비교한다면, ANOVA는 3개 이상 집단의 범주형 자료를 비교하는 분석 방법이라고 생각하면 됩니다.

여기서 독립변수 자리에 브랜드, 종속변수 자리에 스마트폰 만족 요인(품질, 이용 편리성, 디자인, 부가기능), 스마트폰에 대한 전반적 만족도, 동일 브랜드 재구매의도, 스마트폰 친숙도를 적용하면 가설은 다음과 같습니다.

가설 1 : (브랜드)에 따라 (스마트폰 만족 요인)에는 유의한 차이가 있다.

가설 1-1 : (브랜드)에 따라 (스마트폰 품질 만족)에는 유의한 차이가 있다.

가설 1-2 : (브랜드)에 따라 (스마트폰 이용 편리성 만족)에는 유의한 차이가 있다.

가설 1-3 : (브랜드)에 따라 (스마트폰 디자인 만족)에는 유의한 차이가 있다.

가설 1-4 : (브랜드)에 따라 (스마트폰 부가기능 만족)에는 유의한 차이가 있다.

가설 2 : (브랜드)에 따라 (스마트폰에 대한 전반적 만족도)에는 유의한 차이가 있다.

가설 3 : (브랜드)에 따라 (동일 브랜드 재구매의도)에는 유의한 차이가 있다.

가설 4 : (브랜드)에 따라 (스마트폰 친숙도)에는 유의한 차이가 있다.

02 _ SPSS 무작정 따라하기

1 분석-평균 비교-일원배치 분산분석을 클릭합니다.

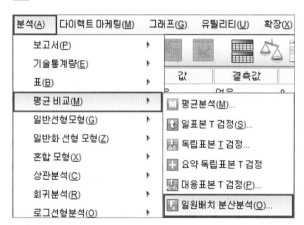

그림 16-2

2 일원배치 분산분석 창에서 ❶ 독립변수인 '브랜드'를 '요인'으로 이동하고 ❷ 종속변수인 '품질'부터 '스마트폰친숙도'까지의 변수를 '종속변수'로 이동합니다.

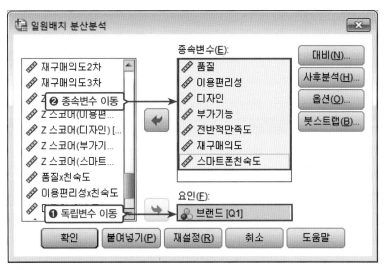

그림 16-3

3 옵션을 클릭합니다.

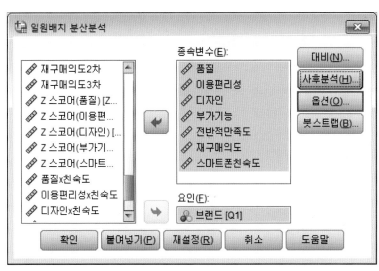

그림 16-4

4 일원배치 분산분석: 옵션 창에서 **❶** '기술통계'에 체크하고 **❷** '분산 동질성 검정'에 체크한 후 **❸** 계속을 클릭합니다.

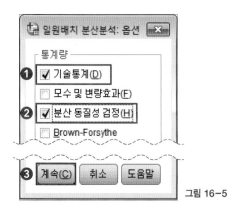

그림 16-5

5 사후분석을 클릭합니다.

그림 16-6

6 일원배치 분산분석: 사후분석-다중비교 창에서 **❶** 사후분석 방법으로 'Scheffe'와 'Duncan'에 체크하고 **❷** 계속을 클릭합니다.

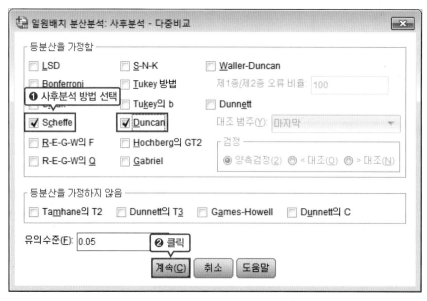

그림 16-7

사후분석(post-hoc analysis)이란 집단 간 평균값을 비교하여 통계적으로 유의하게 나타나면 그 평균값의 대소 관계가 어떠한지를 알아보는 분석 방법입니다. 앞에서 진행한 실습파일을 예로 들어 살펴보면, 브랜드가 A사, B사, C 사로 구분되어 있을 때, A < B < C가 될 수도 있고, A < B = C 혹은 A = B < C 등 다양한 대소 관계가 될 수 있습니다. [그림 16-7]에서 체크할 수 있게 나열된 영어 용어들은 이런 대소 관계의 경우의 수를 따져볼 수 있는 사후분석 방법들입니다.

사회과학 연구에서는 'Scheffe'와 'Duncan'의 사후분석을 가장 많이 활용합니다. 예전에는 'Scheffe'의 사후분석을 많이 활용했으나, 최근에는 'Duncan'의 사후분석도 많이 활용하는 추세입니다. 'Duncan'의 사후분석에서 비교적 유의한 결과가 잘 나오기 때문입니다. 'Tukey HSD' 사후분석도 일부 연구에서 활용하기는 하지만, 집단별 표본수가 동일한 경우에 적합한 사후검증이기 때문에, 활용도는 낮은 편입니다. 여기서는 가장 많이 활용하는 'Scheffe'와 'Duncan'으로 사후분석을 해보겠습니다.

7 확인을 클릭합니다.

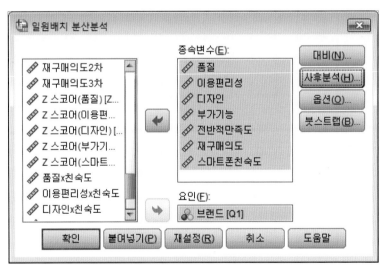

그림 16-8

03 _ 출력 결과 해석하기

앞서 옵션에서 '기술통계'를 체크했기 때문에, SPSS 출력 결과 중 [그림 16-9]의 〈기술통계〉 결과표에서 A사, B사, C사별로 종속변수들의 평균과 표준편차 등을 확인할 수 있습니다.

기술통계

		N	평균	표준편차	표준오차	평균에 대한 95% 신뢰구간 하한	평균에 대한 95% 신뢰구간 상한	최소값	최대값
품질	A사	130	3.3231	.70935	.06221	3.2000	3.4462	1.00	5.00
	B사	112	3.4036	.69748	.06591	3.2730	3.5342	1.80	5.00
	C사	58	3.1586	.65829	.08644	2.9855	3.3317	1.80	5.00
	전체	300	3.3213	.69855	.04033	3.2420	3.4007	1.00	5.00
이용편리성	A사	130	2.9269	.79023	.06931	2.7898	3.0641	1.00	5.00
	B사	112	2.8147	.81148	.07668	2.6628	2.9667	1.25	5.00
	C사	58	2.5862	.70951	.09316	2.3997	2.7728	1.00	4.00
	전체	300	2.8192	.79084	.04566	2.7293	2.9090	1.00	5.00
디자인	A사	130	3.1769	.68867	.06040	3.0574	3.2964	1.75	5.00
	B사	112	3.1496	.77798	.07351	3.0039	3.2952	1.25	5.00
	C사	58	2.8750	.75980	.09977	2.6752	3.0748	1.00	4.50
	전체	300	3.1083	.74337	.04292	3.0239	3.1928	1.00	5.00
부가기능	A사	130	3.8123	.80685	.07077	3.6723	3.9523	1.20	5.00
	B사	112	3.8321	.81497	.07701	3.6795	3.9847	1.00	5.00
	C사	58	3.5966	.79250	.10406	3.3882	3.8049	1.60	5.00
	전체	300	3.7780	.80942	.04673	3.6860	3.8700	1.00	5.00
전반적만족도	A사	130	3.0788	.75035	.06581	2.9486	3.2091	1.25	5.00
	B사	112	3.0402	.78093	.07379	2.8940	3.1864	1.00	5.00
	C사	58	2.7069	.80587	.10582	2.4950	2.9188	1.00	4.50
	전체	300	2.9925	.78296	.04520	2.9035	3.0815	1.00	5.00
재구매의도	A사	130	3.0513	.72777	.06383	2.9250	3.1776	1.33	5.00
	B사	112	2.9792	.78688	.07435	2.8318	3.1265	1.00	5.00
	C사	58	2.5287	.65794	.08639	2.3557	2.7017	1.00	4.00
	전체	300	2.9233	.76117	.04395	2.8368	3.0098	1.00	5.00
스마트폰친숙도	A사	130	3.4667	.95063	.08338	3.3017	3.6316	1.00	5.00
	B사	112	3.3065	1.04660	.09889	3.1106	3.5025	1.00	5.00
	C사	58	3.3678	1.04981	.13785	3.0918	3.6438	1.00	5.00
	전체	300	3.3878	1.00593	.05808	3.2735	3.5021	1.00	5.00

그림 16-9 | 일원배치 분산분석 SPSS 출력 결과 : 기술통계

[그림 16-10]의 〈분산의 동질성 검정〉 결과표를 보면, 유의확률(p값)이 .05보다 크게 나타났기 때문에 분산이 동일한 것으로 판단할 수 있습니다. 앞서 독립표본 t-검정에서 설명했던 Levene의 등분산 검정에 대한 것과 마찬가지로, 일원배치 분산분석에서도 p값이 .05보다 작으면 분산이 유의한 차이를 보인다는 의미이고, p값이 .05보다 크면 분산이 유의한 차이를 보이지 않기 때문에 분산이 동질성을 만족한다고 볼 수 있습니다.

분산의 동질성 검정

	Levene 통계량	자유도1	자유도2	유의확률
품질	.363	2	297	.696
이용편리성	.325	2	297	.723
디자인	.844	2	297	.431
부가기능	.096	2	297	.909
전반적만족도	.400	2	297	.670
재구매의도	.185	2	297	.831
스마트폰친숙도	.412	2	297	.663

그림 16-10 | 일원배치 분산분석 SPSS 출력 결과 : 분산의 동질성 검정

[그림 16-11]의 〈ANOVA〉 결과표에서 분산분석의 유의성 검증 결과를 보면, F값과 p값 등이 나타나 있습니다. 유의확률(p값)을 보면 이용 편리성, 디자인, 전반적 만족도, 재구매의도에서 p값이 .05 미만으로 유의하게 나타났습니다. 즉 브랜드에 따라 이용 편리성, 디자인, 전반적 만족도, 재구매의도는 유의한 차이를 보인다고 할 수 있습니다.

ANOVA

		제곱합	자유도	평균제곱	F	유의확률
품질	집단-간	2.293	2	1.147	2.372	.095
	집단-내	143.610	297	.484		
	전체	145.903	299			
이용편리성	집단-간	4.659	2	2.330	3.795	.024
	집단-내	182.343	297	.614		
	전체	187.002	299			
디자인	집단-간	3.960	2	1.980	3.646	.027
	집단-내	161.269	297	.543		
	전체	165.229	299			
부가기능	집단-간	2.391	2	1.195	1.835	.161
	집단-내	193.504	297	.652		
	전체	195.895	299			
전반적만족도	집단-간	5.955	2	2.977	4.986	.007
	집단-내	177.341	297	.597		
	전체	183.296	299			
재구매의도	집단-간	11.508	2	5.754	10.567	.000
	집단-내	161.728	297	.545		
	전체	173.237	299			
스마트폰친숙도	집단-간	1.571	2	.786	.775	.462
	집단-내	300.984	297	1.013		
	전체	302.555	299			

그림 16-11 | 일원배치 분산분석 SPSS 출력 결과 : ANOVA

앞서 사후분석에서 'Scheffe'와 'Duncan'을 체크했기 때문에 사후분석 결과를 확인할 수 있습니다. F값에 대한 p값이 .05 미만으로 나타난 변수(이용 편리성, 디자인, 전반적 만족도, 재구매의도)만 사후분석을 보면 됩니다. 출력 결과를 보면 Scheffe와 Duncan 결과가 동일합니다. 해석 방법도 동일하니 Scheffe를 기준으로 설명하겠습니다.

이용편리성				
			유의수준 = 0.05에 대한 부분집합	
	브랜드	N	1	2
Duncan[a,b]	C사	58	2.5862	
	B사	112	2.8147	2.8147
	A사	130		2.9269
	유의확률		.053	.341
Scheffe[a,b]	C사	58	2.5862	
	B사	112	2.8147	2.8147
	A사	130		2.9269
	유의확률		.154	.635

디자인				
			유의수준 = 0.05에 대한 부분집합	
	브랜드	N	1	2
Duncan[a,b]	C사	58	2.8750	
	B사	112		3.1496
	A사	130		3.1769
	유의확률		1.000	.805
Scheffe[a,b]	C사	58	2.8750	
	B사	112		3.1496
	A사	130		3.1769
	유의확률		1.000	.970

전반적만족도				
			유의수준 = 0.05에 대한 부분집합	
	브랜드	N	1	2
Duncan[a,b]	C사	58	2.7069	
	B사	112		3.0402
	A사	130		3.0788
	유의확률		1.000	.739
Scheffe[a,b]	C사	58	2.7069	
	B사	112		3.0402
	A사	130		3.0788
	유의확률		1.000	.946

재구매의도				
			유의수준 = 0.05에 대한 부분집합	
	브랜드	N	1	2
Duncan[a,b]	C사	58	2.5287	
	B사	112		2.9792
	A사	130		3.0513
	유의확률		1.000	.516
Scheffe[a,b]	C사	58	2.5287	
	B사	112		2.9792
	A사	130		3.0513
	유의확률		1.000	.809

그림 16-12 | 일원배치 분산분석 SPSS 출력 결과 : Scheffe와 Duncan을 활용한 사후검정

[그림 16-12]의 사후분석 결과를 보면, 이용 편리성은 C사가 1번 집단, B사가 1, 2번 집단, A 사가 2번 집단에 속해 있습니다. 디자인, 전반적 만족도, 재구매의도는 C사가 1번 집단, A사와 B사가 2번 집단에 속해 있습니다. 같은 집단에 걸쳐 있으면 그 집단 간에는 유의한 차이가 없다고 볼 수 있고, 같은 집단에 걸쳐 있지 않으면 그 집단 간에는 유의한 차이가 있다고 할 수 있습니다.

즉 이용 편리성의 경우 C사는 1번에만 속했는데 B사는 1, 2번에 모두 속해 있으므로, 1번에 공통으로 들어가기에 C사와 B사 간에는 유의한 차이가 없습니다. B사는 1, 2번에 모두 속해 있고, A사는 2번에만 속해 있는데, 2번이 겹치므로 B사와 A사 간에도 유의한 차이가 없습니다. 반면에 C사는 1번에, A사는 2번에만 속해 있으므로, C사와 A사 간에는 유의한 차이가 있고, 평균이 큰 A사가 이용 편리성이 더 크다고 할 수 있습니다. 즉 부등호로 표기하면, 'C사 <

A사'로 표기할 수 있겠습니다. B사는 중간에 끼어서 A사와도, C사와도 유의한 차이가 없다고 할 수 있습니다.

디자인, 전반적 만족도, 재구매의도는 모두 C사가 1번, A사와 B사는 2번에만 속해 있으므로, C사와 A, B사 간에는 유의한 차이가 있다고 볼 수 있습니다. 또한 C사보다는 A사와 B사의 평균이 더 크므로 A, B사의 관련 항목 만족도가 더 큰 것으로 판단할 수 있습니다. A사와 B사 간에는 유의한 차이가 없습니다. 즉 부등호로 표기하면, 'C사 < A사, B사'로 표기할 수 있습니다.

아무도 가르쳐주지 않는 Tip

'분산의 동질성 검정' 결과, 분산이 동질성을 만족하지 않는다면?

분산이 동질성을 만족하지 않는다는 것은 분산의 동질성 검정 표에서 유의확률 p값이 .05보다 작게 나타난 경우를 뜻하고, 분산이 동일하지 않음을 뜻합니다. 이 경우에는 **옵션**에 있는 'Welch F'를 체크해서 F값 대신에 'Welch F'값에 대한 유의확률을 확인하여 유의성을 검증할 수 있습니다. 사후분석도 마찬가지로 등분산 가정이 필요 없는 'Dunnett의 T3' 등의 방법을 활용하여 사후분석을 진행할 수 있습니다. 이론적으로는 이렇게 적용하는 게 더 적합합니다.

하지만 대체로 표본수가 많은 사회과학 분야의 설문조사에서는 결과에서 큰 차이가 나타나지 않습니다. 또한 통계 비전공 교수님들에게는 이 개념이 익숙하지 않습니다. 이 때문에, 분산의 동질성 검정을 생략하고 분산의 동질성 여부와 상관없이 Scheffe 혹은 Duncan으로 결과를 해석하는 논문이 대다수입니다. 하지만 지도 교수님 성향이 어떨지는 확신할 수 없으니, 지도 교수님의 제자 논문을 보고 그 성향을 파악해서 사후분석 방법을 결정하는 것이 좋습니다.

04 _ 논문 결과표 작성하기

1 브랜드에 따른 7개 요인에 대한 일원배치 분산분석이므로, 한글에서 7개 종속변수별 집단(A사/B사/C사), 표본수, 평균, 표준편차, *F*, *p* 열을 구성하여 작성합니다.

표 16-1

종속변수	집단	표본수	평균	표준편차	*F*	*p*
품질	A사					
	B사					
	C사					
이용 편리성	A사					
	B사					
	C사					
디자인	A사					
	B사					
	C사					
부가기능	A사					
	B사					
	C사					
전반적 만족도	A사					
	B사					
	C사					
재구매 의도	A사					
	B사					
	C사					
스마트폰 친숙도	A사					
	B사					
	C사					

2 일원배치 분산분석 엑셀 결과에서 한글 표에 필요 없는 '전체'를 제외합니다. 〈기술통계〉 결과표에서 **❶** '전체'에 해당하는 행을 Ctrl + 클릭으로 모두 선택하여 **❷** 행 삭제 단축키인 Ctrl + − 로 모든 '전체'의 행을 삭제합니다.

	A	B	C	D	E	F	G	H	I	J
1						기술통계				
2							평균에 대한 95% 신뢰구간			
3			N	평균	표준편차	표준오차	하한	상한	최소값	최대값
4	품질	A사	130	3.3231	0.70935	0.06221	3.2000	3.4462	1.00	5.00
5		B사	112	3.4036	0.69748	0.06591	3.2730	3.5342	1.80	5.00
6		C사	58	3.1586	0.65829	0.08644	2.9855	3.3317	1.80	5.00
7		전체	300	3.3213	0.69855	0.04033	3.2420	3.4007	1.00	5.00
8	이용편리성	A사	130	2.9269	0.79023	0.06931	2.7898	3.0641	1.00	5.00
9		B사	112	2.8147	0.81148	0.07668	2.6628	2.9667	1.25	5.00
10		C사	58	2.5862	0.70951	0.09316	2.3997	2.7728	1.00	4.00
11		전체	300	2.8192	0.79084	0.04566	2.7293	2.9090	1.00	5.00
12	디자인	A사	130	3.1769	0.68867	0.06040	3.0574	3.2964	1.75	5.00
13		B사	112	3.1496	0.77798	0.07351	3.0039	3.2952	1.25	5.00
14		C사	58	2.8750	0.75980	0.09977	2.6752	3.0748	1.00	4.50
15		전체	300	3.1083	0.74337	0.04292	3.0239	3.1928	1.00	5.00
16	부가기능	A사	130	3.8123	0.80685	0.07077	3.6723	3.9523	1.20	5.00
17		B사	112	3.8321	0.81497	0.07701	3.6795	3.9847	1.00	5.00
18		C사	58	3.5966	0.79250	0.10406	3.3882	3.8049	1.60	5.00
19		전체	300	3.7780	0.80942	0.04673	3.6860	3.8700	1.00	5.00
20	전반적만족도	A사	130	3.0788	0.75035	0.06581	2.9486	3.2091	1.25	5.00
21		B사	112	3.0402	0.78093	0.07379	2.8940	3.1864	1.00	5.00
22		C사	58	2.7069	0.80587	0.10582	2.4950	2.9188	1.00	4.50
23		전체	300	2.9925	0.78296	0.04520	2.9035	3.0815	1.00	5.00
24	재구매의도	A사	130	3.0513	0.72777	0.06383	2.9250	3.1776	1.33	5.00
25		B사	112	2.9792	0.78688	0.07435	2.8318	3.1265	1.00	5.00
26		C사	58	2.5287	0.65794	0.08639	2.3557	2.7017	1.00	4.00
27		전체	300	2.9233	0.76117	0.04395	2.8368	3.0098	1.00	5.00
28	스마트폰처리속도	A사	130	3.4667	0.95063	0.08338	3.3017	3.6316	1.00	5.00
29		B사	112	3.3065	1.04660	0.09889	3.1106	3.5025	1.00	5.00
30		C사	58	3.3678	1.04981	0.13785	3.0918	3.6438	1.00	5.00
31		전체	300	3.3878	1.00593	0.05808	3.2735	3.5021	1.00	5.00

❶ Ctrl + 클릭   **❷** Ctrl + −

그림 16-13

3 〈기술통계〉 결과표에서 평균과 표준편차 값을 모두 선택하여 [Ctrl]+[1] 단축키로 셀 서식 창을 엽니다.

	A	B	C	D	E	F	G	H	I	J
1				**기술통계**						
2							평균에 대한 95% 신뢰구간			
3			N	평균	표준편차	표준오차	하한	상한	최소값	최대값
4	품질	A사	130	3,3231	0,70935	0,06221	3,2000	3,4462	1,00	5,00
5		B사	112	3,4036	0,69748	0,06591	3,2730	3,5342	1,80	5,00
6		C사	58	3,1586	0,65829	0,08644	2,9855	3,3317	1,80	5,00
7	이용편리성	A사	130	2,9269	0,79023	0,06931	2,7898	3,0641	1,00	5,00
8		B사	112	2,8147	0,81148	0,07668	2,6628	2,9667	1,25	5,00
9		C사	58	2,5862	0,70951	0,09316	2,3997	2,7728	1,00	4,00
10	디자인	A사	130	3,1769	0,68867	0,06040	3,0574	3,2964	1,75	5,00
11		B사	112	3,1496	0,77798	0,07351	3,0039	3,2952	1,25	5,00
12		C사	58	2,8750	0,75980	0,09977	2,6752	3,0748	1,00	4,50
13	부가기능	A사	130	3,8123	0,80685	0,07077	3,6723	3,9523	1,20	5,00
14		B사	112	3,8321	0,81497		3,6795	3,9847	1,00	5,00
15		C사	58	3,5966	0,79250	0,10406	3,3882	3,8049	1,60	5,00
16	전반적만족도	A사	130	3,0788	0,75035	0,06581	2,9486	3,2091	1,25	5,00
17		B사	112	3,0402	0,78093	0,07379	2,8940	3,1864	1,00	5,00
18		C사	58	2,7069	0,80587	0,10582	2,4950	2,9188	1,00	4,50
19	재구매의도	A사	130	3,0513	0,72777	0,06383	2,9250	3,1776	1,33	5,00
20		B사	112	2,9792	0,78688	0,07435	2,8318	3,1265	1,00	5,00
21		C사	58	2,5287	0,65794	0,08639	2,3557	2,7017	1,00	4,00
22	스마트폰친숙도	A사	130	3,4667	0,95063	0,08338	3,3017	3,6316	1,00	5,00
23		B사	112	3,3065	1,04660	0,09889	3,1106	3,5025	1,00	5,00
24		C사	58	3,3678	1,04981	0,13785	3,0918	3,6438	1,00	5,00

(F13~F14 사이: [Ctrl] + [1])

그림 16-14

4 셀 서식 창에서 ❶ '범주'의 '숫자'를 클릭하고 ❷ '음수'의 '-1234'를 선택합니다. ❸ '소수 자릿수'를 '2'로 수정한 후 ❹ 확인을 클릭해서 소수점 둘째 자리의 수로 변경합니다.

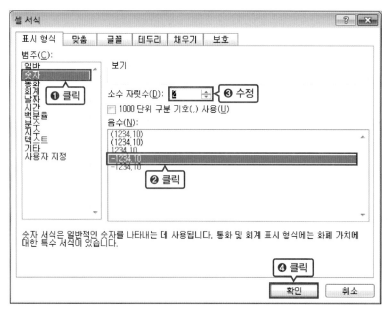

그림 16-15

5 〈기술통계〉 결과표에서 N(명수)을 포함한 변경된 평균과 표준편차를 모두 선택하여 복사합니다.

	A	B	C	D	E	F	G	H	I	J
1						기술통계				
2							평균에 대한 95% 신뢰구간			
3			N	평균	표준편차	표준오차	하한	상한	최소값	최대값
4	품질	A사	130	3.32	0.71	0.06221	3.2000	3.4462	1.00	5.00
5		B사	112	3.40	0.70	0.06591	3.2730	3.5342	1.80	5.00
6		C사	58	3.16	0.66	0.08644	2.9855	3.3317	1.80	5.00
7	이용편리성	A사	130	2.93	0.79	0.06931	2.7898	3.0641	1.00	5.00
8		B사	112	2.81	0.81	0.07668	2.6628	2.9667	1.25	5.00
9		C사	58	2.59	0.71	0.09316	2.3997	2.7728	1.00	4.00
10	디자인	A사	130	3.18	0.69	0.06040	3.0574	3.2964	1.75	5.00
11		B사	112	3.15	0.78	0.07351	3.0039	3.2952	1.25	5.00
12		C사	58	2.88	0.76	0.09977	2.6752	3.0748	1.00	4.50
13	부가기능	A사	130	3.81	0.81	0.07077	3.6723	3.9523	1.20	5.00
14		B사	112	3.83	0.81	0.07701	3.6795	3.9847	1.00	5.00
15		C사	58	3.60	0.79	0.10406	3.3882	3.8049	1.60	5.00
16	전반적만족도	A사	130	3.08	0.75	0.06581	2.9486	3.2091	1.25	5.00
17		B사	112	3.04	0.78	0.07379	2.8940	3.1864	1.00	5.00
18		C사	58	2.71	0.81	0.10582	2.4950	2.9188	1.00	4.50
19	재구매의도	A사	130	3.05	0.73	0.06383	2.9250	3.1776	1.33	5.00
20		B사	112	2.98	0.79	0.07435	2.8318	3.1265	1.00	5.00
21		C사	58	2.53	0.66	0.08639	2.3557	2.7017	1.00	4.00
22	스마트폰친숙도	A사	130	3.47	0.95	0.08338	3.3017	3.6316	1.00	5.00
23		B사	112	3.31	1.05	0.09889	3.1106	3.5025	1.00	5.00
24		C사	58	3.37	1.05	0.13785	3.0918	3.6438	1.00	5.00

Ctrl + C

그림 16-16

6 한글에 만들어놓은 결과표에서 표본수 항목의 첫 번째 빈칸에 복사한 값을 붙여넣기합니다.

종속변수	집단	표본수	평균	표준편차	F	p
	A사					
품질	B사	Ctrl + V				
	C사					

그림 16-17

7 셀 붙이기 창에서 **❶** '내용만 덮어 쓰기'를 클릭하고 **❷** 붙이기를 클릭합니다.

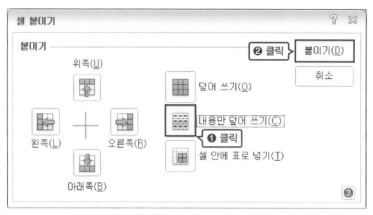

그림 16-18

8 일원배치 분산분석 엑셀 결과에서 **❶** 〈ANOVA〉 결과표에 있는 7개 변수의 *F*값과 유의확률 값을 Ctrl 을 누른 상태에서 순서대로 클릭하여 모두 선택하고 **❷** 복사해서 **❸** 빈 셀에 붙여넣습니다.

	A	B	C	D	E	F	G	H
1				ANOVA				
2			제곱합	자유도	평균제곱	F	유의확률	
3	품질	집단-간	2,293	2	1,147	2,372	0,095	
4		집단-내	143,610	297	0,484			
5		전체	145,903	299				
6	이용편리성	집단-간	4,659	2	2,330	3,795	0,024	
7		집단-내	182,343	297	0,614			
8		전체	187,002	299				
9	디자인	집단-간	3,960	2	1,980	3,646	0,027	
10		집단-내	161,269	297	0,543			
11		전체	165,229	299				
12	부가기능	집단-간	2,391	2	1,195	1,835	0,161	
13		집단-내	193,504	297	0,652			
14		전체	195,895	299				
15	전반적만족도	집단-간	5,955	2	2,977	4,986	0,007	
16		집단-내	177,341	297	0,597			
17		전체	183,296	299				
18	재구매의도	집단-간	11,508	2	5,754	10,567	0,000	
19		집단-내	161,728	297	0,545			
20		전체	173,237	299				
21	스마트폰친숙도	집단-간	1,571	2	0,786	0,775	0,462	
22		집단-내	300,984	297	1,013			
23		전체	302,555	299				

그림 16-19

9 붙여넣은 7개 변수의 F값과 p값을 모두 선택하여 복사합니다.

	A	B	C	D	E	F	G	H	I
1					ANOVA				
2			제곱합	자유도	평균제곱	F	유의확률		
3	품질	집단-간	2,293	2	1,147	2,372	0,095	2,372	0,095
4		집단-내	143,610	297	0,484			3,795	0,024
5		전체	145,903	299				3,646	0,027
6	이용편리성	집단-간	4,659	2	2,330	3,795	0,024	1,835	0,161
7		집단-내	182,343	297	0,614			4,986	0,007
8		전체	187,002	299				10,567	0,000
9	디자인	집단-간	3,960	2	1,980	3,646	0,027	0,775	0,462
10		집단-내	161,269	297	0,543				
11		전체	165,229	299					
12	부가기능	집단-간	2,391	2	1,195	1,835	0,161		
13		집단-내	193,504	297	0,652				
14		전체	195,895	299					
15	전반적만족도	집단-간	5,955	2	2,977	4,986	0,007		
16		집단-내	177,341	297	0,597				
17		전체	183,296	299					
18	재구매의도	집단-간	11,508	2	5,754	10,567	0,000		
19		집단-내	161,728	297	0,545				
20		전체	173,237	299					
21	스마트폰친숙도	집단-간	1,571	2	0,786	0,775	0,462		
22		집단-내	300,984	297	1,013				
23		전체	302,555	299					

Ctrl + C

그림 16-20

10 한글에 만들어놓은 결과표에서 첫 번째 F값 항목의 첫 번째 빈칸에 복사한 값을 붙여넣기합니다.

종속변수	집단	표본수	평균	표준편차	F	p
품질	A사	130	3.32	0.71		
	B사	112	3.40	0.70		
	C사	58	3.16	0.66		
이용 편리성	A사	130	2.93	0.79		
	B사	112	2.81	0.81		
	C사	58	2.59	0.71		

Ctrl + V

그림 16-21

11 입력한 모든 셀의 글자 모양을 양식에 맞게 변경하면 결과표가 완성됩니다. 유의확률 p가 0.01 이상~0.05 미만이면 F값에 *표 한 개를, 유의확률 p가 0.001 이상~0.01 미만이면 F값에 *표 두 개를, 유의확률 p가 0.001 미만이면 F값에 *표 세 개를 위첨자로 달아줍니다. [표 16-2](양식 1)은 사후분석 결과에 따라 평균 옆에 위첨자 형태로 a, ab, b를 달아주는 방법이고, [표 16-3](양식 2)는 맨 오른쪽에 열을 하나 더 만들어서, 부등호로 대소를 표기하는 방법입니다.

표 16-2 | 브랜드에 따른 주요 변수 차이(양식 1)

종속변수	집단	표본수	평균	표준편차	F	p
품질	A사	130	3.32	0.71	2.372	.095
	B사	112	3.40	0.70		
	C사	58	3.16	0.66		
이용 편리성	A사	130	2.93[b]	0.79	3.795*	.024
	B사	112	2.81[ab]	0.81		
	C사	58	2.59[a]	0.71		
디자인	A사	130	3.18[b]	0.69	3.646*	.027
	B사	112	3.15[b]	0.78		
	C사	58	2.88[a]	0.76		
부가기능	A사	130	3.81	0.81	1.835	.161
	B사	112	3.83	0.81		
	C사	58	3.60	0.79		
전반적 만족도	A사	130	3.08[b]	0.75	4.986**	.007
	B사	112	3.04[b]	0.78		
	C사	58	2.71[a]	0.81		
재구매 의도	A사	130	3.05[b]	0.73	10.567***	<.001
	B사	112	2.98[b]	0.79		
	C사	58	2.53[a]	0.66		
스마트폰 친숙도	A사	130	3.47	0.95	0.775	.462
	B사	112	3.31	1.05		
	C사	58	3.37	1.05		

* $p < .05$, ** $p < .01$, *** $p < .001$, Post-hoc analysis: a < b

표 16-3 | 브랜드에 따른 주요 변수 차이(양식 2)

종속변수	집단	표본수	평균	표준편차	F	p	Scheffe
품질	A사(a)	130	3.32	0.71	2.372	.095	–
	B사(b)	112	3.40	0.70			
	C사(c)	58	3.16	0.66			
이용 편리성	A사(a)	130	2.93	0.79	3.795*	.024	c<a
	B사(b)	112	2.81	0.81			
	C사(c)	58	2.59	0.71			
디자인	A사(a)	130	3.18	0.69	3.646*	.027	c<a,b
	B사(b)	112	3.15	0.78			
	C사(c)	58	2.88	0.76			
부가기능	A사(a)	130	3.81	0.81	1.835	.161	–
	B사(b)	112	3.83	0.81			
	C사(c)	58	3.60	0.79			
전반적 만족도	A사(a)	130	3.08	0.75	4.986**	.007	c<a,b
	B사(b)	112	3.04	0.78			
	C사(c)	58	2.71	0.81			
재구매 의도	A사(a)	130	3.05	0.73	10.567***	<.001	c<a,b
	B사(b)	112	2.98	0.79			
	C사(c)	58	2.53	0.66			
스마트폰친 숙도	A사(a)	130	3.47	0.95	0.775	.462	–
	B사(b)	112	3.31	1.05			
	C사(c)	58	3.37	1.05			

* $p<.05$, ** $p<.01$, *** $p<.001$

05 _ 논문 결과표 해석하기

일원배치 분산분석 결과표에 대한 해석은 다음 4단계로 작성합니다.

❶ 분석 내용과 분석법 설명
"브랜드(독립변수)에 따라 주요 변수(종속변수)의 평균이 유의한 차이를 보이는지 검증하고자 일원배치 분산분석(분석법)을 실시하였다."

❷ 유의한 결과 설명
유의한 차이를 보인 변수에 대해서 F값과 유의수준을 나열합니다.

❸ 유의하지 않은 결과 설명
"브랜드에 따라 유의한 차이를 보이지 않았다."로 마무리합니다.

❹ 사후분석 결과 설명
사후분석 결과에 따라 대소 관계를 기술합니다.

위의 4단계에 맞춰서 앞에서 실습한 출력 결과 값을 작성하면 다음과 같습니다.

❶ 브랜드[1]에 따라 주요 변수[2]의 평균이 유의한 차이를 보이는지 검증하고자 일원배치 분산분석(One-way ANOVA)을 실시하였다.

❷ 그 결과 브랜드[3]에 따라서 이용 편리성(F=3.795, $p<.05$), 디자인(F=3.646, $p<.05$), 전반적 만족도(F=4.986, $p<.01$), 재구매의도(F=10.567, $p<.001$)[4]에 유의한 차이를 보이는 것으로 나타났다.

❸ 반면에 품질, 부가기능, 스마트폰 친숙도[5]는 브랜드[6]에 따라 유의한 차이를 보이지 않았다.

❹ 유의한 차이를 보이는 변수에 대해서는 셰페의 사후분석(Scheffe's post-hoc analysis)[7]을 실시한 결과, 이용 편리성은 C사 대비 A사가 더 높은 것으로 나타났고, 디자인과 전반적 만족도, 재구매의도는 C사 대비 A사와 B사가 더 높은 것으로 나타났다.[8]

---

1 독립변수
2 종속변수
3 독립변수
4 유의한 결과를 보인 종속변수와 F값, p값.
5 유의하지 않은 종속변수
6 독립변수
7 활용한 사후분석 방법
8 사후분석 결과의 대소 관계 나열

[일원배치 분산분석 논문 결과표 완성 예시-1]

브랜드에 따른 주요 변수들의 차이

〈표〉 브랜드에 따른 주요 변수 차이(양식 1)

종속변수	집단	표본수	평균	표준편차	F	p
품질	A사	130	3.32	0.71	2.372	.095
	B사	112	3.40	0.70		
	C사	58	3.16	0.66		
이용 편리성	A사	130	2.93^b	0.79	3.795^*	.024
	B사	112	2.81^{ab}	0.81		
	C사	58	2.59^a	0.71		
디자인	A사	130	3.18^b	0.69	3.646^*	.027
	B사	112	3.15^b	0.78		
	C사	58	2.88^a	0.76		
부가기능	A사	130	3.81	0.81	1.835	.161
	B사	112	3.83	0.81		
	C사	58	3.60	0.79		
전반적 만족도	A사	130	3.08^b	0.75	4.986^{**}	.007
	B사	112	3.04^b	0.78		
	C사	58	2.71^a	0.81		
재구매 의도	A사	130	3.05^b	0.73	10.567^{***}	<.001
	B사	112	2.98^b	0.79		
	C사	58	2.53^a	0.66		
스마트폰 친숙도	A사	130	3.47	0.95	0.775	.462
	B사	112	3.31	1.05		
	C사	58	3.37	1.05		

$^* p < .05$, $^{**} p < .01$, $^{***} p < .001$, Post-hoc analysis: a < b

브랜드에 따라 주요 변수의 평균이 유의한 차이를 보이는지 검증하고자 일원배치 분산분석(One-way ANOVA)을 실시하였다. 그 결과 브랜드에 따라서 이용 편리성($F=3.795$, $p<.05$), 디자인($F=3.646$, $p<.05$), 전반적 만족도($F=4.986$, $p<.01$), 재구매의도($F=10.567$, $p<.001$)에 유의한 차이를 보이는 것으로 나타났다. 반면에 품질, 부가기능, 스마트폰 친숙도는 브랜드에 따라 유의한 차이를 보이지 않았다.

유의한 차이를 보이는 변수에 대해서는 셰페의 사후분석(Scheffe's post-hoc analysis)을 실시한 결과, 이용 편리성은 C사 대비 A사가 더 높은 것으로 나타났고, 디자인과 전반적 만족도, 재구매의도는 C사 대비 A사와 B사가 더 높은 것으로 나타났다.

[일원배치 분산분석 논문 결과표 완성 예시-2]

브랜드에 따른 주요 변수들의 차이

〈표〉 브랜드에 따른 주요 변수 차이(양식 2)

종속변수	집단	표본수	평균	표준편차	F	p	Scheffe
품질	A사(a)	130	3.32	0.71			
	B사(b)	112	3.40	0.70	2.372	.095	–
	C사(c)	58	3.16	0.66			
이용 편리성	A사(a)	130	2.93	0.79			
	B사(b)	112	2.81	0.81	3.795*	.024	c<a
	C사(c)	58	2.59	0.71			
디자인	A사(a)	130	3.18	0.69			
	B사(b)	112	3.15	0.78	3.646*	.027	c<a,b
	C사(c)	58	2.88	0.76			
부가기능	A사(a)	130	3.81	0.81			
	B사(b)	112	3.83	0.81	1.835	.161	–
	C사(c)	58	3.60	0.79			
전반적 만족도	A사(a)	130	3.08	0.75			
	B사(b)	112	3.04	0.78	4.986**	.007	c<a,b
	C사(c)	58	2.71	0.81			
재구매 의도	A사(a)	130	3.05	0.73			
	B사(b)	112	2.98	0.79	10.567***	<.001	c<a,b
	C사(c)	58	2.53	0.66			
스마트폰친 숙도	A사(a)	130	3.47	0.95			
	B사(b)	112	3.31	1.05	0.775	.462	–
	C사(c)	58	3.37	1.05			

* $p<.05$, ** $p<.01$, *** $p<.001$

브랜드에 따라 주요 변수의 평균이 유의한 차이를 보이는지 검증하고자 일원배치 분산분석 (One-way ANOVA)을 실시하였다. 그 결과 브랜드에 따라서 이용 편리성($F=3.795$, $p<.05$), 디자인($F=3.646$, $p<.05$), 전반적 만족도($F=4.986$, $p<.01$), 재구매의도($F=10.567$, $p<.001$)에 유의한 차이를 보이는 것으로 나타났다. 반면에 품질, 부가기능, 스마트폰 친숙도는 브랜드에 따라 유의한 차이를 보이지 않았다.

유의한 차이를 보이는 변수에 대해서는 셰페의 사후분석(Scheffe's post-hoc analysis)을 실시한 결과, 이용 편리성은 C사 대비 A사가 더 높은 것으로 나타났고, 디자인과 전반적 만족도, 재구매의도는 C사 대비 A사와 B사가 더 높은 것으로 나타났다.

일원배치 분산분석 논문 결과표에 대한 완성 예시에서 표를 두 가지 양식으로 기술했습니다. 어느 쪽이 주로 쓰는 양식이라고 말하기 애매할 정도로, 둘 다 많이 쓰이는 표 양식입니다. 전공과 학교에 따라 다르게 쓰이니 두 가지 양식을 모두 참고해주세요.

양식 1은 평균 옆에 위첨자 형태로 a, ab, b를 달아주었습니다. 사후분석 결과에서 1 집단에 걸쳐 있으면 a, 2 집단에 걸쳐 있으면 b, 1과 2 집단에 모두 걸쳐 있으면 ab로 표기한 겁니다. 알파벳이 다르면 유의한 차이가 있다는 것을 쉽게 확인할 수 있으니, 집단 간의 대소 관계도 쉽게 판단할 수 있겠죠? 또한 표 맨 밑에 'Post-hoc analysis: a < b'라고 기입된 항목이 있습니다. 3 집단에서 차이가 모두 나타나면 'Post-hoc analysis: a < b < c'와 같이 설정해주면 됩니다.

양식 2는 오른쪽에 열을 하나 더 만들어서, 부등호로 대소를 표기하는 방법입니다. 이때 집단의 이름이 긴 경우 집단 이름에 a, b, c 형태의 알파벳으로 레이블을 달아줍니다. 그 레이블과 부등호를 이용하여 대소 관계를 보여주는 방법입니다.

06 _ 노하우 : 사후분석이 유의하지 않은 경우

분산분석 결과는 유의하게 나왔는데, 사후분석이 유의하게 나오지 않는다면 어떻게 해야 할까요? 분산분석에서 F값 옆에 있는 p값은 .05 미만으로 유의하게 나왔지만, 사후분석 결과에서는 유의하지 않게 나오는 경우가 종종 있습니다. 이런 경우에는 유의한 차이가 없다고 결론을 내는 것이 맞습니다.

하지만 일반적으로 분산분석은 유의하지만 사후분석이 유의하지 않게 나오는 경우는 집단을 구성하는 표본이 작을 때 흔히 발생합니다. 따라서 합쳐줄 수 있는 집단은 통합하여 집단별 표본수를 늘려주는 것이 좋습니다. 집단을 합치는 방법은 SECTION 13의 '06_노하우 : 카이제곱 검정 결과가 잘 나오지 않는 경우'를 참조해주세요.

집단을 합칠 게 없거나 합쳐도 사후분석 결과가 안 나오는 건 마찬가지인데, 연구 목적상 꼭 유의하게 살렸으면 하는 가설이라면, 사후분석 방법을 변경하는 것도 한 가지 방법입니다. Scheffe보다는 Duncan의 사후분석 기준이 더 관대합니다. 따라서 Duncan의 사후분석을 실시할 때 집단 간 차이가 더 잘 나옵니다. Tukey의 HSD도 Scheffe보다는 결과가 잘 나오기에, 집단의 표본수가 동일한 경우에는 Tukey의 HSD를 시도해보는 것도 하나의 방법입니다.

17

가이드라인
동영상

이원배치 분산분석
: 두 개의 독립변수에 따른 종속변수 차이 검증

bit.ly/onepass-spss18

PREVIEW

· **이원배치 분산분석** : 두 개의 독립변수에 따른 종속변수의 평균 차이를 검증하는 방법

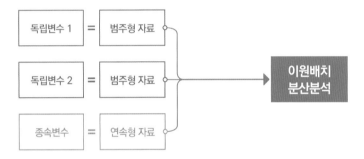

01 _ 기본 개념과 연구 가설

이원배치 분산분석(Two-way ANOVA)은 2개의 독립변수에 따라 종속변수의 평균 차이를 검증하고, 2개의 독립변수 간 상호작용 효과를 검증하는 분석 방법입니다. 상호작용 효과 (Interaction effect)는 쉽게 말해 종속변수에 영향을 미치는 두 독립변수 간의 시너지 효과라고 생각하면 됩니다. 즉 독립변수는 2개의 범주형 자료이고, 종속변수는 연속형 자료인 경우 이원배치 분산분석을 활용할 수 있습니다. 예를 들어 브랜드와 성별에 따른 전반적 만족도의 차이를 검증하고자 한다면, 독립변수 2개는 범주형 자료(브랜드와 성별)이고, 종속변수는 연속형 자료(전반적 만족도)이므로, 이원배치 분산분석을 실시할 수 있습니다.

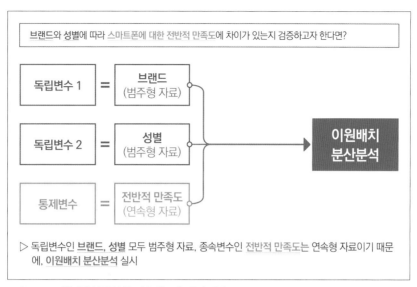

> 독립변수인 브랜드, 성별 모두 범주형 자료, 종속변수인 전반적 만족도는 연속형 자료이기 때문에, 이원배치 분산분석 실시

그림 17-1 | 이원배치 분산분석을 사용하는 연구문제 예시

연구
문제
17-1

브랜드, 성별에 따른 전반적 만족도 차이 검증

스마트폰에 대한 전반적 만족도는 브랜드(A사/B사/C사)와 성별(남자/여자)에 따라 유의한 차이가 있는지, 전반적 만족도에 대해 브랜드와 성별은 상호작용 효과가 있는지 검증해보자.

이에 대한 가설 형태를 정리하면 다음과 같습니다.

가설 형태 1 : (독립변수1)에 따라 (종속변수)에는 유의한 차이가 있다.
가설 형태 2 : (독립변수2)에 따라 (종속변수)에는 유의한 차이가 있다.
가설 형태 3 : (종속변수)에 대해서 (독립변수1)과 (독립변수2) 간에는 유의한 상호작용 효과를 보일 것이다.

여기서 독립변수 자리에 브랜드와 성별을, 종속변수 자리에 스마트폰에 대한 전반적 만족도를 적용하면 가설은 다음과 같습니다.

가설 1 : (브랜드)에 따라 (전반적 만족도)는 유의한 차이가 있다.
가설 2 : (성별)에 따라 (전반적 만족도)는 유의한 차이가 있다.
가설 3 : (전반적 만족도)에 대해서 (브랜드)과 (성별) 간에는 유의한 상호작용 효과를 보일 것이다.

여기서 잠깐!!

이원배치 분산분석을 사용하는 연구문제에는 '주효과'와 '상호작용 효과'라는 개념이 등장합니다. 주효과는 독립변수에 따라 종속변수에 차이가 나는 것을 의미합니다. 상호작용 효과는 2개 이상의 독립변수 간에 나타나는 시너지 효과로, 독립변수에 따라 종속변수에 차이가 나는 정도가 다를 때 이런 독립변수들에 의해 효과가 더 커지거나 작아지는 것을 의미합니다. [연구문제 17-1]을 예로 들면 가설 1은 전반적 만족도에 대한 브랜드의 주효과를 뜻하고, 가설 2는 전반적 만족도에 대한 성별의 주효과를 뜻합니다. 마지막으로 가설 3은 전반적 만족도에 대해 브랜드와 성별의 상호작용 효과를 검증하는 것으로, 브랜드에 따른 전반적 만족도의 차이가 성별에 의해 더 커지거나 작아지는지를 알아보고자 하는 가설입니다.

02 _ SPSS 무작정 따라하기

1 분석-일반선형모형-일변량을 클릭합니다.

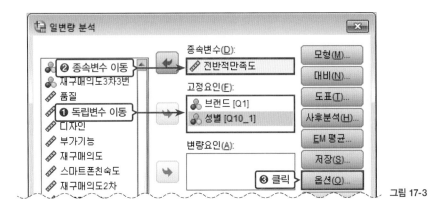

그림 17-2

2 일변량 분석 창에서 **❶** 독립변수인 '브랜드'와 '성별'을 '고정요인'으로 이동하고 **❷** 종속변수인 '전반적 만족도'를 '종속변수'로 이동합니다. **❸** 옵션을 클릭합니다.

그림 17-3

3 일변량: 옵션 창에서 **❶** '기술통계량'과 **❷** '동질성 검정'에 체크하고 **❸** 계속을 클릭합니다.

그림 17-4

4 **❶** EM 평균을 클릭합니다. SPSS 25 이전 버전이라면 옵션을 클릭하세요. **❷** 모든 변수를 '평균 표시 기준'으로 옮긴 뒤 **❸** '주효과 비교'를 체크한 후 **❹** 신뢰구간 수정을 'Bonferroni'로 변경합니다. **❺** 계속을 클릭합니다.

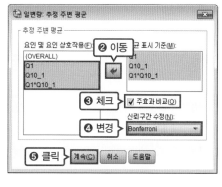

그림 17-5

5 도표를 클릭합니다.

그림 17-6

6 일변량: 프로파일 도표 창에서 ❶ 첫 번째 독립변수인 'Q1(브랜드)'을 '수평축 변수'에 옮기고 ❷ 두 번째 독립변수인 'Q10_1(성별)'을 '선구분 변수'에 옮긴 후 ❸ 추가를 클릭하고 ❹ 계속을 클릭합니다.

그림 17-7

 여기서 잠깐!!

'수평축 변수'와 '선구분 변수'에 투입하는 변수의 순서는 바꿔도 상관없습니다. 연구자가 보고 설명하기 좋은 그래프를 활용하면 됩니다. 하지만 어떤 변수를 넣는 것이 더 설명하기 좋은 그래프인지 감이 안 잡힌다면, 카이제곱 검정 때 배웠던 방법을 떠올려보면 됩니다.

카이제곱 검정 때 집단의 수가 적은 변수를 '열'에 넣었죠? 비슷한 방식으로 집단의 수가 적은 변수인 성별을 '선구분 변수'에 넣으면, 브랜드에 따라 성별이 어떻게 달라지는지 좀 더 쉽게 확인할 수 있습니다. 이후에 브랜드를 '수평축 변수'에 넣어서 분석해보면 연구자의 가설을 더 명확하게 이해할 수 있습니다.

7 붙여넣기를 클릭합니다.

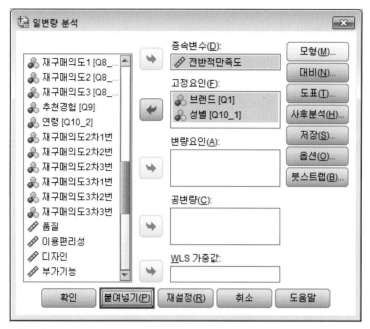

그림 17-8

8 '/EMMEANS=TABLES(Q1*Q10_1)' 뒤에 'COMPARE(Q1) ADJ(BONFERRONI)'를 입력합니다.

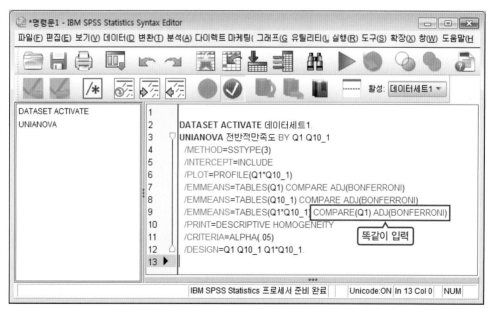

그림 17-9

붙여넣기를 클릭하면 새 창이 뜰 겁니다. 이를 명령문이라고 하는데요. 파악하기 힘든 용어와 영어가 갑자기 튀어 나와서 당황스러울 수 있지만, 이해가 잘 안 되더라도 우선 따라 해보세요.

'Q1*Q10_1'이 상호작용 변수에 대한 내용입니다. 윗줄에 있는 브랜드(Q1)에 따른 차이나 성별(Q10_1)에 따른 차이에 대해서는 대응별 비교가 자동으로 나오게 설정되어 있지만, 이 상호작용 변수 줄에서는 뒤쪽이 비어 있는 것을 확인할 수 있습니다. 상호작용 변수에 대한 유의성 검정은 SPSS 프로그램에서 클릭만으로 자동 실행되지 않습니다. 따라서 명령문에서 8과 같이 약간 수정해야 합니다.

9 ❶ Ctrl + A 를 눌러 전체를 선택하고 ❷ 실행 버튼(▶)을 클릭합니다.

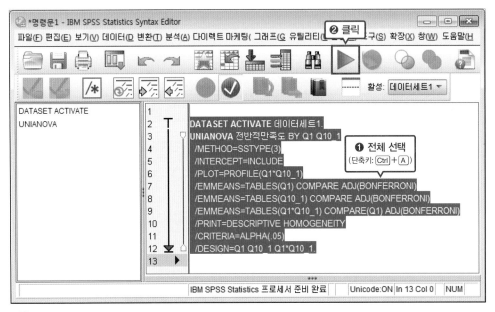

그림 17-10

03 _ 출력 결과 해석하기

[그림 17-11]의 〈기술통계량〉 결과표를 보면, 독립변수가 2개이므로 기술통계량도 A사의 남녀별, B사의 남녀별, C사의 남녀별 형태로 평균이 도출되었습니다. 그리고 총계 부분에 남자(M=3.0219), 여자(M=2.9589) 전체 평균과 A사(M=3.0788), B사(M=3.0402), C사(M=2.7069) 전체 평균도 산출되었습니다.

기술통계량

종속변수: 전반적만족도

브랜드	성별	평균	표준편차	N
A사	남자	3.1270	.71119	63
	여자	3.0336	.78804	67
	전체	3.0788	.75035	130
B사	남자	3.1287	.72469	68
	여자	2.9034	.85116	44
	전체	3.0402	.78093	112
C사	남자	2.5431	.77364	29
	여자	2.8707	.81728	29
	전체	2.7069	.80587	58
전체	남자	3.0219	.75828	160
	여자	2.9589	.81168	140
	전체	2.9925	.78296	300

그림 17-11 | 이원배치 분산분석 SPSS 출력 결과 : 기술통계량

[그림 17-12]의 〈개체-간 효과 검정〉을 보면, 전반적 만족도에 대한 브랜드(Q1)의 주효과 (Main effect)는 p값이 .008로 유의하게 나타났습니다. 브랜드에 따라 전반적 만족도 평균 이 유의한 차이를 보이면 전반적 만족도에 대해 브랜드의 주효과가 있다고 해석할 수 있습 니다.

개체-간 효과 검정

종속변수: 전반적만족도

소스	제 III 유형 제곱합	자유도	평균제곱	F	유의확률
수정된 모형	9.150[a]	5	1.830	3.089	.010
절편	2259.428	1	2259.428	3814.457	.000
Q1	5.767	2	2.884	4.868	.008
Q10_1	.001	1	.001	.001	.975
Q1 * Q10_1	2.944	2	1.472	2.485	.085
오차	174.146	294	.592		
전체	2869.813	300			
수정된 합계	183.296	299			

a. R 제곱 = .050 (수정된 R 제곱 = .034)

그림 17-12 | 이원배치 분산분석 SPSS 출력 결과 : 개체-간 효과 검정

반면 성별(Q10_1)의 주효과에 대한 p값은 .975로 전혀 유의하지 않게 나왔습니다. 즉 성별에 따라 전반적 만족도는 유의한 차이가 없으므로 성별의 주효과는 없다고 해석할 수 있겠습니다. 브랜드와 성별 간 상호작용 효과는 p값이 .085로 .05보다 약간 크게 나타났습니다. 유의수준을 .05로 본다면 유의하지 않은 결과입니다. 하지만 유의수준을 관대하게 .10으로 본다면 유의한 결과이기도 합니다.

앞서 브랜드의 주효과가 유의하게 나타났기 때문에, A사, B사, C사 간 대응별 비교가 필요합니다. [그림 17-13]의 〈추정값〉 결과표를 보면 A사, B사, C사별 전반적 만족도 평균과 집단 간 차이 여부를 확인할 수 있습니다. 〈추정값〉 결과표에서 A사, B사, C사의 평균은 [그림 17-11]의 기술통계량과 조금 다릅니다. 앞서 기술통계량은 성별의 영향력을 고려하지 않고 단순히 브랜드별 평균 점수를 냈지만, 추정값에서는 성별의 영향력을 통제하여 조정한 평균을 냅니다.

1. 브랜드

추정값

종속변수: 전반적만족도

브랜드	평균	표준오차	95% 신뢰구간	
			하한	상한
A사	3.080	.068	2.947	3.213
B사	3.016	.074	2.870	3.163
C사	2.707	.101	2.508	2.906

대응별 비교

종속변수: 전반적만족도

(I) 브랜드	(J) 브랜드	평균차이(I-J)	표준오차	유의확률[b]	차이에 대한 95% 신뢰구간[b]	
					하한	상한
A사	B사	.064	.101	1.000	-.178	.306
	C사	.373*	.122	.007	.081	.666
B사	A사	-.064	.101	1.000	-.306	.178
	C사	.309*	.126	.043	.007	.611
C사	A사	-.373*	.122	.007	-.666	-.081
	B사	-.309*	.126	.043	-.611	-.007

추정 주변 평균을 기준으로

* 평균차이는 .05 수준에서 유의합니다.

b. 다중비교를 위한 수정: Bonferroni

그림 17-13 | 이원배치 분산분석 SPSS 출력 결과 : 브랜드에 대한 추정값과 대응별 비교

[그림 17–13]의 〈대응별 비교〉 결과표에서 유의확률 p값을 보면, 전반적 만족도는 A사와 C사가 유의한 차이를 보이고($p<.01$), B사와 C사도 유의한 차이를 보이는 것으로 나타났습니다($p<.05$). 반면에 A사와 B사는 유의한 차이를 보이지 않았습니다. 즉 대소 관계를 표현한다면 C사 < B사, A사라고 정리할 수 있겠죠.

 여기서 잠깐!!

통제한다는 것은 무슨 의미일까요?

학력에 따라 건강 상태에 차이가 있는지 검증해보니 유의하게 나왔다고 가정해보겠습니다. 고졸 이하가 대졸 이상보다 건강 상태가 나쁘게 나왔다고 가정할게요. 하지만 정말 학력이 낮아서 건강이 나빠진 걸까요? 공부를 덜 하면 건강이 나빠진다? 아마도 학력이 낮은 사람들이 대체로 나이가 많고, 나이가 많은 사람들은 상대적으로 덜 건강하기 때문에 그와 같은 결과가 나왔을 가능성이 높습니다. 즉 연령의 영향력이 마치 학력의 영향력인 것처럼 나온 것이죠. 연령의 영향력이 학력에 업혀 들어간 셈입니다.

본문 예시에서도 A사는 남자가, B사는 여자가 많이 이용하고, C사는 남녀가 비슷하게 이용한다고 가정하면, 성별을 고려하지 않고 브랜드에 따른 차이를 검증한 결과와 성별을 고려하여 브랜드에 따른 차이를 검증한 결과는 분명 다르게 나타날 것입니다. 성별을 전혀 고려하지 않고 브랜드에 따른 차이를 검증한다면, 그건 성별의 영향력이 마치 브랜드의 영향력인 것처럼 스며들어간 상태에서 차이를 본 것이라고 할 수 있습니다. 따라서 적절치 못한 변수의 영향력을 배제할 필요가 있습니다. 이처럼 A 변수의 영향력이 B 변수의 영향력에 스며들지 못하게 막는 것을 'A 변수의 영향력을 통제한다'고 합니다. 만약 성별을 독립변수에 함께 투입하여 브랜드에 따른 차이를 검증한다면 성별의 영향력은 통제되어 성별의 영향력이 배제된 상태에서 순수하게 브랜드만 끼친 영향을 볼 수 있습니다.

한마디로, 통제한다는 것은 통제변수의 영향력이 독립변수에 업혀 들어가는 것을 막는다는 의미로 생각하면 됩니다. 보건 의학 분야에서는 통제를 보정(adjustment)으로 표현하기도 하니 참고하세요.

다음으로 [그림 17-14]의 '성별'은 앞선 결과에서 유의하지 않았으니 건너뛰어도 됩니다. 유의확률을 확인해도 .975로 전혀 유의하지 않은 것을 확인할 수 있습니다.

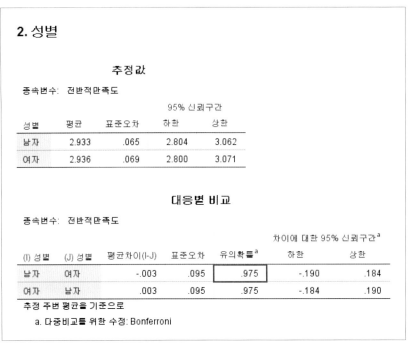

2. 성별

추정값

종속변수: 전반적만족도

성별	평균	표준오차	95% 신뢰구간	
			하한	상한
남자	2.933	.065	2.804	3.062
여자	2.936	.069	2.800	3.071

대응별 비교

종속변수: 전반적만족도

(I) 성별	(J) 성별	평균차이(I-J)	표준오차	유의확률[a]	차이에 대한 95% 신뢰구간[a]	
					하한	상한
남자	여자	-.003	.095	.975	-.190	.184
여자	남자	.003	.095	.975	-.184	.190

추정 주변 평균을 기준으로

a. 다중비교를 위한 수정: Bonferroni

그림 17-14 | 이원배치 분산분석 SPSS 출력 결과 : 성별에 대한 추정값과 대응별 비교

앞서 [그림 17-12]에서 브랜드와 성별의 상호작용 효과는 *p*값이 .085로 .05에 근사하게 나왔습니다. 그래서 [그림 17-15]의 '브랜드＊성별'에서 〈대응별 비교〉 결과표를 보면, 세부적으로 상호작용 효과를 보았습니다. 앞서 명령문에서 '(Q1)'을 추가했기에 대응별 비교 창이 뜬 건데요. 이는 SPSS에서 클릭만으로는 실행되지 않아 명령문을 사용해서 넣어준 것입니다. Q1은 브랜드인데, 브랜드에 따른 차이를 성별로 나눠서 보여줍니다. 결국 남자는 A사와 C사, B사와 C사 간 차이가 *p*값이 .05 미만으로 유의하게 나타났는데, 이는 A사와 B사가 C사보다 크다고 해석할 수 있습니다. 반면에 여자는 유의확률이 모두 .05보다 훨씬 큰 수치를 보여 브랜드에 따라 전반적 만족도는 전혀 차이가 없습니다. 이와 같이 남자는 브랜드별 차이가 크고, 여자는 브랜드별 차이가 없는 형태로 결과가 나타난다면, 이를 상호작용 효과라고 합니다.

3. 브랜드 * 성별

추정값

종속변수: 전반적만족도

브랜드	성별	평균	표준오차	95% 신뢰구간	
				하한	상한
A사	남자	3.127	.097	2.936	3.318
	여자	3.034	.094	2.849	3.219
B사	남자	3.129	.093	2.945	3.312
	여자	2.903	.116	2.675	3.132
C사	남자	2.543	.143	2.262	2.824
	여자	2.871	.143	2.589	3.152

대응별 비교

종속변수: 전반적만족도

성별	(I) 브랜드	(J) 브랜드	평균차이(I-J)	표준오차	유의확률[b]	차이에 대한 95% 신뢰구간[b]	
						하한	상한
남자	A사	B사	-.002	.135	1.000	-.326	.322
		C사	.584*	.173	.002	.168	1.000
	B사	A사	.002	.135	1.000	-.322	.326
		C사	.586*	.171	.002	.175	.997
	C사	A사	-.584*	.173	.002	-1.000	-.168
		B사	-.586*	.171	.002	-.997	-.175
여자	A사	B사	.130	.149	1.000	-.229	.490
		C사	.163	.171	1.000	-.249	.575
	B사	A사	-.130	.149	1.000	-.490	.229
		C사	.033	.184	1.000	-.411	.476
	C사	A사	-.163	.171	1.000	-.575	.249
		B사	-.033	.184	1.000	-.476	.411

추정 주변 평균를 기준으로
*. 평균차이는 .05 수준에서 유의합니다.
b. 다중비교를 위한 수정: Bonferroni

그림 17-15 | 이원배치 분산분석 SPSS 출력 결과 : 브랜드*성별에 대한 추정값과 대응별 비교

최종적으로 도출된 [그림 17-16]의 그래프를 보면 상호작용 효과를 잘 파악할 수 있습니다. 가로축은 브랜드, 색이 구분된 선은 성별, 세로축은 전반적 만족도입니다. 여자는 A사, B사, C사 간에 차이가 크지 않은 반면, 남자는 A사, B사 대비 C사의 전반적 만족도가 매우 낮게 나타났습니다. 그래서 여자는 전반적으로 완만한 그래프가 나왔지만, 남자는 B사에서 C사로 가면서 뚝 떨어지는 그래프가 나왔습니다.

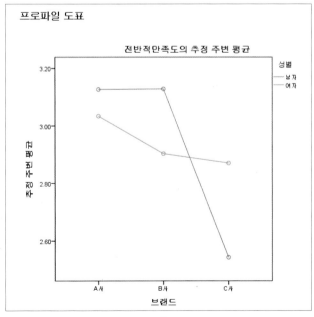

그림 17-16 | 이원배치 분산분석 SPSS 출력 결과 : 프로파일 도표

이와 같이 그래프의 기울기 차이가 크면 상호작용 효과가 있다고 할 수 있고, 그래프의 기울기가 거의 평행하면 상호작용은 거의 없다고 해석할 수 있습니다. 앞에서 p값이 .05보다는 조금 크긴 하지만 그나마 .05에 근사하게 나온 이유도 이렇게 그래프의 기울기가 남녀 간에 차이를 보이기 때문이라고 할 수 있습니다.

아무도 가르쳐주지 않는 Tip

그래프의 선 모양 또는 색깔 바꾸기

일반적으로 SPSS에서 그래프를 그리면 그래프 모양이 썩 예쁘지 않습니다. 게다가 기본 세팅에서는 파란색 선과 초록색 선이 나오는데, 보통 논문은 컬러 인쇄보다 흑백 인쇄로 진행하는 경우가 많아 선 색이 구분되지 않습니다. 따라서 선 하나는 직선, 다른 하나는 점선 형태로 만들어 흑백으로 인쇄해도 구분이 잘 되게 해야 합니다.

1 그래프를 더블클릭합니다.

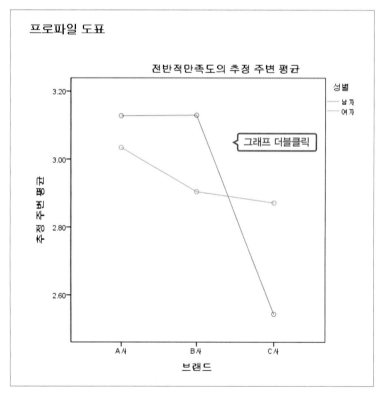

그림 17-17

2 수정하려는 선을 천천히 두 번 클릭한 다음 더블클릭합니다.

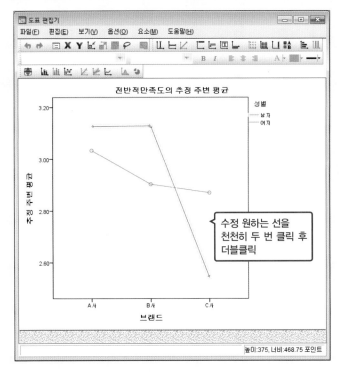

그림 17-18

3 원하는 선의 색깔과 모양을 지정합니다.

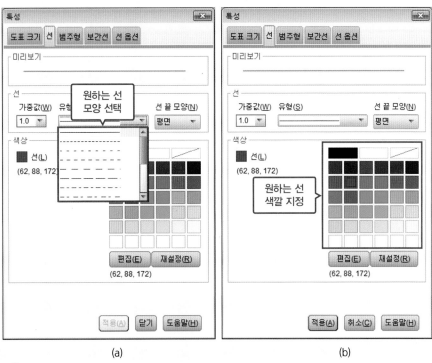

(a)   (b)

그림 17-19

4 적용을 클릭합니다.

그림 17-20

여기서 잠깐!!

[그림 17-18]에서 선을 천천히 두 번 클릭하는 이유는 뭘까요? 첫 번째 클릭했을 때는 표 안에 있는 선들이 모두 선택되고, 두 번째 클릭했을 때 연구자가 수정하고 싶은 선이 선택되기 때문입니다.

04 _ 논문 결과표 작성하기

1 이원배치 분산분석 결과표는 변수에 독립변수인 브랜드, 성별, 브랜드와 성별의 상호작용(브랜드*성별), 오차로 구성합니다. 열은 제곱합과 자유도, 평균제곱, *F*값, 유의확률의 결과 값으로 구성하여 작성합니다.

표 17-1

변수	제곱합	자유도	평균제곱	*F*	*P*
브랜드					
성별					
브랜드*성별					
오차					

2 이원배치 분산분석 엑셀 결과에서 〈개체-간 효과 검정〉 결과표의 제곱합, 평균제곱, *F*값을 '0.000' 형태로 동일하게 변경하기 위해 ❶ 제곱합에서 해당하는 값을 모두 선택하고 ❷ Ctrl을 누른 상태에서 평균제곱의 해당 값을 선택한 다음 ❸ Ctrl을 누른 상태에서 *F*값을 선택합니다. 그리고 ❹ Ctrl + 1 단축키로 셀 서식 창을 엽니다.

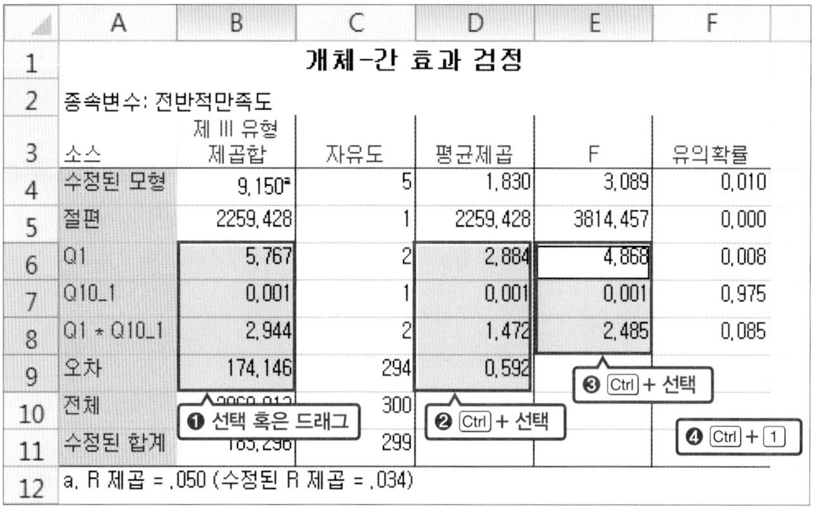

	A	B	C	D	E	F
1	개체-간 효과 검정					
2	종속변수: 전반적만족도					
3	소스	제 III 유형 제곱합	자유도	평균제곱	F	유의확률
4	수정된 모형	9,150ª	5	1,830	3,089	0,010
5	절편	2259,428	1	2259,428	3814,457	0,000
6	Q1	5,767	2	2,884	4,868	0,008
7	Q10_1	0,001	1	0,001	0,001	0,975
8	Q1 * Q10_1	2,944	2	1,472	2,485	0,085
9	오차	174,146	294	0,592		
10	전체	[illegible]	300			
11	수정된 합계	[illegible]	299			
12	a. R 제곱 = ,050 (수정된 R 제곱 = ,034)					

그림 17-21

제곱합, 자유도, 평균제곱에 대해 알아야 하나요?

브랜드에 따라 종속변수가 큰 차이를 보일수록 브랜드의 제곱합이 커집니다. 성별에 따라 종속변수가 큰 차이를 보이면 성별의 제곱합도 커지겠죠? 자유도는 집단의 개수에서 1을 빼준 수치입니다. 브랜드는 3개 집단이라 자유도는 2, 성별은 2개 집단이라 자유도가 1이겠죠? 브랜드*성별은 두 자유도를 곱해준 겁니다.

평균제곱은 제곱합을 자유도로 나눈 값입니다. 실질적으로 '집단에 따라 차이를 보이는 정도'라고 생각하면 됩니다. 그리고 '오차' 행에서 평균제곱은 집단을 나누지 않았을 때 나타나는 분산입니다. 그래서 F값은 각 변수의 평균제곱을 '오차' 행의 평균제곱으로 나눠준 값인데요. [그림 17-12]에서 브랜드에 해당되는 Q1을 살펴보면 F = 2.884/0.592 = 4.868입니다. 즉 집단을 구분하지 않았을 때 나타나는 분산과 대비해 집단을 구분했을 때, 집단 간 차이가 나는 정도를 의미하겠죠. 결국 집단을 무시했을 때 나오는 분산과 대비해서 집단을 구분했을 때 집단 간 차이가 크게 나면 F값도 크게 나오겠지요. 그리고 집단 개수에 따라서 기준은 다르지만 F값이 크면 클수록 p값은 작게 나옵니다. 즉 집단을 구분했을 때 집단 간 차이가 나는 정도가 크면 F값이 커지고, F값이 커짐에 따라 p값이 작아지는 것을 살펴본 것입니다.

너무 어렵다고요? 알면 좋지만 잘 몰라도 괜찮습니다. 제곱합, 자유도, 평균제곱은 F값을 구하기 위한 과정이라고 이해하면 충분합니다!

p값이 .05보다 살짝 높으면?

일반적으로 논문에서는 유의수준 .05를 기준으로 해서, p값이 .05 미만으로 나와야 유의합니다. 하지만 유의수준이 .05에 가깝게 나왔는데 버리기 아까운 가설이라면, 유의수준을 .10 정도로 높여주고 의미를 부여해도 괜찮습니다. 단 지도 교수님마다 엄격함 정도는 다르니, 이런 상황이 생기면 지도 교수님과 상의해보세요.

3 셀 서식 창에서 **❶** '범주'의 '숫자'를 클릭하고 **❷** '음수'의 '−1234'를 선택합니다. **❸** '소수 자릿수'를 '3'으로 수정한 후 **❹** 확인을 클릭해서 소수점 셋째 자리의 수로 변경합니다.

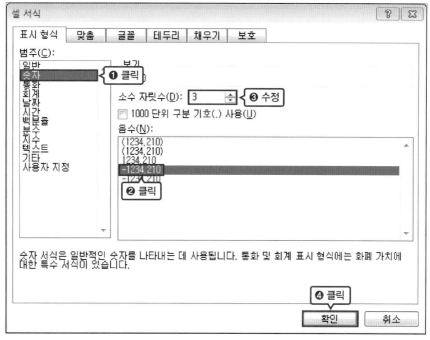

그림 17-22

4 브랜드(Q1), 성별(Q10_1), 브랜드와 성별의 상호작용(Q1*Q10_1), 오차에 대한 제곱합, 자유도, 평균제곱, F값, 유의확률 값에 해당하는 셀을 선택하여 복사합니다.

	A	B	C	D	E	F
1		**개체−간 효과 검정**				
2	종속변수: 전반적만족도					
3	소스	제 III 유형 제곱합	자유도	평균제곱	F	유의확률
4	수정된 모형	9,150ª	5	1,830	3,089	0,010
5	절편	2259,428	1	2259,428	3814,457	0,000
6	Q1	5,767	2	2,884	4,868	0,008
7	Q10_1	0,001	1	0,001	0,001	0,975
8	Q1 * Q10_1	2,944	2	1,472	2,485	0,085
9	오차	174,146	294	0,592		
10	전체	2869,813	300		Ctrl + C	
11	수정된 합계	183,296	299			
12	a. R 제곱 = ,050 (수정된 R 제곱 = ,034)					

그림 17-23

5 복사한 결과 값을 한글에 만들어놓은 결과표에 붙여넣기합니다.

변수	제곱합	자유도	평균제곱	*F*	*P*
브랜드	|				
성별	Ctrl + V				
브랜드*성별					
오차					

그림 17-24

6 셀 붙이기 창에서 ❶ '내용만 덮어 쓰기'를 클릭하고 ❷ 붙이기를 클릭합니다.

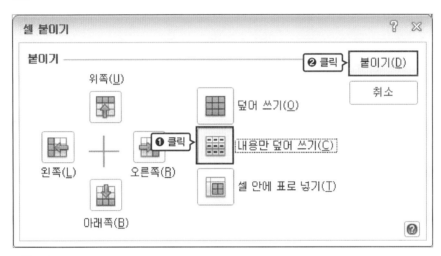

그림 17-25

7 입력한 모든 셀의 글자 모양을 양식에 맞게 변경하면 이원배치 분산분석의 결과표가 완성됩니다. 브랜드의 유의확률 *p*가 0.01 미만이므로 *F*값에 *표 두 개를 위첨자 형태로 달아줍니다.

표 17-2 | 브랜드와 성별에 따른 전반적 만족도(이원배치 분산분석)

변수	제곱합	자유도	평균제곱	*F*	*P*
브랜드	5.767	2	2.884	4.868**	.008
성별	0.001	1	0.001	0.001	.975
브랜드*성별	2.944	2	1.472	2.485	.085
오차	174.146	294	0.592		

** $p<.01$

8 다음으로 한글에서 유의한 차이를 보인 브랜드에 따른 전반적 만족도의 사후검정 결과 표를 작성해보겠습니다. 브랜드별 표본수와 전반적 만족도의 평균, 표준오차 열로 구성하여 결과표를 작성합니다.

표 17-3

종속변수	브랜드	표본수	평균	표준오차
전반적 만족도	A사			
	B사			
	C사			

9 이원배치 분산분석 엑셀 결과의 〈개체-간 요인〉 결과표에서 A사, B사, C사의 N(표본수)을 복사합니다.

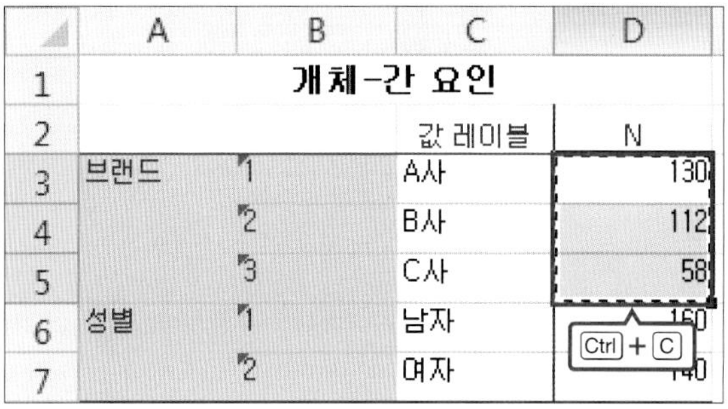

그림 17-26

10 복사한 표본수를 한글에 만들어놓은 결과표의 표본수에 붙여넣기합니다.

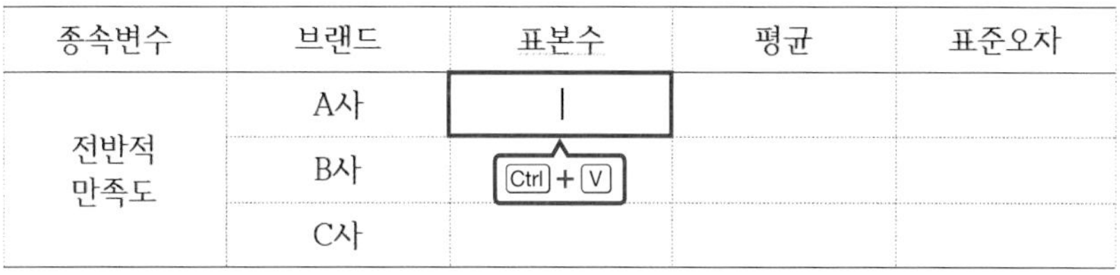

종속변수	브랜드	표본수	평균	표준오차
전반적 만족도	A사	|		
	B사	Ctrl + V		
	C사			

그림 17-27

11 이원배치 분산분석 엑셀 결과의 '추정 주변 평균'에서 브랜드에 대한 〈추정값〉 결과표의 A사, B사, C사의 평균과 표준오차 값을 '0.00' 형태로 동일하게 변경하기 위해 평균과 표준오차를 모두 선택하고 Ctrl + 1 단축키로 셀 서식 창을 엽니다.

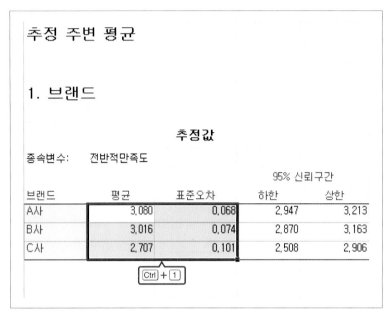

그림 17-28

12 셀 서식 창에서 ❶ '범주'의 '숫자'를 클릭하고 ❷ '음수'의 '−1234'를 선택합니다. ❸ '소 수 자릿수'를 '2'로 수정한 후 ❹ 확인을 클릭해서 소수점 둘째 자리의 수로 변경합니다.

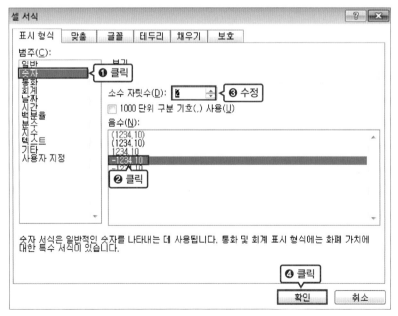

그림 17-29

13 이원배치 분산분석 엑셀 결과의 '추정 주변 평균'에서 브랜드에 대한 〈추정값〉 결과표의 A사, B사, C사의 평균과 표준오차 값을 복사합니다.

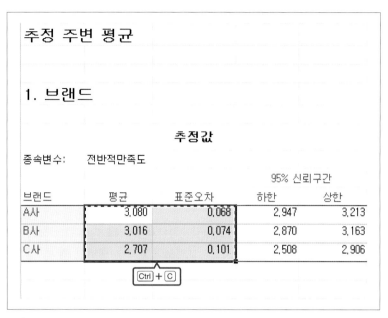

그림 17-30

14 복사한 평균과 표준오차 값을 한글에 만들어놓은 결과표에 붙여넣기합니다.

종속변수	브랜드	표본수	평균	표준오차
전반적 만족도	A사	130		
	B사	112		
	C사	58		

그림 17-31

15 입력한 모든 셀의 글자 모양을 양식에 맞게 변경하면 브랜드에 따른 전반적 만족도의 사후검정 결과표가 완성됩니다. SPSS 결과에서 '브랜드'의 〈대응별 비교〉를 검토했을 때 A사와 C사, B사와 C사의 차이가 유의했습니다. 따라서 평균이 낮은 C사는 위첨자로 'a'를 표기해주고, 평균이 높은 A사와 B사는 위첨자로 'b'를 표기해줍니다.

표 17-4 | 브랜드에 따른 전반적 만족도의 추정 평균 비교

종속변수	브랜드	표본수	평균	표준오차
전반적 만족도	A사	130	3.08[b]	0.07
	B사	112	3.02[b]	0.07
	C사	58	2.71[a]	0.10

Bonferroni: a < b

16 다음으로 한글에서 성별과 브랜드의 상호작용 효과에 대한 결과표를 작성해보겠습니다. 성별 브랜드별 표본수, 전반적 만족도의 평균, 표준오차 열로 구성하여 결과표를 작성합니다.

표 17-5

종속변수	성별	브랜드	표본수	평균	표준오차
전반적 만족도	남자	A사			
		B사			
		C사			
	여자	A사			
		B사			
		C사			

17 이원배치 분산분석 엑셀 결과의 〈기술통계량〉 결과표에서 **❶** Ctrl 키를 누른 상태에서 A사, B사, C사의 남자 표본수 셀을 차례로 클릭하여 모두 선택하고 **❷** 복사하여 **❸** 빈 셀에 붙여넣기합니다.

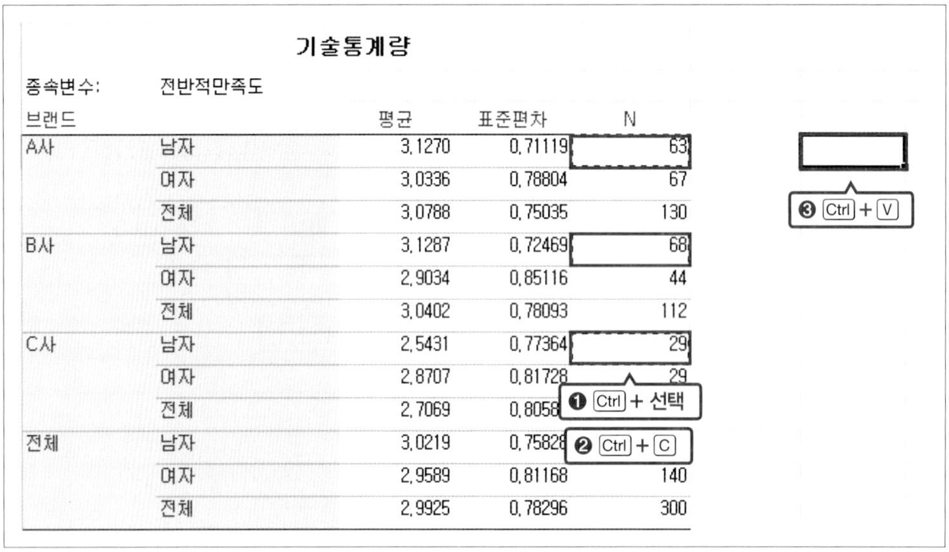

그림 17-32

18 〈기술통계량〉 결과표에서 ❶ Ctrl 키를 누른 상태에서 A사, B사, C사의 여자 표본수 셀을 차례로 클릭하여 모두 선택하고 ❷ 복사하여 ❸ 빈 셀에 붙여넣기합니다.

기술통계량

종속변수:	전반적만족도	평균	표준편차	N		
브랜드						
A사	남자	3.1270	0.71119	63		63
	여자	3.0336	0.78804	67		68
	전체	3.0788	0.75035	130		29
B사	남자	3.1287	0.72469	68		
	여자	2.9034	0.85116	44		
	전체	3.0402	0.78093	112		❸ Ctrl + V
C사	남자	2.5431	0.77364	29		
	여자	2.8707	0.81728	29		
	전체	2.7069	0.80587	58		❶ Ctrl + 선택
전체	남자	3.0219	0.7582			❷ Ctrl + C
	여자	2.9589	0.81168			
	전체	2.9925	0.78296	300		

그림 17-33

19 〈기술통계량〉 결과표에서 따로 정렬해놓은 표본수를 모두 복사합니다.

기술통계량

종속변수:	전반적만족도	평균	표준편차	N		
브랜드						
A사	남자	3.1270	0.71119	63		63
	여자	3.0336	0.78804	67		68
	전체	3.0788	0.75035	130		29
B사	남자	3.1287	0.72469	68		67
	여자	2.9034	0.85116	44		44
	전체	3.0402	0.78093	112		29
C사	남자	2.5431	0.77364	29		
	여자	2.8707	0.81728	29		Ctrl + C
	전체	2.7069	0.80587	58		
전체	남자	3.0219	0.75828	160		
	여자	2.9589	0.81168	140		
	전체	2.9925	0.78296	300		

그림 17-34

20 복사한 표본수를 한글에 만들어놓은 결과표에 붙여넣기합니다.

종속변수	성별	브랜드	표본수	평균	표준오차
전반적 만족도	남자	A사			
		B사	Ctrl + V		
		C사			
	여자	A사			
		B사			
		C사			

그림 17-35

21 이원배치 분산분석 엑셀 결과의 '브랜드∗성별'에서 〈추정값〉 결과표의 A사, B사, C사의 평균과 표준오차 값을 '0.00' 형태로 동일하게 변경하기 위해 평균과 표준오차를 모두 선택하고 Ctrl + 1 단축키로 셀 서식 창을 엽니다.

3. 브랜드 ∗ 성별

추정값

종속변수:　전반적만족도

브랜드		평균	표준오차	95% 신뢰구간 하한	95% 신뢰구간 상한
A사	남자	3.127	0.097	2.936	3.318
	여자	3.034	0.094	2.849	3.219
B사	남자	3.129	0.093	2.945	3.312
	여자	2.903	0.116	2.675	3.132
C사	남자	2.543	0.143	2.262	2.824
	여자	2.871	0.143	2.589	3.152

그림 17-36

22 셀 서식 창에서 ❶ '범주'의 '숫자'를 클릭하고 ❷ '음수'의 '−1234'를 선택합니다. ❸ '소수 자릿수'를 '2'로 수정한 후 ❹ 확인을 클릭해서 소수점 둘째 자리의 수로 변경합니다.

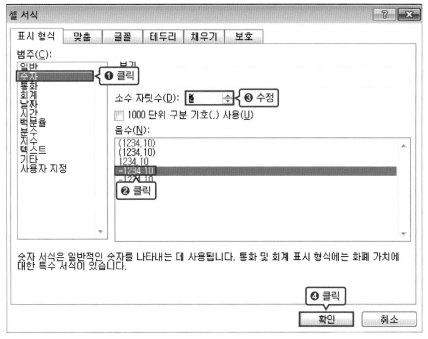

그림 17-37

23 '브랜드∗성별'의 〈추정값〉 결과표에서 ❶ Ctrl 키를 누른 상태에서 A사, B사, C사의 남자 평균과 표준오차 값을 차례로 클릭하여 모두 선택하고 ❷ 복사하여 ❸ 빈 셀에 붙여 넣기합니다.

3. 브랜드 ∗ 성별

추정값

종속변수:　전반적만족도

브랜드		평균	표준오차	95% 신뢰구간 하한	상한
A사	남자	3.13	0.10	2.936	3.318
	여자	3.03	0.09	2.849	3.219
B사	남자	3.13	0.09	2.945	3.312
	여자	2.90	0.12	2.675	3.132
C사	남자	2.54	0.14	2.262	2.824
	여자	2.87	0.14	2.589	3.152

❶ Ctrl + 선택　❷ Ctrl + C

❸ Ctrl + V

그림 17-38

24 '브랜드∗성별'의 〈추정값〉 결과표에서 ❶ `Ctrl` 키를 누른 상태에서 A사, B사, C사의 여자 평균과 표준오차 값을 차례로 클릭하여 모두 선택하고 ❷ 복사하여 ❸ 빈 셀에 붙여 넣기합니다.

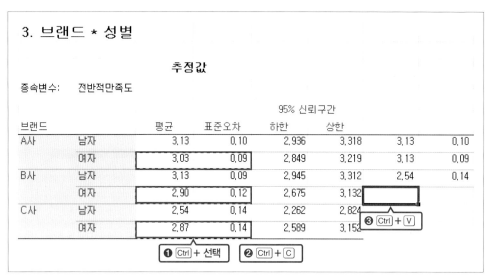

그림 17-39

25 '브랜드∗성별'의 〈추정값〉 결과표에서 따로 정렬해놓은 모든 평균과 표준오차 값을 복사합니다.

3. 브랜드 ∗ 성별

추정값

종속변수:　전반적만족도

브랜드		평균	표준오차	95% 신뢰구간 하한	95% 신뢰구간 상한		
A사	남자	3.13	0.10	2.936	3.318	3.13	0.10
	여자	3.03	0.09	2.849	3.219	3.13	0.09
B사	남자	3.13	0.09	2.945	3.312	2.54	0.14
	여자	2.90	0.12	2.675	3.132	3.03	0.09
C사	남자	2.54	0.14	2.262	2.824	2.90	0.12
	여자	2.87	0.14	2.589	3.152	2.87	0.14

`Ctrl` + `C`

그림 17-40

26 복사한 평균과 표준오차 값을 한글에 만들어놓은 결과표에 붙여넣기합니다.

종속변수	성별	브랜드	표본수	평균	표준오차
전반적 만족도	남자	A사	63		
		B사	68	Ctrl + V	
		C사	29		
	여자	A사	67		
		B사	44		
		C사	29		

그림 17-41

27 입력한 모든 셀의 글자 모양을 양식에 맞게 변경하면 성별과 브랜드의 상호작용 효과에 대한 결과표가 완성됩니다. SPSS 결과에서 '브랜드*성별'의 〈대응별 비교〉를 검토했을 때 남자는 A사와 C사, B사와 C사의 차이가 유의했으므로 평균이 낮은 C사에는 위첨자 'a'를 표기해주고, 평균이 높은 A사와 B사에는 위첨자로 'b'를 표기해줍니다. 여자는 A사, B사, C사의 차이가 유의하지 않았으므로 위첨자로 모두 같은 'a'를 표기해줍니다.

표 17-6 | **전반적 만족도에 대한 성별과 브랜드의 상호작용 효과**

종속변수	성별	브랜드	표본수	평균	표준오차
전반적 만족도	남자	A사	63	3.13[b]	0.10
		B사	68	3.13[b]	0.09
		C사	29	2.54[a]	0.14
	여자	A사	67	3.03[a]	0.09
		B사	44	2.90[a]	0.12
		C사	29	2.87[a]	0.14

Bonferroni: a<b

여기서 잠깐!!

지금까지 살펴본 결과표 작성 과정은 저자가 생각하는 가장 효율적인 방법일 뿐, 반드시 동일한 방법으로 결과표를 작성해야 하는 것은 아닙니다. 설명한 방법을 바탕으로 본인에게 편한 방법이나 더욱 효율적인 방법을 찾아서 결과 표를 작성해보세요.

05 _ 논문 결과표 해석하기

이원배치 분산분석 결과표에 대한 해석은 다음 4단계로 작성합니다.

❶ 분석 내용과 분석법 설명

"전반적 만족도(종속변수)에 대한 브랜드(독립변수1)와 성별(독립변수2) 각각의 주효과와 브랜드와 성별 간 상호작용 효과를 검증하기 위해 이원배치 분산분석(분석법)을 실시하였다."

❷ 이원배치 분산분석 유의성 검정 결과 설명

브랜드(독립변수1)와 성별(독립변수2) 각각의 주효과와 브랜드와 성별 간 상호작용 효과의 유의성 검정 결과를 나열합니다.

1) 유의확률(p)이 0.05 미만으로 유의한 차이가 있을 때는 "전반적 만족도에 대한 독립변수의 주효과는 유의하게 나타났다.", "전반적 만족도에 대한 브랜드와 성별의 상호작용 효과는 유의하게 나타났다."로 기술하고,

2) 유의확률(p)이 0.05 이상으로 유의하지 않을 때는 "전반적 만족도에 대한 독립변수의 주효과는 유의하지 않았다.", "전반적 만족도에 대한 브랜드와 성별의 상호작용 효과는 유의하지 않았다."로 기술합니다.

❸ 주효과 사후검정 결과 설명

사후검정 결과로 나눈 a, b 집단으로 "b에 속한 집단이 a에 속한 집단보다 전반적 만족도가 더 높은 것으로 나타났다."고 기술합니다.

❹ 상호작용 효과 사후검정 결과 설명

1) 사후검정 결과로 나눈 a, b집단으로 "b에 속한 집단이 a에 속한 집단보다 전반적 만족도가 더 높은 것으로 나타났다."고 기술하고,

2) 사후검정 결과에서 대소 집단으로 나누어지지 않는 경우에는 "독립변수에 따른 전반적 만족도는 유의한 차이를 보이지 않았다."고 기술합니다.

위의 4단계에 맞춰서 앞에서 실습한 출력 결과 값을 작성하면 다음과 같습니다.

❶ 전반적 만족도[1]에 대한 브랜드와 성별[2] 각각의 주효과(Main effect)와 브랜드와 성별[3] 간 상호작용 효과(Interaction effect)를 검증하기 위해 이원배치 분산분석(Two-way ANOVA)을 실시하였다.

---

1 종속변수
2 독립변수1과 독립변수2
3 독립변수1과 독립변수2

❷ 그 결과 전반적 만족도[4]에 대해 브랜드[5]의 주효과는 유의하게 나타났으며($F=4.868$, $p<.01$)[6], 성별[7]의 주효과는 유의하지 않았다. 그리고 브랜드와 성별[8]의 상호작용 효과는 유의수준 5%에서 유의하지 않게 나타났지만, 유의수준 10% 기준에서 유의한 것으로 나타났다($F=2.485$, $p<0.1$).

⟨표⟩ 브랜드와 성별[9]에 따른 전반적 만족도[10] (이원배치 분산분석)

변수	제곱합	자유도	평균제곱	F	P
브랜드	5.767	2	2.884	4.868**	.008
성별	0.001	1	0.001	0.001	.975
브랜드*성별	2.944	2	1.472	2.485	.085
오차	174.146	294	0.592		

** $p<.01$

❸ 이원배치 분산분석 결과 전반적 만족도[11]에 대한 브랜드[12]의 주효과는 유의한 것으로 나타났는데, 본페로니의 다중비교(Bonferroni's multiple comparison)를 실시한 결과, C사($M=2.71$[13]) 대비 B사($M=3.02$[14])와 A사($M=3.08$[15])의 전반적 만족도[16]가 더 높은 것으로 나타났다.

⟨표⟩ 브랜드[17]에 따른 전반적 만족도[18]의 추정 평균 비교

종속변수	브랜드	표본수	평균	표준오차
전반적 만족도	A사	130	3.08[b]	0.07
	B사	112	3.02[b]	0.07
	C사	58	2.71[a]	0.10

Bonferroni: a<b

---

4 종속변수
5 독립변수1
6 유의하면 F와 p값 표기
7 독립변수2
8 독립변수1과 독립변수2
9 독립변수1과 독립변수2
10 종속변수
11 종속변수
12 주효과가 유의한 독립변수
13 추정값의 C사 평균
14 추정값의 B사 평균
15 추정값의 A사 평균
16 종속변수
17 주효과가 유의한 독립변수
18 종속변수

❹ 한편 상호작용 효과는 유의수준 .05 기준에서 유의하지 않게 나타났지만, 유의수준 10% 기준에서 유의한 것으로 나타났다. 상호작용 효과가 어떻게 나타나는지 본페로니의 다중비교(Bonferroni's multiple comparison)를 통해 확인한 결과, 남자의 경우 C사의 전반적 만족도가 다른 브랜드에 비해 낮게 나타난 반면, 여자의 경우는 브랜드에 따라 전반적 만족도가 유의한 차이를 보이지 않았다.

〈표〉 전반적 만족도에 대한 성별과 브랜드의 상호작용 효과

종속변수	성별	브랜드	표본수	평균	표준오차
전반적 만족도	남자	A사	63	3.13^b	0.10
		B사	68	3.13^b	0.09
		C사	29	2.54^a	0.14
	여자	A사	67	3.03^a	0.09
		B사	44	2.90^a	0.12
		C사	29	2.87^a	0.14

Bonferroni: a<b

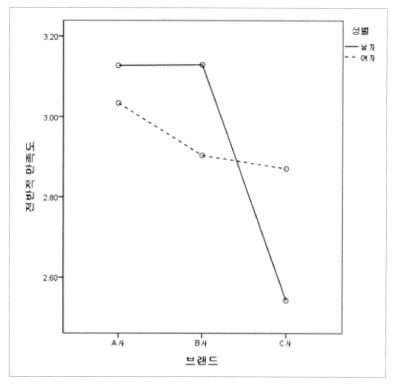

〈그림〉 전반적 만족도에 대한 성별과 브랜드의 상호작용 효과

[이원배치 분산분석 논문 결과표 완성 예시]

브랜드와 성별에 따른 전반적 만족도의 차이

전반적 만족도에 대한 브랜드와 성별 각각의 주효과(Main effect)와 브랜드와 성별 간 상호작용 효과(Interaction effect)를 검증하기 위해 이원배치 분산분석(Two-way ANOVA)을 실시하였다.

그 결과 전반적 만족도에 대해 브랜드의 주효과는 유의하게 나타났으며(F=4.868, p<.01), 성별의 주효과는 유의하지 않았다. 그리고 브랜드와 성별의 상호작용 효과는 유의수준 5%에서 유의하지 않게 나타났지만, 유의수준 10% 기준에서 유의한 것으로 나타났다(F=2.485, p<0.1).

〈표〉 브랜드와 성별에 따른 전반적 만족도(이원배치 분산분석)

변수	제곱합	자유도	평균제곱	F	P
브랜드	5.767	2	2.884	4.868[**]	.008
성별	0.001	1	0.001	0.001	.975
브랜드*성별	2.944	2	1.472	2.485	.085
오차	174.146	294	0.592		

[**] p<.01

이원배치 분산분석 결과 전반적 만족도에 대한 브랜드의 주효과는 유의한 것으로 나타났는데, 본페로니의 다중비교(Bonferroni's multiple comparison)를 실시한 결과, C사(M=2.71) 대비 B사(M=3.02)와 A사(M=3.08)의 전반적 만족도가 더 높은 것으로 나타났다.

〈표〉 브랜드에 따른 전반적 만족도의 추정 평균 비교

종속변수	브랜드	표본수	평균	표준오차
전반적 만족도	A사	130	3.08[b]	0.07
	B사	112	3.02[b]	0.07
	C사	58	2.71[a]	0.10

Bonferroni: a<b

한편 상호작용 효과는 유의수준 .05 기준에서 유의하지 않게 나타났지만, 유의수준 10% 기준에서 유의한 것으로 나타났다. 상호작용 효과가 어떻게 나타나는지 본페로니의 다중비교(Bonferroni's multiple comparison)를 통해 확인한 결과, 남자의 경우 C사의 전반적 만족도가 다른 브랜드에 비해 낮게 나타난 반면, 여자의 경우는 브랜드에 따라 전반적 만족도가 유의한 차이를 보이지 않았다.

〈표〉전반적 만족도에 대한 성별과 브랜드의 상호작용 효과

종속변수	성별	브랜드	표본수	평균	표준오차
전반적 만족도	남자	A사	63	3.13[b]	0.10
		B사	68	3.13[b]	0.09
		C사	29	2.54[a]	0.14
	여자	A사	67	3.03[a]	0.09
		B사	44	2.90[a]	0.12
		C사	29	2.87[a]	0.14

Bonferroni: a<b

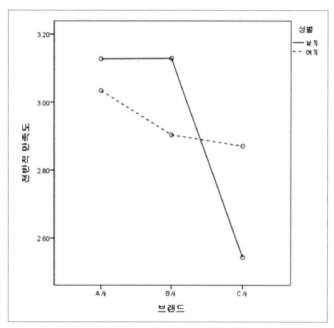

〈그림〉전반적 만족도에 대한 성별과 브랜드의 상호작용 효과

06 _ 노하우 : 그래프 기울기와 상호작용 효과 관계 간의 잘못된 인식

Q1. 이원배치 분산분석에서 그래프가 반드시 X자로 교차해야 상호작용 효과가 유의하다?　　　[정답 : X]

많은 분들이 잘못 알고 있는 내용이라 OX 퀴즈로 시작해보았습니다. 이원배치 분산분석에서 그래프가 반드시 X자로 교차해야 상호작용 효과가 유의할까요? 정답은 X입니다! 즉 그래

프가 X자로 교차하지 않아도 상호작용 효과가 유의할 수 있습니다. 예를 들면 [그림 17-42]의 그래프는 교차되지 않았음에도 불구하고 두 직선의 기울기 차이가 매우 크죠. 이처럼 교차되지 않아도 두 직선의 기울기 차이가 크다면, 두 변수의 상호작용 효과는 유의하게 나타납니다.

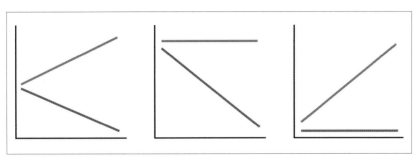

그림 17-42 | 기울기와 상호작용 효과의 관계 예시 : 기울기가 교차되지 않은 경우

Q2. 이원배치 분산분석에서 그래프가 X자로 교차하면 상호작용 효과가 있다고 할 수 있다?   [정답 : X]

반대로, 이원배치 분산분석에서 그래프가 X자로 교차하더라도 상호작용 효과가 꼭 있다고 할 수 없습니다. 예를 들어 [그림 17-43]의 그래프는 교차되었음에도 불구하고 두 직선의 기울기 차이가 매우 작습니다. 교차되었더라도 두 직선의 기울기 차이가 작다면, 두 변수의 상호작용 효과는 유의하지 않게 나타납니다.

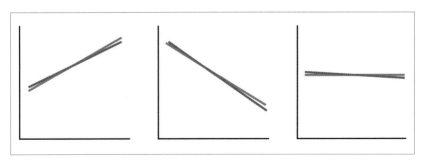

그림 17-43 | 기울기와 상호작용 효과의 관계 예시 : 기울기가 교차된 경우

정리하면, 상호작용 효과를 판단하는 데 그래프의 교차 여부는 중요하지 않습니다. 중요한 건 그래프 직선의 기울기 차이입니다. 따라서 p값은 잘 나왔는데 그래프가 교차하지 않는다고 해서 이상하게 생각할 필요가 전혀 없습니다. 상호작용 변수의 p값이 유의수준보다 작다면, 상호작용 효과는 유의하다고 판단하면 됩니다!

반복측정 분산분석
: 독립변수별 시간 변화에 따른 종속변수의 평균 차이 검증

bit.ly/onepass-spss19

PREVIEW

· **반복측정 분산분석** : 독립변수별 시간 변화에 따른 종속변수의 평균 차이를 검증하는 방법

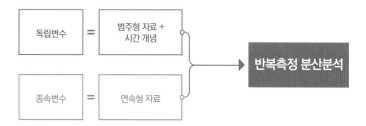

01 _ 기본 개념과 연구 가설

반복측정 분산분석(Repeated Measures ANOVA)은 독립변수별 시간 변화에 따라 종속변수의 평균 변화 차이를 검증하는 방법입니다. 즉 독립변수는 범주형 자료에 시간적인 개념이 포함되고, 종속변수는 연속형 자료인 경우에 활용할 수 있습니다.

스마트폰 만족도 조사에서 브랜드별 기간(구매 1개월 뒤, 7개월 뒤, 13개월 뒤)이 지남에 따라 재구매의도에 차이가 있는지 검증한다고 가정해봅시다. 이때 브랜드는 범주형 자료이고, 시간 개념이 포함되었으며, 재구매의도는 연속형 자료이므로, 반복측정 분산분석을 활용할 수 있습니다.

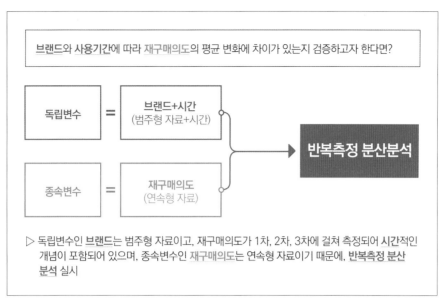

브랜드와 사용기간에 따라 재구매의도의 평균 변화에 차이가 있는지 검증하고자 한다면?

독립변수 = 브랜드+시간
(범주형 자료+시간)

종속변수 = 재구매의도
(연속형 자료)

반복측정 분산분석

▷ 독립변수인 브랜드는 범주형 자료이고, 재구매의도가 1차, 2차, 3차에 걸쳐 측정되어 시간적인 개념이 포함되어 있으며, 종속변수인 재구매의도는 연속형 자료이기 때문에, 반복측정 분산분석 실시

그림 18-1 | 반복측정 분산분석을 사용하는 연구문제 예시

연구문제 18-1

스마트폰 브랜드별 사용기간에 따른 재구매의도 차이 검증

브랜드(A사/B사/C사)별 스마트폰 사용기간에 따라 재구매의도의 변화에 유의한 차이가 있는지 검증해 보자.

[연구문제 18-1]에 대한 가설 형태를 정리하면 다음과 같습니다.

가설 형태 : (시간)에 따른 (종속변수)의 변화는 (독립변수)에 따라 유의한 차이가 있다.

여기서 독립변수 자리에 브랜드를, 종속변수 자리에 재구매의도를 적용하면 가설은 다음과 같습니다.

가설 : (스마트폰 사용기간)에 따른 (재구매의도)의 변화는 (브랜드)에 따라 유의한 차이가 있다.

02 _ SPSS 무작정 따라하기

먼저 변수 계산을 한 번 더 복습해보겠습니다. 재구매의도는 '기본 실습파일.sav'와 설문지에 3개 문항으로 구성되어 있습니다. 같은 문항을 2차, 3차에 걸쳐 조사했다고 가정하고, 그에 대한 변수를 실습파일에서 '재구매의도_2차1번~3번'과 '재구매의도_3차1번~3번'으로 구성하여 변수 계산을 해보겠습니다.

1 재구매의도 2차 조사의 점수 산출을 위해 변환-변수 계산을 클릭합니다.

그림 18-2

2 변수 계산 창에서 ❶ '목표변수'에 '재구매의도2차'를 입력하고 ❷ '숫자표현식'에 'mean(재구매의도2차1번, 재구매의도2차2번, 재구매의도2차3번)'을 입력한 후 ❸ 확인을 클릭합니다.

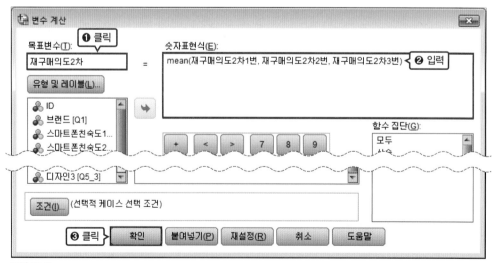

그림 18-3

3 재구매의도 3차 조사의 점수 산출을 위해 변환-변수 계산에 다시 들어갑니다.

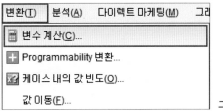

그림 18-4

4 변수 계산 창에서 **①** '목표변수'에 '재구매의도3차'를 입력하고 **②** '숫자표현식'에 'mean(재구매의도3차1번, 재구매의도3차2번, 재구매의도3차3번)'을 입력한 후 **③** 확인을 클릭합니다.

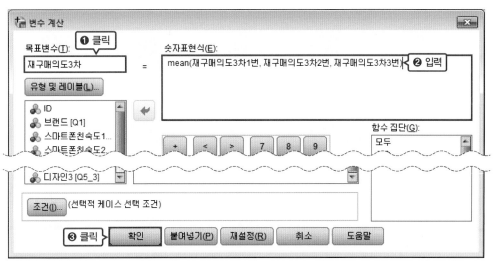

그림 18-5

5 분석-일반선형모형-반복측도를 클릭합니다.

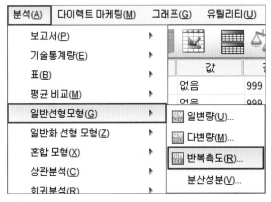

그림 18-6

6 반복측도 요인 정의 창에서 ❶ '개체–내 요인이름'에 '시간'을 입력하고 ❷ '수준 수'에 '3'을 입력한 후 ❸ 추가를 클릭합니다.

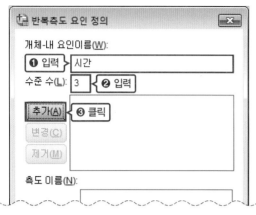

그림 18-7

 여기서 잠깐!!

'개체–내 요인이름'은 사용자가 원하는 이름을 입력하면 됩니다. 수준 수에 3을 입력한 이유는 재구매의도가 1차, 2차, 3차에 걸쳐 측정되었기 때문입니다.

7 정의를 클릭합니다.

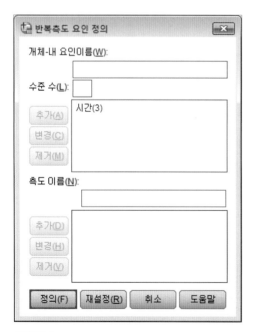

그림 18-8

8 반복측도 창에서 ❶ '개체–간 요인'에 독립변수인 '브랜드[Q1]'을 옮기고 ❷ '개체–내 변수'에 시기별 종속변수인 '재구매의도', '재구매의도2차', '재구매의도3차'를 옮깁니다.

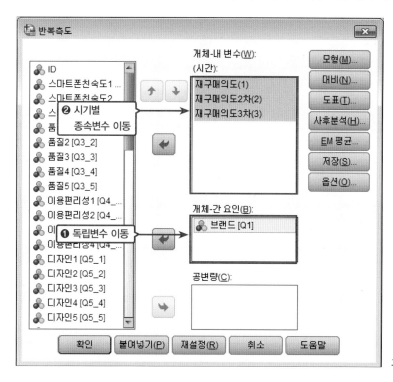

그림 18-9

9 옵션을 클릭합니다.

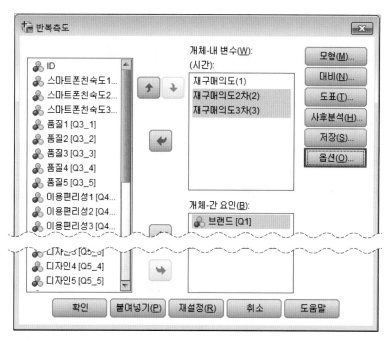

그림 18-10

10 반복측도: 옵션 창에서 ❶ 모든 변수를 '평균 표시 기준'으로 옮기고 ❷ '주효과 비교'에 체크합니다. ❸ '신뢰구간 수정'은 'Bonferroni'로 변경한 후 ❹ 계속을 클릭합니다.

그림 18-11

11 도표를 클릭합니다.

그림 18-12

12 반복측도: 프로파일 도표 창에서 ❶ '시간'을 '수평축 변수'로 옮기고 ❷ 독립변수인 'Q1(브랜드)'을 '선 구분 변수'로 옮깁니다. ❸ 추가를 클릭한 후 ❹ 계속을 클릭합니다.

그림 18-13

 여기서 잠깐!!

'수평축 변수'와 '선 구분 변수'에 투입하는 변수는 서로 바꿔도 됩니다. 연구자가 보고 설명하기 좋은 그래프를 활용하면 됩니다. 다만 실습파일에서는 시간의 흐름을 그래프 X축에 두고 브랜드를 Y축에 두어, 브랜드별 재구매인식에 대한 평균값의 추이를 확인하는 것이 연구가설을 좀 더 명확히 확인하는 데 도움이 되어 이와 같이 설정했습니다.

13 붙여넣기를 클릭합니다.

그림 18-14

14 '/EMMEANS=TABLES(Q1*시간)' 뒤에 'COMPARE(Q1) ADJ(BONFERRONI)'를 입력합니다.

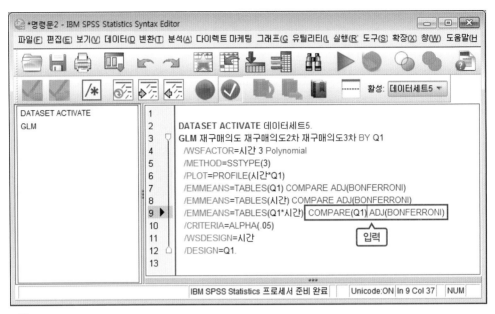

그림 18-15

15 ❶ Ctrl + A 를 눌러 전체를 선택하고 ❷ 플레이(실행) 버튼(▶)을 클릭합니다.

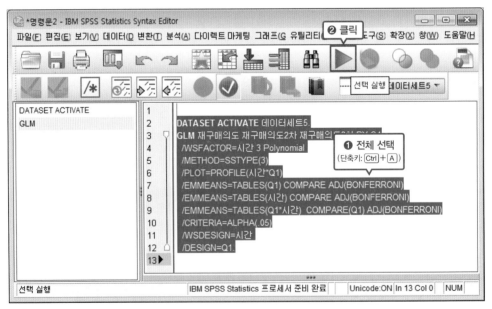

그림 18-16

03 _ 출력 결과 해석하기

반복측정 분산분석의 출력 결과는 우선 구형성 검정(단위행렬 검정) 결과를 가장 먼저 해석 해줘야 합니다. [그림 18-17]의 〈Mauchly의 구형성 검정〉 결과표를 살펴봅시다. p값이 .05 보다 크면 구형성 가정을 만족하고, p값이 .05보다 작으면 구형성 가정을 만족하지 못합니다. 구형성 가정은 앞서 독립표본 t-검정 Levene의 등분산 검정 또는 일원배치 분산분석에 서 봤던 분산 동질성 검증의 다차원적인 개념으로 생각하면 됩니다. 여기서는 p값이 .05보다 작기 때문에 구형성 가정을 충족하지 못하는 것으로 나타났네요. 독립표본 t-검정 또는 일원 배치 분산분석에서 등분산 가정을 만족하는 경우와 만족하지 못하는 경우 다른 값을 확인했 듯이, 반복측정 분산분석에서도 마찬가지입니다.

Mauchly의 구형성 검정[a]

측도: MEASURE_1

| 개체-내 효과 | Mauchly의 W | 근사 카이제곱 | 자유도 | 유의확률 | 엡실런[b] | | |
					Greenhouse-Geisser	Huynh-Feldt	하한
시간	.686	111.518	2	.000	.761	.769	.500

정규화된 변형 종속변수의 오차 공분산행렬이 항등 행렬에 비례하는 영가설을 검정합니다.

a. Design: 절편 + Q1
　개체-내 계획: 시간

b. 유의성 평균검정의 자유도를 조절할 때 사용할 수 있습니다. 수정된 검정은 개체내 효과검정 표에 나타납니다.

그림 18-17 | 반복측정 분산분석 SPSS 출력 결과 : 구형성 검정

좀 더 자세히 살펴보겠습니다. [그림 18-18]의 〈개체-내 효과 검정〉 결과표에는 시간에 따른 주효과, 시간과 브랜드의 상호작용 효과 등이 나타나지만, 반복측정 분산분석에서는 시간 과 브랜드의 상호작용 효과가 중요합니다. 단순히 브랜드에 따른 재구매의도의 차이, 시간에 따른 재구매의도의 차이를 보는 게 아니라, 브랜드별로 시간 경과에 따른 재구매의도의 변화 차이를 보는 것이기에, 브랜드와 시간의 상호작용 효과를 확인해야 합니다.

앞서 구형성 검정 결과 p값이 .05보다 크게 나타났다면 [그림 18-18]의 〈개체-내 효과 검 정〉 결과표에 있는 '구형성 가정' 행의 결과를 확인하면 됩니다. 그러나 여기서는 p값이 .05보다 작게 나타났으므로 구형성 가정을 만족하지 못해 '구형성 가정' 행 다음 줄에 있는 'Greenhouse-Geisser'의 p값을 확인해야 합니다. 그 결과 브랜드와 시간의 상호작용 효 과는 유의한 것으로 나타났습니다($p<.001$). 즉 스마트폰 사용기간에 따른 재구매의도 변화 는 브랜드에 따라 유의한 차이를 보이는 것으로 판단됩니다.

구형성 가정을 만족하지 못할 경우에는 구형성 가정을 만족하지 못하는 자료를 보정한 수치인 Greenhouse-Geisser, Huynh-Feldt, 하한 값 중 어느 수치를 활용해도 무방합니다. 하지만 거의 차이가 없기에 대부분의 논문에서 Greenhouse-Geisser 수치를 많이 활용하는 편입니다.

개체-내 효과 검정

측도: MEASURE_1

소스		제 III 유형 제곱합	자유도	평균제곱	F	유의확률
시간	구형성 가정	.240	2	.120	.432	.650
	Greenhouse-Geisser	.240	1.522	.158	.432	.595
	Huynh-Feldt	.240	1.539	.156	.432	.597
	하한	.240	1.000	.240	.432	.512
시간 * Q1	구형성 가정	26.260	4	6.565	23.621	.000
	Greenhouse-Geisser	26.260	3.044	8.626	23.621	.000
	Huynh-Feldt	26.260	3.077	8.533	23.621	.000
	하한	26.260	2.000	13.130	23.621	.000
오차(시간)	구형성 가정	165.095	594	.278		
	Greenhouse-Geisser	165.095	452.085	.365		
	Huynh-Feldt	165.095	456.993	.361		
	하한	165.095	297.000	.556		

그림 18-18 | 반복측정 분산분석 SPSS 출력 결과 : 개체-내 효과 검정

차수별로 브랜드에 따른 재구매의도 평균은 '추정값'을 통해 확인할 수 있습니다. [그림 18-19]의 〈추정값〉 결과표를 보면, A사의 브랜드에 따른 재구매의도 추정 평균은 1차 3.051, 2차 3.531, 3차 3.492이고, B사는 1차 2.979, 2차 2.830, 3차 2.833입니다. 그리고 C사는 1차 2.529, 2차 2.080, 3차 2.132입니다.

차수별로 브랜드에 따른 재구매의도 차이를 검증한 결과는 '대응별 비교'에서 확인할 수 있습니다. [그림 18-20]의 〈대응별 비교〉 결과표를 살펴봅시다. 1차 조사에서는 A사와 B사가 유의한 차이를 보이지 않고($p=1.000$), C사만 비교적 낮게 나타났습니다($p<.001$). 6개월 뒤인 2차 조사와 1년 뒤인 3차 조사에서는 A사와 B사, C사 간에 모두 차이를 보입니다 $p<.001$), 평균 크기를 비교해보면 C사 < B사 < A사 순으로 나타난 것을 확인할 수 있습니다.

추정값

측도: MEASURE_1

브랜드	시간	평균	표준오차	95% 신뢰구간	
				하한	상한
A사	1	3.051	.065	2.924	3.179
	2	3.531	.077	3.378	3.683
	3	3.492	.079	3.338	3.647
B사	1	2.979	.070	2.842	3.116
	2	2.830	.083	2.666	2.994
	3	2.833	.085	2.667	3.000
C사	1	2.529	.097	2.338	2.719
	2	2.080	.116	1.852	2.309
	3	2.132	.118	1.901	2.364

그림 18-19 | 반복측정 분산분석 SPSS 출력 결과 : 추정값

대응별 비교

측도: MEASURE_1

시간	(I) 브랜드	(J) 브랜드	평균차이(I-J)	표준오차	유의확률[b]	차이에 대한 95% 신뢰구간[b]	
						하한	상한
1	A사	B사	.072	.095	1.000	-.157	.301
		C사	.523*	.117	.000	.242	.803
	B사	A사	-.072	.095	1.000	-.301	.157
		C사	.450*	.119	.001	.163	.738
	C사	A사	-.523*	.117	.000	-.803	-.242
		B사	-.450*	.119	.001	-.738	-.163
2	A사	B사	.700*	.114	.000	.426	.974
		C사	1.450*	.139	.000	1.115	1.786
	B사	A사	-.700*	.114	.000	-.974	-.426
		C사	.750*	.143	.000	.406	1.094
	C사	A사	-1.450*	.139	.000	-1.786	-1.115
		B사	-.750*	.143	.000	-1.094	-.406
3	A사	B사	.659*	.116	.000	.381	.937
		C사	1.360*	.141	.000	1.019	1.701
	B사	A사	-.659*	.116	.000	-.937	-.381
		C사	.701*	.145	.000	.352	1.050
	C사	A사	-1.360*	.141	.000	-1.701	-1.019
		B사	-.701*	.145	.000	-1.050	-.352

추정 주변 평균을 기준으로

*. 평균차이는 .05 수준에서 유의합니다.

b. 다중비교를 위한 수정: Bonferroni

그림 18-20 | 반복측정 분산분석 SPSS 출력 결과 : 대응별 비교

[그림 18-20]의 〈대응별 비교〉 결과표에서 왜 빨간색으로 체크된 부분만 확인하는지 의문을 품을 수 있을 것 같습니다. 우리가 실습한 결과는 브랜드에 따른 재구매인식의 차이를 시간의 흐름(1~3회차)에 따라 반복적으로 살펴본 결과입니다.

그렇다면 각 회차별 A사, B사, C사의 재구매인식에 차이가 있는지를 살펴보면 되겠죠? 그런데 〈대응별 비교〉 결과표의 첫 번째 행을 보면 A사를 기준으로 B사와 C사를 비교하고, 그 다음 행은 B사를 기준으로 A사와 C사를 비교합니다. 결국 첫 번째와 두 번째 행만 확인해도 1회차 때 A사, B사, C사의 재구매인식에 대한 비교를 모두 한 셈입니다. 그래서 세 번째 행은 확인하지 않는 것입니다. 혹시나 몰라 세 번째 행에서 C사와 A사의 유의확률 값을 살펴보면, 첫 번째 행에 있는 A사와 C사의 유의확률 값과 같은 것을 확인할 수 있습니다.

SPSS에서 도출된 그래프만 봐도 시간의 흐름에 따른 브랜드별 재구매의도 인식의 차이를 대략 파악할 수 있습니다. [그림 18-21]의 프로파일 도표를 보면 A사는 1차 조사 때보다 6개월이 지난 2차 조사 때 증가하는 경향을 보였고, B사는 전반적으로 큰 변화가 없었으며, C사는 1차 조사 때보다 6개월이 지난 2차 조사 때 감소하는 경향을 보이고 있습니다.

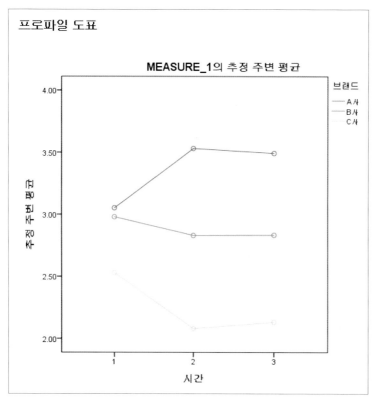

그림 18-21 | 반복측정 분산분석 SPSS 출력 결과 : 프로파일 도표

앞서 1차 조사에서 브랜드별 차이, 2차 조사에서 브랜드별 차이, 3차 조사에서 브랜드별 차이를 검증하였습니다. 만약 A사의 시기에 따른 차이, B사의 시기에 따른 차이, C사의 시기에 따른 차이를 검증하고자 한다면, 명령문만 살짝 바꿔주면 됩니다. [그림 18-22]에서 COMPARE(Q1)으로 되어 있는 부분을 COMPARE(시간)으로만 바꿔주면 됩니다. 상호작용항에서는 해석하기 편한 대로 변수를 변경해주면 됩니다.

그림 18-22 | 반복측정 분산분석 SPSS 명령문 수정 작업 : 시기에 따른 검증 추가

'Q1'을 '시간'으로 변경했으면, 전체 선택 후 플레이(실행) 버튼(▶)을 클릭합니다.

그림 18-23 | 반복측정 분산분석 SPSS 명령문 실행 작업 : 시기에 따른 검증 추가

그러면 브랜드별로 1차와 2차, 1차와 3차, 2차와 3차 조사 결과의 차이를 검증한 추정값이 나옵니다. [그림 18-24]의 브랜드와 시간에 따른 〈추정값〉 결과표를 보면 A사는 1차(M=3.051)보다 2차(M=3.531)에서 증가한 뒤 3차(M=3.492)에서 재구매의도가 유지된 것으로 확인됩니다. B사는 1차(M=2.979), 2차(M=2.830), 3차(M=2.833)에서 유의한 변화가 없으며, C사는 1차(M=2.529)보다 2차(M=2.080)에 감소하고 3차(M=2.132)에서 재구매의도가 유지된 것으로 파악할 수 있습니다.

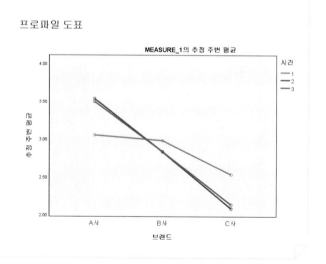

그림 18-24 | 반복측정 분산분석 SPSS 출력 결과 : 추정값과 대응별 비교

 여기서 잠깐!!

선구분 변수를 Q1(브랜드)이 아닌 시간으로 명령문을 바꿔서 진행하게 된다면, 오른쪽 그림과 같은 프로파일 도표를 확인할 수 있습니다.

04 _ 논문 결과표 작성하기

1 브랜드별 사용기간에 따른 재구매의도에 대한 반복측정 분산분석이므로, 한글에서 사용기간과 브랜드*사용기간, 오차에 대한 제곱합, 자유도, 평균제곱, F, p 열로 구성된 결과표를 작성합니다. 더불어 사용기간별 브랜드에 따른 재구매의도 평균과 표준오차 열로 구성된 주효과 비교표를 작성합니다.

표 18-1 | 브랜드와 사용기간에 따른 재구매의도(반복측정 분산분석)

변수	제곱합	자유도	평균제곱	F	P
사용기간					
브랜드*사용기간					
오차					

표 18-2 | 사용기간 별 브랜드에 따른 재구매의도

사용기간	브랜드	평균	표준오차
1개월	A사		
	B사		
	C사		
7개월	A사		
	B사		
	C사		
13개월	A사		
	B사		
	C사		

 여기서 잠깐!!

왜 갑자기 1개월, 7개월, 13개월이 나왔는지 궁금할 수 있습니다. 반복측정 분산분석 실습을 진행할 때 재구매의도를 1차, 2차, 3차에 걸쳐 본다고 했고, 그에 대한 변수를 추가했습니다. 이때 이 시기를 1차가 1개월, 2차가 7개월, 3차가 13개월이라고 가정한 것입니다.

2 먼저 반복측정 분산분석 결과표를 만듭니다. 반복측정 분산분석의 구형성 가정을 만족하지 못했으므로 〈개체-내 효과 검정〉 결과표의 Greenhouse-Geisser의 결과 값을 사용합니다. 엑셀 결과에서 ❶ 〈개체-내 효과 검정〉 결과표의 시간, 시간*Q1, 오류(시간)의 Greenhouse-Geisser에 해당하는 결과 값을 Ctrl + 클릭으로 순서대로 모두 선택하여 ❷ 복사하고 ❸ 빈 셀에 붙여넣습니다.

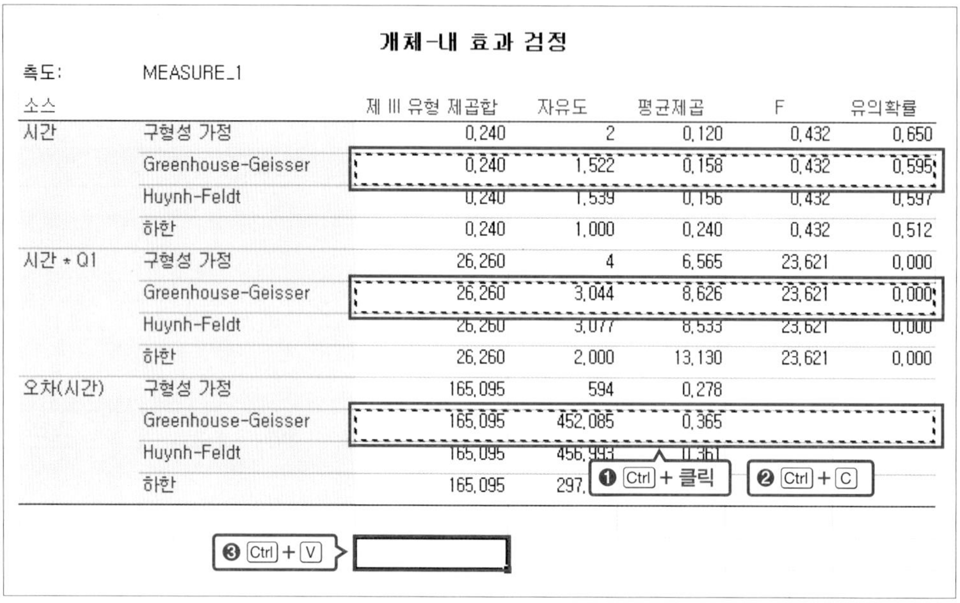

개체-내 효과 검정

측도:　　MEASURE_1

소스		제 III 유형 제곱합	자유도	평균제곱	F	유의확률
시간	구형성 가정	0.240	2	0.120	0.432	0.650
	Greenhouse-Geisser	0.240	1.522	0.158	0.432	0.595
	Huynh-Feldt	0.240	1.539	0.156	0.432	0.597
	하한	0.240	1.000	0.240	0.432	0.512
시간 * Q1	구형성 가정	26.260	4	6.565	23.621	0.000
	Greenhouse-Geisser	26.260	3.044	8.626	23.621	0.000
	Huynh-Feldt	26.260	3.077	8.533	23.621	0.000
	하한	26.260	2.000	13.130	23.621	0.000
오차(시간)	구형성 가정	165.095	594	0.278		
	Greenhouse-Geisser	165.095	452.085	0.365		
	Huynh-Feldt	165.095	456.993	0.361		
	하한	165.095	297.			

❶ Ctrl + 클릭　　❷ Ctrl + C

❸ Ctrl + V

그림 18-25

3 붙여넣기한 결과 값을 소수점 셋째 자리로 동일하게 변경하기 위해, 모두 선택한 후 Ctrl + 1 단축키로 셀 서식 창을 엽니다. 이때 *p*값은 제외합니다.

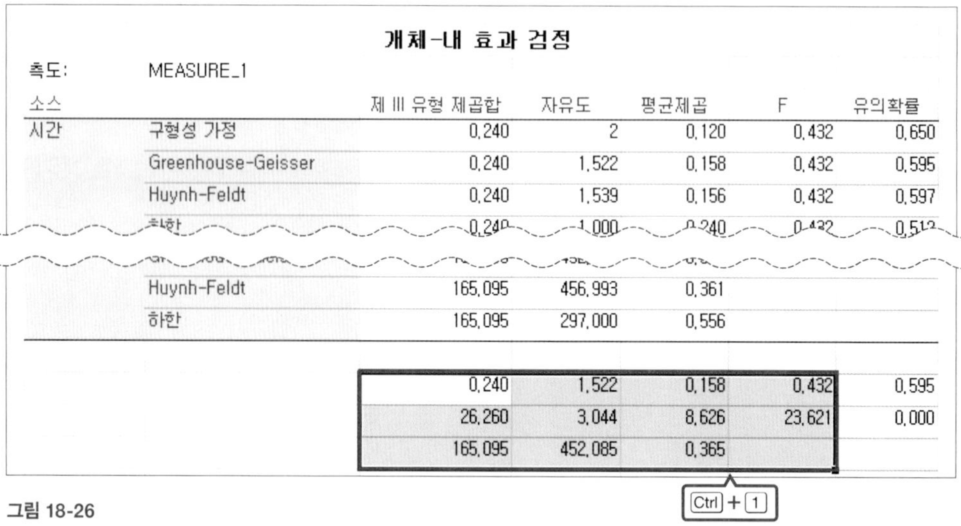

개체-내 효과 검정

측도:　　MEASURE_1

소스		제 III 유형 제곱합	자유도	평균제곱	F	유의확률
시간	구형성 가정	0.240	2	0.120	0.432	0.650
	Greenhouse-Geisser	0.240	1.522	0.158	0.432	0.595
	Huynh-Feldt	0.240	1.539	0.156	0.432	0.597
	하한	0.240	1.000	0.240	0.432	0.512
	Huynh-Feldt	165.095	456.993	0.361		
	하한	165.095	297.000	0.556		
		0.240	1.522	0.158	0.432	0.595
		26.260	3.044	8.626	23.621	0.000
		165.095	452.085	0.365		

Ctrl + 1

그림 18-26

4 셀 서식 창에서 ❶ '범주'의 '숫자'를 클릭하고 ❷ '음수'의 '−1234'를 선택합니다. ❸ '소수 자릿수'를 '3'으로 수정한 후 ❹ 확인을 클릭해서 소수점 셋째 자리의 수로 변경합니다.

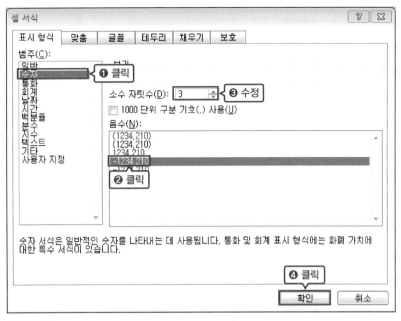

그림 18-27

5 〈개체−내 효과 검정〉 결과표의 Greenhouse−Geisser 결과 값을 옮겨 소수점 자리를 변경한 모든 결과 값을 선택하여 복사합니다.

개체-내 효과 검정

측도: MEASURE_1

소스		제 III 유형 제곱합	자유도	평균제곱	F	유의확률
시간	구형성 가정	0.240	2	0.120	0.432	0.650
	Greenhouse-Geisser	0.240	1.522	0.158	0.432	0.595
	Huynh-Feldt	0.240	1.539	0.156	0.432	0.597
	하한	0.240	1.000	0.240	0.432	0.512
시간 * Q1	구형성 가정	26.260	4	6.565	23.621	0.000
	Greenhouse-Geisser	26.260	3.044	8.626	23.621	0.000
	Huynh-Feldt	26.260	3.077	8.533	23.621	0.000
	하한	26.260	2.000	13.130	23.621	0.000
오차(시간)	구형성 가정	165.095	594	0.278		
	Greenhouse-Geisser	165.095	452.085	0.365		
	Huynh-Feldt	165.095	456.993	0.361		
	하한	165.095	297.000	0.556		

Ctrl + C

0.240	1.522	0.158	0.432	0.595
26.260	3.044	8.626	23.621	0.000
165.095	452.085	0.365		

그림 18-28

6 한글에 만들어놓은 반복측정 분산분석 결과표에서 제곱합 항목의 첫 번째 빈칸에 복사한 값을 붙여넣기합니다.

변수	제곱합	자유도	평균제곱	*F*	*P*
사용기간	│				
브랜드*사용기간	Ctrl + V				
오차					

그림 18-29

7 셀 붙이기 창에서 ❶ '내용만 덮어 쓰기'를 클릭하고 ❷ 붙이기를 클릭합니다.

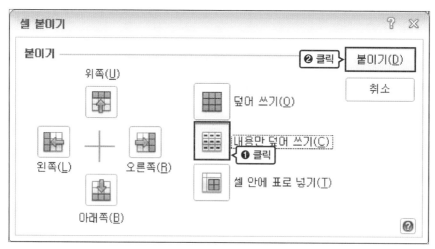

그림 18-30

8 입력한 모든 셀의 글자 모양을 양식에 맞게 변경하면 결과표가 완성됩니다. 브랜드*사용기간의 유의확률 *p*가 0.001 미만이므로 *F*값 오른쪽에 *표 세 개를 위첨자 형태로 달아줍니다.

표 18-3 | 브랜드와 사용기간에 따른 재구매의도(반복측정 분산분석)

변수	제곱합	자유도	평균제곱	*F*	*P*
사용기간	0.240	1.522	0.158	0.432	.595
브랜드*사용기간	26.260	3.044	8.626	23.621[***]	<.001
오차	165.095	452.085	0.365		

*** *p*<.001

9 다음으로 주효과 비교표를 작성합니다. 반복측정 분산분석 엑셀 결과에 나온 브랜드*시간의 주효과 비교 〈추정값〉 결과표에서 평균과 표준오차 값의 소수점을 맞춰주기 위해, 평균과 표준오차를 모두 선택하여 Ctrl + 1 단축키로 셀 서식 창을 엽니다.

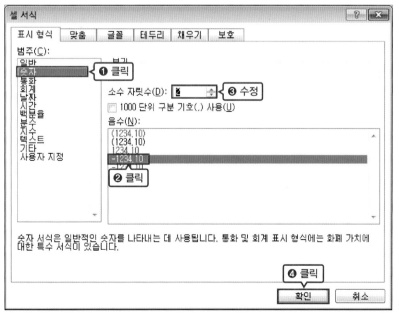

3. 브랜드 * 시간

추정값

측도: MEASURE_1

브랜드		평균	표준오차	95% 신뢰구간 하한	95% 신뢰구간 상한
A사	1	3,051	0,065	2,924	3,179
	2	3,531	0,077	3,378	3,683
	3	3,492	0,079	3,338	3,647
B사	1	2,979	0,070	2,842	3,116
	2	2,830	0,083	2,666	2,994
	3	2,833	0,085	2,667	3,000
C사	1	2,529	0,097	2,338	2,719
	2	2,080	0,116	1,852	2,309
	3	2,132	0,118	1,901	2,364

Ctrl + 1

그림 18-31

10 셀 서식 창에서 **❶** '범주'의 '숫자'를 클릭하고 **❷** '음수'의 '−1234'를 선택합니다. **❸** '소수 자릿수'를 '2'로 수정한 후 **❹** 확인을 클릭해서 소수점 둘째 자리의 수로 변경합니다.

그림 18-32

11 브랜드＊시간의 주효과 비교 〈추정값〉 결과표에서 ❶ 시간1(1개월)에 해당하는 A사, B사, C사의 평균과 표준오차 값을 Ctrl 을 누른 상태에서 순서대로 클릭하여 모두 선택하고 ❷ 복사해서 ❸ 빈 셀에 붙여넣습니다. 시간2(7개월), 시간3(13개월)도 같은 방식으로 옮겨줍니다.

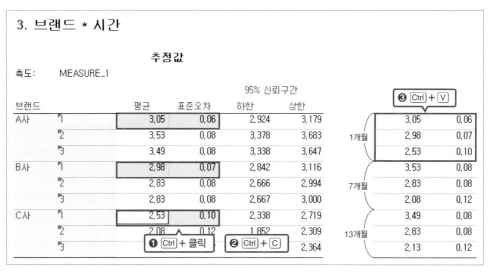

그림 18-33

12 순서대로 옮겨진 1개월, 7개월, 13개월의 A사, B사, C사 평균과 표준오차 값을 모두 선택하여 복사합니다.

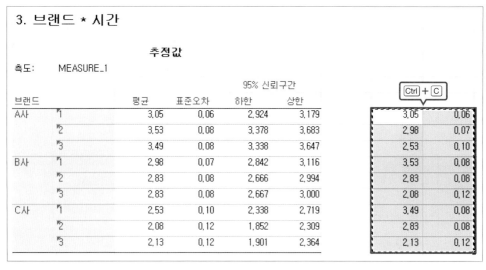

그림 18-34

13 한글에 만들어놓은 주효과 비교표의 평균 항목 첫 번째 빈칸에 복사한 값을 붙여넣기 합니다.

사용기간	브랜드	평균	표준오차
1개월	A사	Ctrl + V	
	B사		
	C사		
7개월	A사		
	B사		

그림 18-35

14 입력한 모든 셀의 글자 모양을 양식에 맞게 변경하면 결과표가 완성됩니다. 브랜드✳시간의 주효과 비교 〈대응별 비교〉 결과표에서 브랜드 간 차이의 유의성을 확인하여, 크기 순서대로 평균값 오른쪽에 a, b, c를 위첨자 형태로 달아줍니다.

표 18-4 | **사용기간 별 브랜드에 따른 재구매의도**

사용기간	브랜드	평균	표준오차
1개월	A사	3.05^b	0.06
	B사	2.98^b	0.07
	C사	2.53^a	0.10
7개월	A사	3.53^c	0.08
	B사	2.83^b	0.08
	C사	2.08^a	0.12
13개월	A사	3.49^c	0.08
	B사	2.83^b	0.08
	C사	2.13^a	0.12

Bonferroni: a<b<c[1]

---

1 대소 비교 결과 표기 방법은 다른 분산분석과 동일함

05 _ 논문 결과표 해석하기

반복측정 분산분석 결과표에 대한 해석은 다음 3단계로 작성합니다.

❶ 분석 내용과 분석법 설명
"재구매의도(종속변수)에 대한 브랜드(독립변수)와 사용기간(시간변수)의 상호작용 효과를 검증하기 위해 반복측정 분산분석(분석법)을 실시하였다."

❷ 유의한 결과 설명
시간변수의 유의성과 독립변수와 시간변수의 상호작용 유의성 검증 결과를 기술합니다.

❸ 시간변수별 독립변수에 따른 종속변수의 주효과 설명
각 시간변수별로 독립변수에 따른 종속변수의 차이가 유의한지 설명합니다.

위의 3단계에 맞춰 앞에서 실습한 출력 결과 값을 작성하면 다음과 같습니다.

❶ 재구매의도[2]에 대한 브랜드[3]와 사용기간[4]의 상호작용 효과(Interaction effect)를 검증하기 위해 반복측정 분산분석(Repeated measures ANOVA)을 실시하였다.

❷ 그 결과 재구매의도[5]에 대해 사용기간[6]의 주효과는 유의하지 않았지만, 브랜드[7]와 사용기간[8]의 상호작용 효과는 유의하게 나타났다($p<.001$).[9]

❸ 사용기간별로 브랜드에 따른 재구매의도를 확인한 결과, 구입 1개월 후인 1차 조사에서는 A사($M=3.05$)와 B사($M=2.98$)는 유의한 차이가 없고, C사($M=2.53$)만 A사와 B사 대비 재구매의도가 낮게 나타났다. 하지만 구입 7개월 후인 2차 조사에서는 A사와 B사 간 차이가 더 커져, A사($M=3.53$)가 B사($M=2.83$)보다 재구매의도가 높고, B사가 C사($M=2.08$)보다 재구매의도가 높게 나타났다. 구입 13개월 후인 3차 조사에서는 세 브랜드 모두 2차 조사와 큰 변화가 없어, A사($M=3.49$)가 B사($M=2.83$)보다 재구매의도가 높고, B사가 C사($M=2.13$)보다 재구매의도가 높게 나타났다.[10]

---

2 종속변수
3 독립변수
4 시간변수
5 종속변수
6 시간변수
7 독립변수
8 시간변수
9 유의하면 p값 표기, F값도 함께 제시하는 양식도 있음
10 브랜드 별로 사용기간에 따른 재구매의도 비교

[반복측정 분산분석 논문 결과표 완성 예시]

브랜드와 사용기간에 따른 재구매의도

재구매의도에 대한 브랜드와 사용기간의 상호작용 효과(Interaction effect)를 검증하기 위해 반복측정 분산분석(Repeated measures ANOVA)을 실시하였다. 그 결과 재구매의도에 대해 사용기간의 주효과는 유의하지 않았지만, 브랜드와 사용기간의 상호작용 효과는 유의하게 나타났다($p<.001$).

〈표〉 브랜드와 사용기간에 따른 재구매의도(반복측정 분산분석)

변수	제곱합	자유도	평균제곱	F	P
사용기간	0.240	1.522	0.158	0.432	.595
브랜드*사용기간	26.260	3.044	8.626	23.621***	<.001
오차	165.095	452.085	0.365		

*** $p<.001$

사용기간별로 브랜드에 따른 재구매의도를 확인한 결과, 구입 1개월 후인 1차 조사에서는 A사(M=3.05)와 B사(M=2.98)는 유의한 차이가 없고, C사(M=2.53)만 A사와 B사 대비 재구매의도가 낮게 나타났다. 하지만 구입 7개월 후인 2차 조사에서는 A사와 B사 간 차이가 더 커져, A사(M=3.53)가 B사(M=2.83)보다 재구매의도가 높고, B사가 C사(M=2.08)보다 재구매의도가 높게 나타났다. 구입 13개월 후인 3차 조사에서는 세 브랜드 모두 2차 조사와 큰 변화가 없어, A사(M=3.49)가 B사(M=2.83)보다 재구매의도가 높고, B사가 C사(M=2.13)보다 재구매의도가 높게 나타났다.

〈표〉 사용기간별 브랜드에 따른 재구매의도

사용기간	브랜드	평균	표준오차
1개월	A사	3.05[b]	0.06
	B사	2.98[b]	0.07
	C사	2.53[a]	0.10
7개월	A사	3.53[c]	0.08
	B사	2.83[b]	0.08
	C사	2.08[a]	0.12
13개월	A사	3.49[c]	0.08
	B사	2.83[b]	0.08
	C사	2.13[a]	0.12

Bonferroni: a<b<c

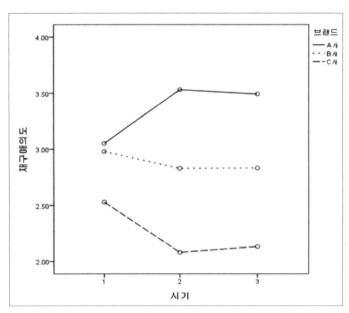

〈그림〉 사용기간별 브랜드에 따른 재구매의도

변수 간 상관성 검증 ①

상관분석 : 변수 간의 관계성 검증

SECTION

19

상관관계 분석
: 연속형 변수 간 일대일 상관성 확인

bit.ly/onepass-spss20

PREVIEW

· **상관관계 분석** : 연속형 변수 간 일대일 상관성을 확인하는 분석 방법
　　　　　　　　(변수 = 연속형 자료)

01 _ 기본 개념과 연구 가설

연속형 변수들 간의 상관성을 확인하기 위해 피어슨의 상관관계 분석(Pearson's correlation analysis)을 실시할 수 있습니다. 하지만 상관관계 분석은 변수 간 일대일 상관성만 확인할 수 있기 때문에, 실질적인 영향력과는 거리가 있습니다. 따라서 가설 검증에서보다는 가설 검증 이전에 본인이 연구에서 활용하는 변수의 특성을 대략적으로 파악하는 데 주로 활용합니다.

[그림 19-1]과 같이 한 변수가 높아질수록 다른 변수가 높아지는 관계라면 이를 정(+)적 상관관계라고 하고, 한 변수가 높아질수록 다른 변수가 낮아지는 관계라면 이를 부(−)적 상관관계라고 합니다. 상관관계를 수치로 표현한 것을 상관계수라고 하는데, 상관계수가 −1에 가까울수록 부(−)적 상관관계가 강하다고, 1에 가까울수록 정(+)적 상관관계가 강하다고 할 수 있습니다. 0에 가깝다면 상관관계가 거의 없다고 할 수 있습니다.

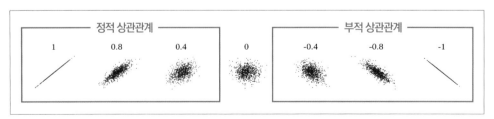

그림 19-1 | **상관관계와 상관계수의 개념**

상관관계 분석은 주로 연속형 자료에 대한 분석을 진행하기 전에 실행하는 예비 분석의 성격이 강합니다. 따라서 이번 SECTION에서는 연구문제와 연구가설을 따로 설정하지 않고, '기본 실습파일_변수계산완료.sav'에 있는 스마트폰 만족도 관련 연속형 자료를 상관관계 분석을 통해 검증해보겠습니다.

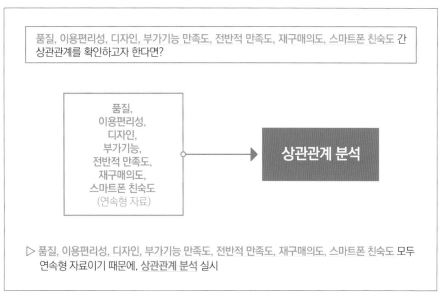

그림 19-2 | 상관관계 분석을 사용하는 연속형 자료 예시

연구
문제
19-1

주요 변수 간 상관관계 검증

품질, 이용편리성, 디자인, 부가기능, 전반적 만족도, 재구매의도, 스마트폰 친숙도 간 상관관계를 확인해보자.

02 _ SPSS 무작정 따라하기

1 분석-상관분석-이변량 상관을 클릭합니다.

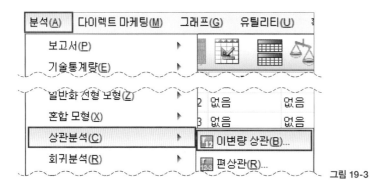

그림 19-3

2 ❶ 상관관계를 확인할 변수를 '변수(V):'에 모두 옮기고 ❷ 확인을 클릭합니다.

그림 19-4

상관관계 분석 메뉴를 보면 스피어만의 상관관계 분석(Spearman's correlation analysis)이라는 메뉴가 있습니다. 스피어만의 상관관계 분석은 표본수가 적은 경우에 주로 활용합니다. 표본수의 많고 적음에 대한 명확한 기준은 없지만, 표본수가 정규분포를 가정하기 힘든 30보다 적다면 피어슨의 상관관계 분석보다는 스피어만의 상관관계 분석이 더 적합하다고 할 수 있습니다.

03 _ 출력 결과 해석하기

출력 결과 해석은 간단합니다. 유의확률이 .05보다 작으면 통계적으로 유의한 상관관계라고 할 수 있습니다. 또 상관계수가 0보다 크면 정(+)적 상관관계, 0보다 작으면 부(−)적 상관관계가 됩니다. 정(+)적 상관관계는 '양(+)의 상관관계'라고도 하며, 부(−)적 상관관계는 '음(−)의 상관관계'라고도 합니다.

[그림 19-5]의 〈상관관계〉 결과표에서 가로와 세로로 변수를 하나씩 매치해 살펴봅시다. 첫 번째 줄에 있는 품질과 이용편리성 간 상관계수는 .294이고, 유의확률이 .000(<.05)으로 나타나, 유의한 정(+)적 상관관계를 보인다고 할 수 있습니다. 품질과 디자인 간 상관계수는 .392이고, 유의확률이 .000(<.05)으로 나타나, 이 또한 유의한 정(+)적 상관관계를 보인다고 할 수 있습니다. 이 같은 방식으로 각 변수끼리 매치해 상관관계와 유의성을 파악합니다.

상관관계

		품질	이용편리성	디자인	부가기능	전반적만족도	재구매의도	스마트폰친숙도
품질	Pearson 상관	1	.294**	.392**	.426**	.351**	.294**	.114*
	유의확률 (양측)		.000	.000	.000	.000	.000	.049
	N	300	300	300	300	300	300	300
이용편리성	Pearson 상관	.294**	1	.509**	.244**	.385**	.475**	.181**
	유의확률 (양측)	.000		.000	.000	.000	.000	.002
	N	300	300	300	300	300	300	300
디자인	Pearson 상관	.392**	.509**	1	.377**	.455**	.597**	.049
	유의확률 (양측)	.000	.000		.000	.000	.000	.397
	N	300	300	300	300	300	300	300
부가기능	Pearson 상관	.426**	.244**	.377**	1	.359**	.280**	.032
	유의확률 (양측)	.000	.000	.000		.000	.000	.576
	N	300	300	300	300	300	300	300
전반적만족도	Pearson 상관	.351**	.385**	.455**	.359**	1	.570**	-.027
	유의확률 (양측)	.000	.000	.000	.000		.000	.636
	N	300	300	300	300	300	300	300
재구매의도	Pearson 상관	.294**	.475**	.597**	.280**	.570**	1	-.017
	유의확률 (양측)	.000	.000	.000	.000	.000		.771
	N	300	300	300	300	300	300	300
스마트폰친숙도	Pearson 상관	.114*	.181**	.049	.032	-.027	-.017	1
	유의확률 (양측)	.049	.002	.397	.576	.636	.771	
	N	300	300	300	300	300	300	300

**. 상관관계가 0.01 수준에서 유의합니다(양측).
*. 상관관계가 0.05 수준에서 유의합니다(양측).

그림 19-5 | 상관관계 분석 SPSS 출력 결과 : 상관관계

결과를 살펴보면, 품질, 이용편리성, 디자인, 부가기능, 전반적 만족도, 재구매의도 간에는 상관계수가 모두 양수(+)이고 유의확률은 모두 .05 미만으로 나타난 것을 알 수 있습니다.

유의한 정(+)적 상관관계를 보인다고 해석할 수 있습니다. 한편, 스마트폰 친숙도는 품질과의 상관계수, 이용편리성과의 상관계수만 유의확률이 .05 미만으로 나타났습니다. 따라서 스마트폰 친숙도는 품질, 이용편리성과 유의한 정(+)적 상관관계를 보인다고 할 수 있습니다.

04 _ 논문 결과표 작성하기

1 7개 변수에 대한 상관관계 분석이므로, 한글에서 7개 변수의 행과 열로 구성된 표를 작성합니다.

표 19-1

변수	1	2	3	4	5	6	7
1. 품질							
2. 이용편리성							
3. 디자인							
4. 부가기능							
5. 전반적 만족도							
6. 재구매의도							
7. 스마트폰 친숙도							

2 상관계수(Pearson 상관)만 추출하려면 새 시트에 모든 데이터를 옮겨야 합니다. 먼저 〈상관관계〉 결과표를 모두 복사합니다.

그림 19-6

3 새 시트를 열어, 복사한 상관관계 결과를 붙여넣기합니다.

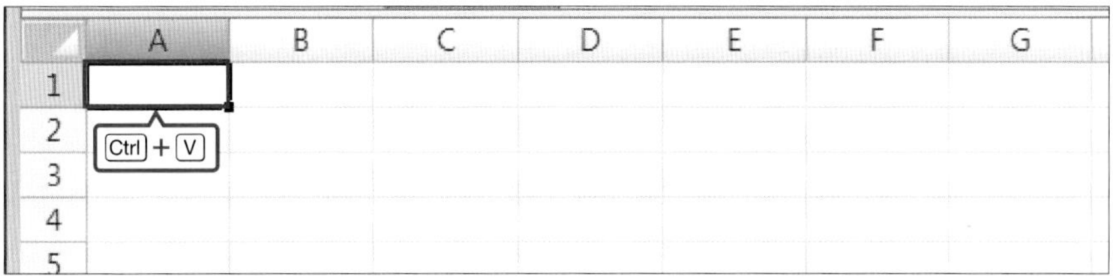

	A	B	C	D	E	F	G
1							
2	Ctrl + V						
3							
4							
5							

그림 19-7

4 새 시트에 붙여넣기한 결과에서 상관계수(Pearson 상관)만 남기고 모두 삭제해야 합니다. ❶ 유의확률과 N에 해당하는 행을 Ctrl + 클릭하여 순서대로 모두 선택합니다. ❷ 행 삭제 단축키인 Ctrl + − 로 선택한 행을 삭제합니다.

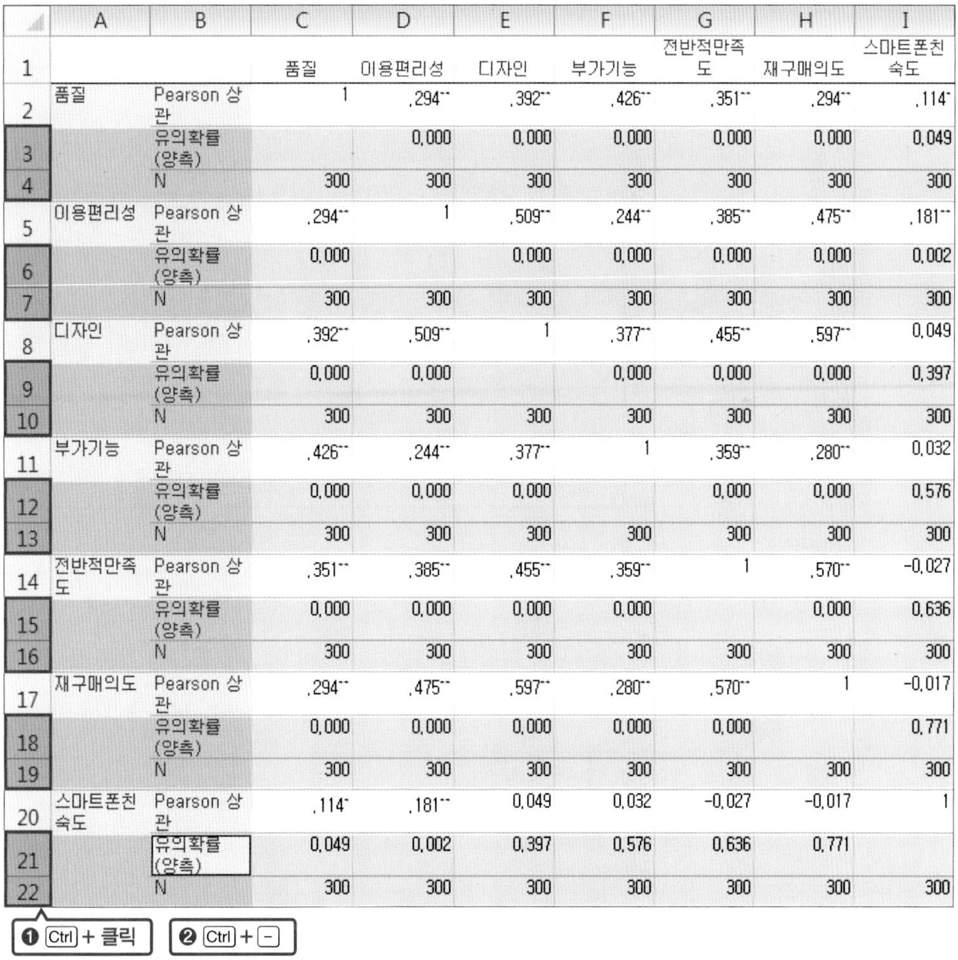

	A	B	C 품질	D 이용편리성	E 디자인	F 부가기능	G 전반적만족도	H 재구매의도	I 스마트폰친숙도
2	품질	Pearson 상관	1	.294**	.392**	.426**	.351**	.294**	.114*
3		유의확률 (양측)		0,000	0,000	0,000	0,000	0,000	0,049
4		N	300	300	300	300	300	300	300
5	이용편리성	Pearson 상관	.294**	1	.509**	.244**	.385**	.475**	.181**
6		유의확률 (양측)	0,000		0,000	0,000	0,000	0,000	0,002
7		N	300	300	300	300	300	300	300
8	디자인	Pearson 상관	.392**	.509**	1	.377**	.455**	.597**	0,049
9		유의확률 (양측)	0,000	0,000		0,000	0,000	0,000	0,397
10		N	300	300	300	300	300	300	300
11	부가기능	Pearson 상관	.426**	.244**	.377**	1	.359**	.280**	0,032
12		유의확률 (양측)	0,000	0,000	0,000		0,000	0,000	0,576
13		N	300	300	300	300	300	300	300
14	전반적만족도	Pearson 상관	.351**	.385**	.455**	.359**	1	.570**	-0,027
15		유의확률 (양측)	0,000	0,000	0,000	0,000		0,000	0,636
16		N	300	300	300	300	300	300	300
17	재구매의도	Pearson 상관	.294**	.475**	.597**	.280**	.570**	1	-0,017
18		유의확률 (양측)	0,000	0,000	0,000	0,000	0,000		0,771
19		N	300	300	300	300	300	300	300
20	스마트폰친숙도	Pearson 상관	.114*	.181**	0,049	0,032	-0,027	-0,017	1
21		유의확률 (양측)	0,049	0,002	0,397	0,576	0,636	0,771	
22		N	300	300	300	300	300	300	300

❶ Ctrl + 클릭   ❷ Ctrl + −

그림 19-8

5 상관계수(Pearson 상관)만 남은 결과에서 대각선의 위와 아래가 대칭이므로 아래 결과 값만 남기고 위의 결과 값은 모든 선택하여 삭제합니다.

	A	B	C	D	E	F	G	H	I
1			품질	이용편리성	디자인	부가기능	전반적만족도	재구매의도	스마트폰친숙도
2	품질	Pearson 상관	1	.294**	.392**	.426**	.351**	.294**	.114*
3	이용편리성	Pearson 상관	.294**	1	.509**	.244**	.385**	.475**	.181**
4	디자인	Pearson 상관	.392**	.509**	1	.377**	.455**	.597**	0,049
5	부가기능	Pearson 상관	.426**	.244**	.377**	1	.359**	.280**	0,032
6	전반적만족도	Pearson 상관	.351**	.385**	.455**	.359**	1	.570**	-0,027
7	재구매의도	Pearson 상관	.294**	.475**	.597**	.280**	570**	1	-0,017
8	스마트폰친숙도	Pearson 상관	.114*	.181**	0,049	0,032		-0,017	1

그림 19-9

6 상관계수(Pearson 상관)를 모두 선택하여 복사합니다.

	A	B	C	D	E	F	G	H	I
1			품질	이용편리성	디자인	부가기능	전반적만족도	재구매의도	스마트폰친숙도
2	품질	Pearson 상관	1						
3	이용편리성	Pearson 상관	.294**	1					
4	디자인	Pearson 상관	.392**	.509**	1				
5	부가기능	Ctrl + C	.426**	.244**	.377**	1			
6	전반적만족도	Pearson 상관	.351**	.385**	.455**	.359**	1		
7	재구매의도	Pearson 상관	.294**	.475**	.597**	.280**	.570**	1	
8	스마트폰친숙도	Pearson 상관	.114*	.181**	0,049	0,032	-0,027	-0,017	1

그림 19-10

7 한글에 만들어놓은 상관관계 분석 결과표의 첫 번째 빈칸에 복사한 값을 붙여넣기합니다.

변수	1	2	3	4	5	6	7
1. 품질							
2. 이용편리성	Ctrl + V						
3. 디자인							
4. 부가기능							
5. 전반적 만족도							
6. 재구매의도							
7. 스마트폰 친숙도							

그림 19-11

8 셀 붙이기 창에서 ❶ '내용만 덮어 쓰기'를 클릭하고 ❷ 붙이기를 클릭합니다.

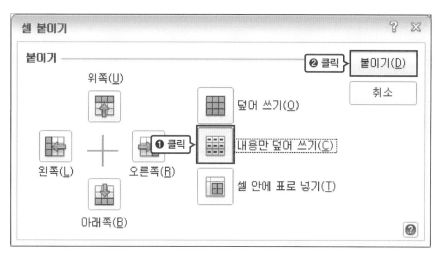

그림 19-12

9 SPSS의 상관관계 분석 결과의 유의확률 별표는 0.05 미만(* 한 개)과 0.01 미만(* 두 개)만 표시되므로 0.001 미만에 해당하는 *표 두 개를 세 개로 변경하기 위해서 모든 상관계수의 유의확률을 확인합니다. '이용편리성'과 '스마트폰 친숙도'의 상관만 빼고, 나머지 *표 두 개가 붙은 상관의 유의확률이 0.001 미만인 것으로 확인됩니다.

상관관계

		품질	이용편리성	디자인	부가기능	전반적만족도	재구매의도	스마트폰친숙도
품질	Pearson 상관	1	.294**	.392**	.426**	.351**	.294**	.114*
	유의확률 (양측)		0.000	0.000	0.000	0.000	0.000	0.049
	N	300	300	300	300	300	300	300
이용편리성	Pearson 상관	.294**	1	.509**	.244**	.385**	.475**	.181**
	유의확률 (양측)	0.000		0.000	0.000	0.000	0.000	0.002
	N	300	300	300	300	300	300	300
디자인	Pearson 상관	.392**	.509**	1	.377**	.455**	.597**	0.049
	유의확률 (양측)	0.000	0.000		0.000	0.000	0.000	0.397
	N	300	300	300	300	300	300	300
부가기능	Pearson 상관	.426**	.244**	.377**	1	.359**	.280**	0.032
	유의확률 (양측)	0.000	0.000	0.000		0.000	0.000	0.576
	N	300	300	300	300	300	300	300
전반적만족도	Pearson 상관	.351**	.385**	.455**	.359**	1	.570**	-0.027
	유의확률 (양측)	0.000	0.000	0.000	0.000		0.000	0.636
	N	300	300	300	300	300	300	300
재구매의도	Pearson 상관	.294**	.475**	.597**	.280**	.570**	1	-0.017
	유의확률 (양측)	0.000	0.000	0.000	0.000	0.000		0.771
	N	300	300	300	300	300	300	300
스마트폰친숙도	Pearson 상관	.114*	.181**	0.049	0.032	-0.027	-0.017	1
	유의확률 (양측)	0.049	0.002	0.397	0.576	0.636	0.771	
	N	300	300	300	300	300	300	300

**, 상관관계가 0.01 수준에서 유의합니다(양측).

그림 19-13

10 한글에 만들어놓은 상관관계 분석 결과표에서 Ctrl + H 단축키로 찾아 바꾸기 창을 엽니다. '이용편리성'과 '스마트폰 친숙도'의 상관(r=181)만 빼고 모든 *표 두 개를 세 개로 변경합니다.

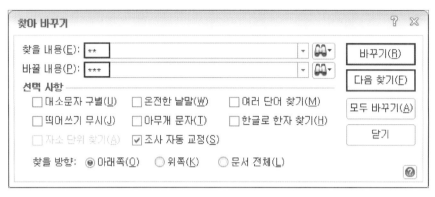

그림 19-14

11 입력한 모든 셀의 글자 모양을 양식에 맞게 변경하면 결과표가 완성됩니다.

표 19-2 | 주요 변수 간 상관관계 분석

변수	1	2	3	4	5	6	7
1. 품질	1						
2. 이용편리성	.294***	1					
3. 디자인	.392***	.509***	1				
4. 부가기능	.426***	.244***	.377***	1			
5. 전반적 만족도	.351***	.385***	.455***	.359***	1		
6. 재구매의도	.294***	.475***	.597***	.280***	.570***	1	
7. 스마트폰 친숙도	.114*	.181**	.049	.032	−.027	−.017	1

* p<.05, ** p<.01, *** p<.001

05 _ 논문 결과표 해석하기

상관관계 분석 결과표에 대한 해석은 다음 3단계로 작성합니다.

❶ 분석 내용과 분석법 설명
"주요 변수 간 상관관계를 확인하기 위해 피어슨의 상관관계 분석(분석법)을 실시하였다."

❷ 유의한 결과 설명
유의한 상관관계를 보인 변수 간 상관과 상관계수 값을 나열합니다.

❸ 유의하지 않은 결과 설명
"변수 간 유의한 상관관계를 보이지 않았다."로 마무리합니다.

위의 3단계에 맞춰 앞에서 실습한 출력 결과 값을 작성하면 다음과 같습니다.

❶ 본 연구의 주요 변수인 품질, 이용편리성, 디자인, 부가기능 만족도, 전반적 만족도, 재구매의도, 스마트폰 친숙도[1] 간 상관관계를 확인하기 위해 피어슨의 상관관계 분석(Pearson's correlation analysis)을 실시하였다.

❷ 그 결과 품질은 이용편리성($r=.294$, $p<.001$), 디자인($r=.392$, $p<.001$), 부가기능($r=.426$, $p<.001$), 전반적 만족도($r=.351$, $p<.001$), 재구매의도($r=.294$, $p<.001$), 스마트폰 친숙도($r=.114$, $p<.05$)와 모두 유의한 정(+)적 상관관계를 보였고, 이용편리성은 디자인($r=.509$, $p<.001$), 부가기능($r=.244$, $p<.001$), 전반적 만족도($r=.385$, $p<.001$), 재구매의도($r=.475$, $p<.001$), 스마트폰 친숙도($r=.181$, $p<.01$)와 유의한 정(+)적 상관관계를 보였다. 디자인은 부가기능($r=.377$, $p<.001$), 전반적 만족도($r=.455$, $p<.001$), 재구매의도($r=.597$, $p<.001$)와 유의한 정(+)적 상관관계를 보였고, 부가기능은 전반적 만족도($r=.359$, $p<.001$), 재구매의도($r=.280$, $p<.001$)와 유의한 정(+)적 상관관계를 보였다. 전반적 만족도는 재구매의도와 유의한 정(+)적 상관관계를 보였다($r=.570$, $p<.001$).[2]

❸ 반면에 스마트폰 친숙도는 디자인, 부가기능, 전반적 만족도, 재구매의도[3]와 유의한 상관관계를 보이지 않았다.

---

1 상관관계 분석에 투입된 변수들
2 유의한 변수들을 나열해줌. 반드시 모든 상관관계를 다 나열할 필요는 없고, 중요한 부분만 요약해서 표기해줘도 괜찮음
3 유의하지 않은 변수들

[상관관계 분석 논문 결과표 완성 예시]

스마트폰 만족도 주요 변수들 간의 상관분석

〈표〉 주요 변수 간 상관관계 분석

변수	1	2	3	4	5	6	7
1. 품질	1						
2. 이용편리성	.294***	1					
3. 디자인	.392***	.509***	1				
4. 부가기능	.426***	.244***	.377***	1			
5. 전반적 만족도	.351***	.385***	.455***	.359***	1		
6. 재구매의도	.294***	.475***	.597***	.280***	.570***	1	
7. 스마트폰 친숙도	.114*	.181**	.049	.032	−.027	−.017	1

* $p<.05$, ** $p<.01$, *** $p<.001$

본 연구의 주요 변수인 품질, 이용편리성, 디자인, 부가기능 만족도, 전반적 만족도, 재구매의도, 스마트폰 친숙도 간 상관관계를 확인하기 위해 피어슨의 상관관계 분석(Pearson's correlation analysis)을 실시하였다.

그 결과 품질은 이용편리성($r=.294$, $p<.001$), 디자인($r=.392$, $p<.001$), 부가기능($r=.426$, $p<.001$), 전반적 만족도($r=.351$, $p<.001$), 재구매의도($r=.294$, $p<.001$), 스마트폰 친숙도($r=.114$, $p<.05$)와 모두 유의한 정(+)적 상관관계를 보였고, 이용편리성은 디자인($r=.509$, $p<.001$), 부가기능($r=.244$, $p<.001$), 전반적 만족도($r=.385$, $p<.001$), 재구매의도($r=.475$, $p<.001$), 스마트폰 친숙도($r=.181$, $p<.01$)와 유의한 정(+)적 상관관계를 보였다.

디자인은 부가기능($r=.377$, $p<.001$), 전반적 만족도($r=.455$, $p<.001$), 재구매의도($r=.597$, $p<.001$)와 유의한 정(+)적 상관관계를 보였고, 부가기능은 전반적 만족도($r=.359$, $p<.001$), 재구매의도($r=.280$, $p<.001$)와 유의한 정(+)적 상관관계를 보였다. 전반적 만족도는 재구매의도와 유의한 정(+)적 상관관계를 보였다($r=.570$, $p<.001$).

반면에 스마트폰 친숙도는 디자인, 부가기능, 전반적 만족도, 재구매의도와 유의한 상관관계를 보이지 않았다.

변수 간 상관성 검증 ②

회귀분석 : 변수 간의 영향력 검증

20_단순회귀분석

21_다중회귀분석

22_더미변환

23_위계적 회귀분석

24_로지스틱 회귀분석

단순회귀분석
: 연속형 독립변수가 연속형 종속변수에 미치는 영향 검증

bit.ly/onepass-spss21

PREVIEW

· **단순회귀분석** : 연속형 독립변수 한 개가 연속형 종속변수에 미치는 영향을 검증하는 통계분석 방법

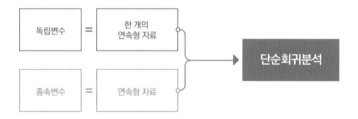

01 _ 기본 개념과 연구 가설

단순회귀분석(Simple linear regression analysis)은 연속형 독립변수가 연속형 종속변수에 미치는 영향을 검증하는 분석 방법입니다. 즉 독립변수가 높아질수록 종속변수는 높아지는지, 낮아지는지를 검증하는 분석 방법입니다. 만약 독립변수가 높아질수록 종속변수도 높아진다면 독립변수는 종속변수에 정(+)의 영향을 미친다고 합니다. 반대로 독립변수가 높아질수록 종속변수가 낮아진다면 독립변수는 종속변수에 부(−)의 영향을 미친다고 합니다.

스마트폰 만족도 연구에서 전반적 만족도가 재구매의도에 미치는 영향을 검증한다고 가정해봅시다. 그러면 전반적 만족도는 연속형 자료, 재구매의도도 연속형 자료이기 때문에 단순회귀분석을 실시할 수 있습니다.

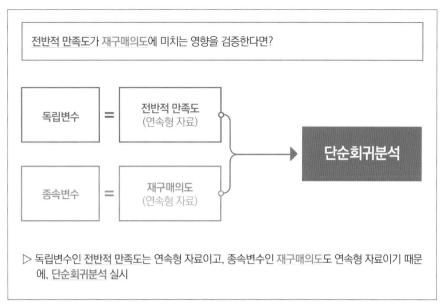

그림 20-1 │ 단순회귀분석을 사용하는 연구문제 예시

독립변수를 가로축에, 종속변수를 세로축에 넣고 산점도를 그리면 [그림 20-2]와 같습니다. 산점도에 찍힌 점들을 가장 잘 설명하는 직선이 있다고 할 때, 이 직선을 도출하는 분석이 회귀분석입니다.

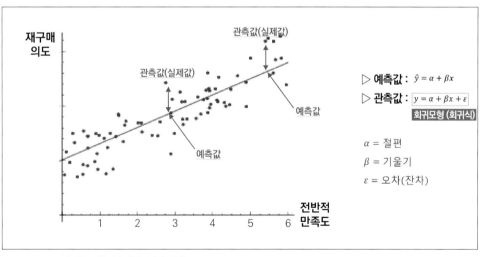

그림 20-2 │ 그래프를 통한 단순회귀분석의 개념

점으로 찍힌 값이 '관측값(실제값)'이라면, 도출된 직선상에 있는 값이 회귀분석을 통해 예측된 '예측값'이 됩니다. 그러면 관측값과 예측값의 차이를 오차라고 할 수 있습니다. 그 오차를 회귀분석에서는 '잔차'라고 합니다. 표본별로 이러한 잔차를 제곱한 값을 모두 합친 값이 최소화되는 직선, 즉 전반적으로 잔차를 최소화하는 직선을 도출하는 것이 회귀분석입니다. 회귀분석에 대한 개념은 이 정도로 간단히 살펴보고, 실습을 해보도록 하겠습니다.

**연구
문제
20-1** **전반적 만족도가 재구매의도에 미치는 영향**

전반적 만족도가 재구매의도에 미치는 영향을 검증해보자.

[연구문제 20-1]에 대한 가설 형태를 정리하면 다음과 같습니다.

가설 형태 : (독립변수)가 (종속변수)에 유의한 영향을 미칠 것이다.

또한 선행 연구나 관찰을 통해 양(+)의 영향을 미치는지, 음(−)의 영향을 미치는지 그 방향성이 명확하다면, 다음과 같이 가설을 설정할 수 있습니다.

가설 형태 : (독립변수)가 (종속변수)에 유의한 정(+)의 영향을 미칠 것이다.

가설 형태 : (독립변수)가 (종속변수)에 유의한 부(−)의 영향을 미칠 것이다.

여기서 독립변수 자리에 전반적 만족도를, 종속변수 자리에 재구매의도를 적용하면 가설을 다음과 같이 나타낼 수 있습니다. 전반적 만족도가 높을수록 재구매의도가 떨어지지 않으리라는 것을 선행 연구와 관찰을 통해 예측할 수 있으므로, 가설에 정(+)의 영향이라는 말을 포함하였습니다.

가설 형태 : (전반적 만족도)가 (재구매의도)에 유의한 정(+)의 영향을 미칠 것이다.

02 _ SPSS 무작정 따라하기

1 분석-회귀분석-선형을 클릭합니다.

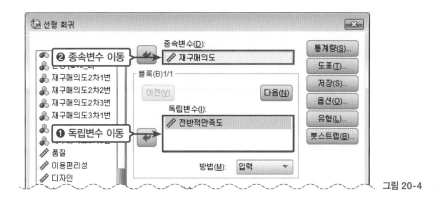

그림 20-3

2 선형 회귀 창에서 ❶ '전반적 만족도'를 '독립변수'로 옮기고 ❷ '재구매의도'를 '종속변수'
로 옮깁니다.

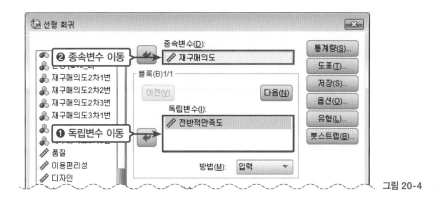

그림 20-4

3 통계량을 클릭합니다.

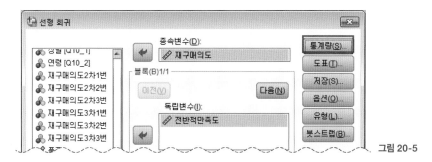

그림 20-5

4 선형 회귀: 통계량 창에서 ❶ 'Durbin-Watson'에 체크하고 ❷ 계속을 클릭합니다.

그림 20-6

5 확인을 클릭합니다.

그림 20-7

03 _ 출력 결과 해석하기

회귀분석에서 독립변수의 유의성 여부를 확인하기 전에, 회귀모형의 적합도 및 설명력을 확인해야 합니다. 적합도는 [그림 20-8]의 〈ANOVA〉 결과표를 확인하면 됩니다. 이 표에서 F 값이 143.094, p값이 .000으로 나타났습니다. p값이 .05보다 작은 .000이므로 회귀모형이 적합하다고 할 수 있습니다.

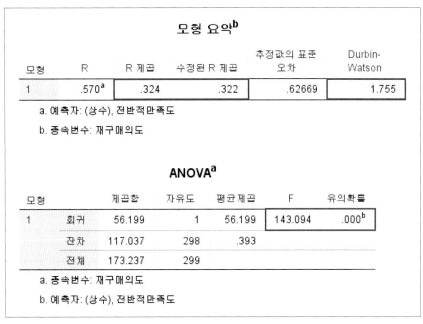

모형 요약[b]

모형	R	R 제곱	수정된 R 제곱	추정값의 표준 오차	Durbin-Watson
1	.570[a]	.324	.322	.62669	1.755

a. 예측자: (상수), 전반적만족도
b. 종속변수: 재구매의도

ANOVA[a]

모형		제곱합	자유도	평균제곱	F	유의확률
1	회귀	56.199	1	56.199	143.094	.000[b]
	잔차	117.037	298	.393		
	전체	173.237	299			

a. 종속변수: 재구매의도
b. 예측자: (상수), 전반적만족도

그림 20-8 | 단순회귀분석 SPSS 출력 결과 : 모형 요약과 ANOVA 결과표

[그림 20-8]의 〈모형 요약〉 결과표를 보면 'R 제곱'이라는 항목이 있습니다. R 제곱은 독립 변수가 종속변수를 얼마나 설명하는지 판단하는 수치입니다. 이 결과표에서 R 제곱이 .324 이므로 약 32.4%를 설명한다고 할 수 있습니다. '수정된 R 제곱'은 R 제곱과는 계산 방식이 약간 다른 설명력 수치입니다. 단순회귀분석에서는 의미가 별로 없고, 다중회귀분석에서 의미가 있으니, 다중회귀분석을 살펴볼 때 설명하겠습니다.

[그림 20-8]의 〈모형 요약〉 결과표 맨 끝에 Durbin-Watson 항목이 보입니다. Durbin-Watson을 통해 잔차의 독립성 여부를 판단할 수 있습니다. 회귀분석에서는 일반적으로 잔차의 독립성을 가정하고 분석을 진행합니다. 잔차의 독립성이란 말이 어렵죠? 앞에서 간단히 설명했듯이, 잔차는 관측값에서 예측값을 뺀 수치이며, 회귀분석에서의 오차 개념입니다.

독립성이란 쉽게 말하면 랜덤하다는 것, 즉 규칙이 없는 것을 의미합니다. 그렇다면 잔차의 독립성이란, 회귀분석에서 나타나는 오차가 규칙 없이 랜덤하게 나타난다는 의미입니다. 오차에 플러스 값이 나왔다가 마이너스 값이 나오고, 커졌다가 작아졌다 해야 잔차에 독립성이 있다고 할 수 있습니다. 잔차가 점점 커진다든가, 점점 작아진다든가, 혹은 계속 플러스 값을 보인다든가, 마이너스 값을 보인다면 이는 잔차가 규칙성을 보이는 것입니다. 회귀분석에서는 잔차가 규칙성을 보이면 안 됩니다. 즉 랜덤해야 합니다.

이 같은 잔차의 독립성 여부를 판단하기 위해 보는 수치가 Durbin-Watson 통계량입니다. 이 통계량이 2에 근사할수록 잔차에 독립성이 있다고 할 수 있습니다. 이 기준에 대해서는 여러 가지 의견이 있습니다. 1.5~2.5이면 잔차의 독립성을 충족한다고 보는 경우가 많지만, 1~3이면 문제가 없다는 의견도 존재합니다.[1] 결국 2에 적당히 근사하면 잔차의 독립성 가정을 만족한다고 생각하면 됩니다. [그림 20-8]의 〈모형 요약〉 결과표에서는 1.755로 나와 2에 근사하므로 잔차의 독립성 가정을 위배하지 않는 것으로 평가할 수 있습니다.

출력 결과표를 통해 회귀모형이 유의하며, 잔차의 독립성 가정에도 문제가 없음을 확인했습니다. 이제 회귀계수가 유의한지 확인하고, 회귀계수가 정(+)적으로 유의한지 혹은 부(-)적으로 유의한지 판단해야 합니다.

아무도 가르쳐주지 않는 Tip

앞에서 설명한 것처럼, ANOVA는 범주형 변수에 따른 연속형 변수의 평균 차이를 검증할 때 활용하는 분석입니다. 그런데 회귀분석에서도 출력 결과에 'ANOVA'라는 용어가 있어 혼란스러울 수 있습니다.

앞에 나온 ANOVA 분석은 집단에 따른 종속변수의 분산이 비교적 클 경우 유의한 결과가 나옵니다. 즉 집단에 따른 종속변수의 분산이 유의한 결과가 나올 정도로 충분히 크기 때문에 집단에 따라 종속변수 평균 차이가 유의한 것으로 평가됩니다.

반면 회귀분석의 ANOVA는 회귀모형에 의해 종속변수의 변화가 비교적 클 경우 유의한 결과가 나옵니다. 결국 ANOVA에서 종속변수의 평균 차이는 회귀분석에서 회귀모형에 따른 종속변수의 변화 차이와 비교해서 생각해볼 수 있습니다. 변화의 차이가 크면 회귀모형의 설명력이 충분하다고 판단되고 이에 따라 p값이 유의하게 나타나게 됩니다. 결국 p값이 .05 미만이면 독립변수가 종속변수에 영향을 미칠 만큼 변화의 차이가 크고, 회귀모형이 적합하다고 판단을 하게 됩니다.

---

1 Field, A.P. (2009). Discovering statistics using SPSS: and sex and drugs and rock 'n' roll (3rd edition). London:Sage.

[그림 20-9]의 〈계수〉 결과표를 살펴보면, '전반적만족도'의 p값은 .000으로 유의하게 나타났습니다. 즉 전반적 만족도는 재구매의도에 유의한 영향을 미치는 것으로 판단할 수 있습니다.

계수[a]

모형		비표준화 계수		표준화 계수	t	유의확률
		B	표준오차	베타		
1	(상수)	1.266	.143		8.845	.000
	전반적만족도	.554	.046	.570	11.962	.000

a. 종속변수: 재구매의도

그림 20-9 | 단순회귀분석 SPSS 출력 결과 : 계수

다음으로 정(+)의 영향인지 부(−)의 영향인지 알기 위해 회귀계수를 확인합니다. [그림 20-9]의 〈계수〉 결과표를 보면, 비표준화 계수(B=.554)와 표준화 계수(β=.570)가 모두 0보다 큽니다. 즉 양(+)의 값을 보이므로 전반적 만족도는 재구매의도에 정(+)의 영향을 미친다고 판단할 수 있습니다. 만약 회귀계수가 마이너스 값이라면 부(−)의 영향을 미친다고 판단할 수 있겠습니다.

〈계수〉 결과표에서 보듯이, 계수에는 '비표준화 계수'와 '표준화 계수' 두 가지가 있습니다. 비표준화 계수와 표준화 계수의 부호는 동일하기에 어느 수치를 보아도 상관없습니다. 다만 독립변수가 여러 개인 다중회귀분석에서는 표준화 계수와 비표준화 계수를 구분할 필요가 있습니다. 이 둘의 차이는 다중회귀분석을 살펴볼 때 설명하겠습니다.

만약 회귀식을 제시하고자 한다면, 비표준화 계수를 바탕으로 다음과 같이 제시할 수 있습니다.

(종속변수) = (상수) + B × (독립변수)

실습한 결과를 회귀식으로 나타내면, 다음과 같이 적용할 수 있습니다.

재구매의도 = 1.266 + 0.554 × 전반적 만족도

회귀식을 보면, 전반적 만족도가 1점 높아질 때 재구매의도는 0.554점 정도 높아진다고 판단을 할 수 있습니다. 논문에 참고 형태로 회귀식을 제시해도 되지만, 회귀식보다는 독립변수의 영향이 유의한지, 정(+)의 영향인지 혹은 부(−)의 영향인지 판단하는 게 더 중요합니다.

04 _ 논문 결과표 작성하기

1 단순회귀분석 결과표는 B, $S.E.$, β, t, p의 결과 값이 열로 구성되고, 하단에 F값과 유의확률 수준, R 제곱과 Durbin−Watson(D−W) 값을 넣습니다. 단순회귀분석이므로 상수와 독립변수에 대해 작성합니다.

표 20-1

종속변수	독립변수	B	$S.E.$	β	t	p
재구매의도	(상수)					
	전반적 만족도					
		$F=$ ($p<$), $R^2=$, $D-W=$				

2 단순회귀분석 엑셀 결과에서 〈계수〉 결과표의 비표준화 계수 B와 표준오차($S.E.$), t값의 표시를 '0.000' 형태로 동일하게 변경하기 위해, 비표준화 계수 B값과 표준오차($S.E.$), t값을 모두 선택하여 [Ctrl]+[1] 단축키로 셀 서식 창을 엽니다.

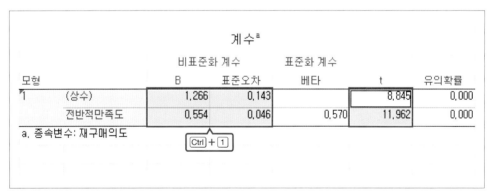

그림 20-10

3 셀 서식 창에서 **①** '범주'의 '숫자'를 클릭하고 **②** '음수'의 '−1234'를 선택합니다. **③** '소수 자릿수'를 '3'으로 수정한 후 **④** 확인을 클릭해서 소수점 셋째 자리의 수로 변경합니다.

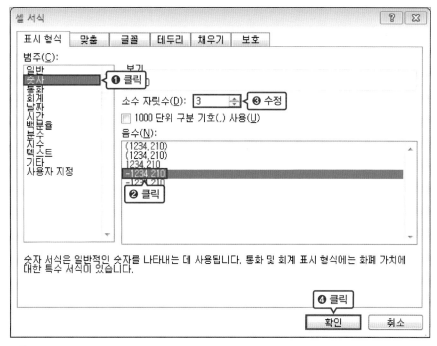

그림 20-11

4 〈계수〉 결과표의 비표준화 계수 B값과 표준오차($S.E.$), 표준화 계수 베타(β), t값, 유의확률의 모든 결과 값을 선택하여 복사합니다.

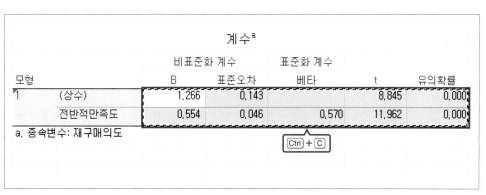

그림 20-12

5 한글에 만들어놓은 단순회귀분석 결과표의 B 항목에서 첫 번째 빈칸에 복사한 값을 붙여넣기합니다.

종속변수	독립변수	B	S.E.	β	t	p
재구매의도	(상수)	Ctrl + V				
	전반적만족도					
$F=$ ($p<$), $R^2=$____, D-$W=$						

그림 20-13

6 셀 붙이기 창에서 ❶ '내용만 덮어 쓰기'를 클릭하고 ❷ 붙이기를 클릭합니다.

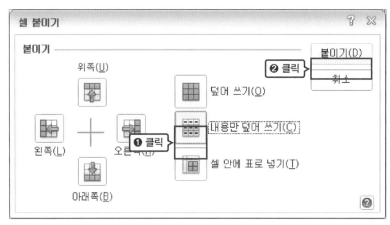

그림 20-14

7 단순회귀분석 엑셀 결과에서 〈모형 요약〉과 〈ANOVA〉의 결과표에 있는 ❶ *F*값, ❷ *p* 값, ❸ R 제곱 값, ❹ Durbin-Watson 값을 복사하여, 한글에 만들어놓은 단순회귀분석 결과표의 하단으로 각각 옮깁니다.

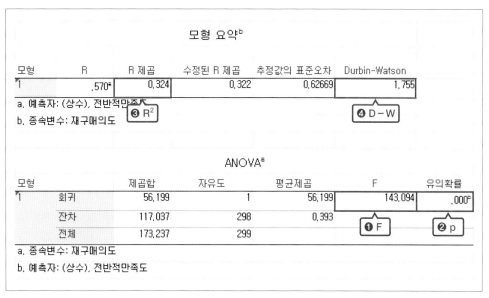

그림 20-15

8 입력한 모든 셀의 글자 모양을 양식에 맞게 변경하면 결과표가 완성됩니다. 상수와 독립변수인 '전반적 만족도'의 유의확률 *p*가 0.001 미만이므로 *t*값에 *표 세 개를 위첨자로 달아줍니다.

표 20-2 | 전반적 만족도가 재구매의도에 미치는 영향

종속변수	독립변수	*B*	*S.E.*	*β*	*t*	*p*
재구매의도	(상수)	1.266	0.143		8.845***	<.001
	전반적 만족도	0.554	0.046	.570	11.962***	<.001
		$F=143.094(p<.001)$, $R^2=.324$, $D-W=1.755$				

*** *p*<.001

05 _ 논문 결과표 해석하기

단순회귀분석 결과표에 대한 해석은 다음 3단계로 작성합니다.

❶ **분석 내용과 분석법 설명**
"전반적 만족도(독립변수)가 재구매의도(종속변수)에 미치는 영향을 검증하기 위해, 단순회귀분석(분석법)을 실시하였다."

❷ **회귀모형의 유의성, 설명력 설명**
분산 분석의 F값과 유의확률로 회귀모형의 유의성을 설명하고, R 제곱으로 설명력을, Durbin-Watson 값으로 잔차의 독립성 가정 충족 여부에 대해 설명합니다.

❸ **독립변수의 유의성 검증 결과 설명**
종속변수에 대한 독립변수의 영향이 유의한지를 β값과 유의확률로 설명합니다.

❶ 전반적 만족도[2]가 재구매의도[3]에 미치는 영향을 검증하기 위해, 단순회귀분석(Simple linear regression analysis)을 실시하였다.

❷ 그 결과 회귀모형은 통계적으로 유의하게 나타났으며(F=143.094[4], p<.001[5]), 회귀모형의 설명력은 약 32.4%[6]로 나타났다(R^2=.324[7]). 한편 Durbin-Watson 통계량은 1.755로 2에 근사한 값을 보여 잔차의 독립성 가정에 문제는 없는 것으로 평가되었다.

❸ 회귀계수의 유의성 검증 결과, 전반적 만족도는 재구매의도에 유의한 정(+)의 영향[8]을 미치는 것으로 나타났다(β=.570[9], p<.001[10]). 즉 전반적 만족도가 높아질수록 재구매의도도 높아지는[11] 것으로 평가되었다.

---

2 독립변수
3 종속변수
4 '분산분석'의 F값
5 '분산분석'의 유의확률
6 '모형 요약'의 R 제곱 × 100
7 '모형 요약'의 R 제곱
8 회귀계수가 양(+)수이므로 정(+)의 영향, 음(-)수였다면 부(-)의 영향
9 해당 변수의 표준화 계수
10 해당 변수의 p값
11 회귀계수가 양(+)수이므로 '높아지는', 음(-)수였다면 '낮아지는'

[단순회귀분석 논문 결과표 완성 예시]

스마트폰 전반적 만족도가 재구매의도에 미치는 영향

〈표〉 전반적 만족도가 재구매의도에 미치는 영향

종속변수	독립변수	B	$S.E.$	β	t	p
재구매의도	(상수)	1.266	0.143		8.845***	<.001
	전반적 만족도	0.554	0.046	.570	11.962***	<.001
		$F=143.094(p<.001)$, $R^2=.324$, $D-W=1.755$				

*** $p<.001$

　전반적 만족도가 재구매의도에 미치는 영향을 검증하기 위해, 단순회귀분석(Simple linear regression analysis)을 실시하였다. 그 결과 회귀모형은 통계적으로 유의하게 나타났으며($F=143.094$, $p<.001$), 회귀모형의 설명력은 약 32.4%로 나타났다($R^2=.324$). 한편 Durbin-Watson 통계량은 1.755로 2에 근사한 값을 보여 잔차의 독립성 가정에 문제는 없는 것으로 평가되었다.

　회귀계수의 유의성 검증 결과, 전반적 만족도는 재구매의도에 유의한 정(+)의 영향을 미치는 것으로 나타났다($\beta=.570$, $p<.001$). 즉 전반적 만족도가 높아질수록 재구매의도도 높아지는 것으로 평가되었다.

 여기서 잠깐!!

비표준화 계수, 표준오차, 표준화계수는 한글로 표기해도 되지만, 논문에서는 일반적으로 비표준화 계수는 B, 표준화 계수는 β(베타)로 표기합니다. 그리고 표준오차는 Standard Error의 약자인 $S.E.$로 표기합니다.

21

다중회귀분석
: 다수의 연속형 독립변수가 연속형 종속변수에 미치는 영향 검증

bit.ly/onepass-spss22

PREVIEW

· **다중회귀분석** : 다수의 연속형 독립변수가 연속형 종속변수에 미치는 영향을 검증하는 통계분석 방법

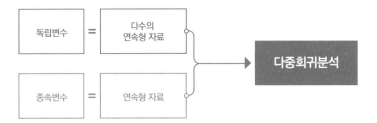

01 _ 기본 개념과 연구 가설

다중회귀분석(Multiple linear regression analysis)은 두 개 이상의 연속형 독립변수가 연속형 종속변수에 미치는 영향을 검증하는 방법입니다. 독립변수가 높아질수록 종속변수가 높아지는지, 낮아지는지를 검증한다는 점에서는 단순회귀분석과 같지만, 독립변수 여러 개가 동시에 종속변수에 미치는 영향을 검증한다는 점이 다릅니다.

스마트폰 만족도 연구에서 품질, 이용편리성, 디자인, 부가기능이 전반적 만족도에 미치는 영향을 검증한다고 가정해봅시다. 품질, 이용편리성, 디자인, 부가기능은 연속형 자료, 전반적 만족도도 연속형 자료이기 때문에 다중회귀분석을 실시할 수 있습니다.

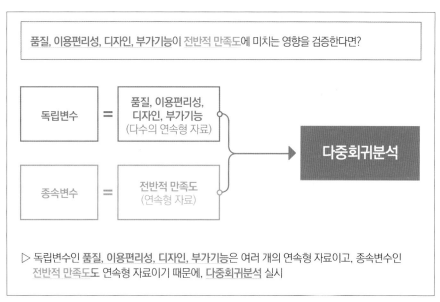

그림 21-1 | 다중회귀분석을 사용하는 연구문제 예시

다중회귀분석은 독립변수가 여러 개라는 차이가 있을 뿐, 분석 방법과 개념은 단순회귀분석과 동일합니다. 독립변수가 두 개인 다중회귀분석의 경우, 독립변수를 가로축에, 종속변수를 세로축에 넣고 산점도를 그리면 [그림 21-2]와 같습니다. 산점도에 찍힌 점들을 가장 잘 설명하는 직선을 도출하는 분석이 회귀분석입니다.

SECTION 20의 단순회귀분석에서 설명했듯이, 점으로 찍힌 값이 '관측값(실제값)'이라면 도출된 직선상에 있는 값이 회귀분석을 통해 예측된 '예측값'이라 할 수 있습니다. 이때 관측값과 예측값의 차이가 오차인데, 그 오차를 회귀분석에서는 '잔차'라고 합니다. 이러한 잔차를 최소화하는 직선을 3차원 이상인 공간에서 도출하는 것이 다중회귀분석입니다.

앞서 단순회귀분석에서는 2차원 그래프를 그려 잔차를 확인했지만, 다중회귀분석부터는 그래프가 3차원이 됩니다. 따라서 2차원 형태의 그래프로는 잔차를 명확히 표현할 수 없습니다. 그래프를 입체적으로 생각했을 때, 독립변수 1과 독립변수 2, 종속변수 값에 따라 나온 점들과의 거리(잔차)가 가장 짧게 나오는 직선을 도출하는 것이 다중회귀분석입니다. 즉 단순회귀분석과 마찬가지로, 다차원적으로 예측값과 관측값 간 거리(잔차)를 계산하여 잔차제곱합이 최소가 되는 직선을 추정합니다. 그러면 [그림 21-2]와 같이 빨간색 직선을 도출해 낼 수 있습니다.

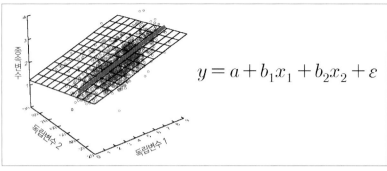

$$y = a + b_1 x_1 + b_2 x_2 + \varepsilon$$

그림 21-2 | 그래프를 통한 다중회귀분석의 개념 이해

**연구
문제
21-1**

품질, 이용편리성, 디자인, 부가기능이 전반적 만족도에 미치는 영향

품질, 이용편리성, 디자인, 부가기능이 전반적 만족도에 미치는 영향을 검증해보자.

[연구문제 21−1]에 대한 가설 형태를 정리하면 다음과 같습니다.

> **가설 형태 1 : (독립변수 1)이 (종속변수)에 유의한 영향을 미칠 것이다.**
> **가설 형태 2 : (독립변수 2)가 (종속변수)에 유의한 영향을 미칠 것이다.**
> ⋮
> **가설 형태 n : (독립변수 n)이 (종속변수)에 유의한 영향을 미칠 것이다.**

방향성이 정(+)적으로 명확하다면, 다음과 같이 나타낼 수 있습니다.

> **가설 형태 1 : (독립변수 1)이 (종속변수)에 유의한 정(+)의 영향을 미칠 것이다.**
> **가설 형태 2 : (독립변수 2)가 (종속변수)에 유의한 정(+)의 영향을 미칠 것이다.**
> ⋮
> **가설 형태 n : (독립변수 n)이 (종속변수)에 유의한 정(+)의 영향을 미칠 것이다.**

방향성이 부(−)적으로 명확하다면, 다음과 같이 나타낼 수 있습니다.

> **가설 형태 1 : (독립변수 1)이 (종속변수)에 유의한 부(−)의 영향을 미칠 것이다.**
> **가설 형태 2 : (독립변수 2)가 (종속변수)에 유의한 부(−)의 영향을 미칠 것이다.**
> ⋮
> **가설 형태 n : (독립변수 n)이 (종속변수)에 유의한 부(−)의 영향을 미칠 것이다.**

여기서 독립변수 자리에 품질, 이용편리성, 디자인, 부가기능을, 종속변수 자리에 전반적 만족도를 적용하면 가설은 다음과 같이 나타낼 수 있습니다. 품질, 이용편리성, 디자인, 부가기능이 높을수록 전반적 만족도가 떨어지지는 않을 것이기에, 가설에 정(+)의 영향이라는 말을 포함하였습니다.

> 가설 1 : (품질)은 (전반적 만족도)에 유의한 정(+)의 영향을 미칠 것이다.
> 가설 2 : (이용편리성)은 (전반적 만족도)에 유의한 정(+)의 영향을 미칠 것이다.
> 가설 3 : (디자인)은 (전반적 만족도)에 유의한 정(+)의 영향을 미칠 것이다.
> 가설 4 : (부가기능)은 (전반적 만족도)에 유의한 정(+)의 영향을 미칠 것이다.

 여기서 잠깐!!

다중회귀분석의 연구문제와 가설을 보면서 '다중회귀분석이 단순회귀분석과 다른 게 뭐지? 그냥 여러 독립변수가 종속변수에 미치는 영향을 하나씩 나열한 것 말고는 없는 것 같은데?'라는 의문이 들 수 있습니다.

어떤 현상에서 1개의 원인이 1개의 결과에 영향을 미치는 경우는 많지 않습니다. 하지만 연구에서는 여러 상황이 동일하다고 가정하고 1개의 변수가 미치는 영향력을 단순회귀분석으로 검증하는 것이죠. 좀 더 현실을 반영하는 연구가 되려면 여러 원인 변수가 결과에 영향을 미치는지 알아봐야 하고, 그중 어떤 변수가 가장 많이 영향을 미치는지 살펴보아야 합니다. 그때 다중회귀분석을 사용합니다.

결국 다중회귀분석의 연구문제를 설계할 때, '품질, 이용편리성, 디자인, 부가기능 중 전반적 만족도에 가장 큰 영향을 미치는 요인은 무엇인가?'라는 궁금증을 품고, '네 가지 요인 중 품질이 전반적 만족도에 가장 큰 정(+)의 영향을 미칠 것이다'라는 가설을 세울 수 있습니다. 나머지 세 가지 요인도 마찬가지로 가설을 세워 그 가설이 맞는지(채택), 틀린지(기각)를 다중회귀분석을 통해 알아보는 편입니다.

그 결과, 만약 디자인이 전반적 만족도에 가장 큰 정(+)의 영향을 미친다면 스마트폰 제조사들은 고객의 마음을 사로잡기 위해 네 가지 요인 중 '디자인'에 가장 크게 신경 쓸 것입니다. 만약 예산이 제한되어 있다면 다른 요인은 잠시 미뤄두고 '디자인'을 예쁘게 만드는 데 집중하는 선택과 집중 전략을 사용할 수도 있습니다.

02 _ SPSS 무작정 따라하기

1 분석-회귀분석-선형을 클릭합니다.

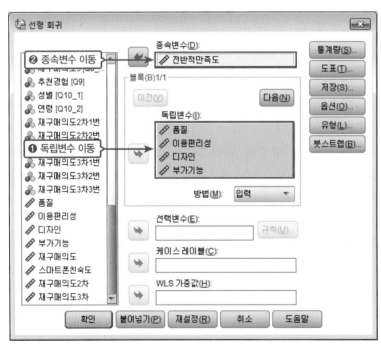

그림 21-3

2 선형 회귀 창에서 ❶ '품질', '이용편리성', '디자인', '부가기능'을 '독립변수'로 옮기고 ❷ '전반적만족도'를 '종속변수'로 옮깁니다.

그림 21-4

3 통계량을 클릭합니다.

그림 21-5

4 선형 회귀: 통계량 창에서 ❶ '공선성 진단'에 체크하고 ❷ 'Durbin-Watson'에 체크한
뒤 ❸ 계속을 클릭합니다.

그림 21-6

5 확인을 클릭합니다.

그림 21-7

03 _ 출력 결과 해석하기

단순회귀분석과 마찬가지로 다중회귀분석에서도 독립변수들의 유의성 여부를 확인하기 전에, 회귀모형의 적합도 및 설명력을 확인해야 합니다. 적합도는 [그림 21-8]의 〈ANOVA〉 결과표를 확인하면 됩니다. 여기서 F값이 29.742, p값이 .000으로 나타났습니다. p값이 .05 보다 작은 .000이므로 회귀모형이 적합하다고 할 수 있습니다.

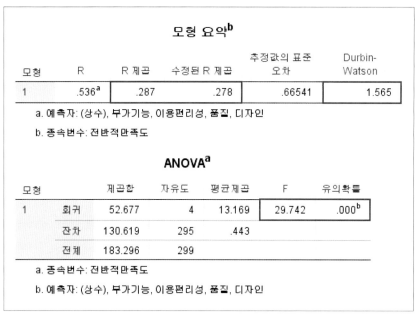

모형 요약[b]

모형	R	R 제곱	수정된 R 제곱	추정값의 표준 오차	Durbin-Watson
1	.536[a]	.287	.278	.66541	1.565

a. 예측자: (상수), 부가기능, 이용편리성, 품질, 디자인
b. 종속변수: 전반적만족도

ANOVA[a]

모형		제곱합	자유도	평균제곱	F	유의확률
1	회귀	52.677	4	13.169	29.742	.000[b]
	잔차	130.619	295	.443		
	전체	183.296	299			

a. 종속변수: 전반적만족도
b. 예측자: (상수), 부가기능, 이용편리성, 품질, 디자인

그림 21-8 | 다중 회귀분석 SPSS 출력 결과 : 모형 요약과 ANOVA 결과표

[그림 21-8]의 〈모형 요약〉 결과표를 보면 'R 제곱'이라는 항목이 있습니다. R 제곱은 독립변수가 종속변수를 얼마나 설명하는지를 판단하는 수치입니다. 이 결과표에서 R 제곱은 .287이므로 약 28.7%를 설명한다고 할 수 있습니다. '수정된 R 제곱'은 R 제곱의 계산 방식과 약간 다른 설명력 수치로, 변수의 개수까지 고려하여 계산된 설명력입니다.

예를 들어 독립변수 2개로 구성된 회귀모형에 독립변수 1개를 추가한다면, 그 독립변수는 종속변수를 전혀 설명하지 못해도 R 제곱은 떨어지지 않습니다. 아무리 종속변수를 설명하지 못하는 변수라도 0.0000001만큼은 증가하기 때문입니다. 하지만 수정된 R 제곱은 변수의 개수를 분모에 두어 계산한 방식입니다. 따라서 불필요한 변수가 추가되면 수정된 R 제곱은 떨어지기도 합니다. 이 때문에 다중회귀분석이나 위계적 회귀분석을 진행할 때, 수정된 R 제곱은 모형에 불필요한 변수를 판단하기 좋은 설명력 수치가 됩니다. 그래서 다중회귀분석이나 위계적 회귀분석을 진행할 때는 R 제곱과 수정된 R 제곱을 함께 표시해줍니다.

표 21-1 | R 제곱과 수정된 R 제곱 비교

R 제곱(R^2)	수정된 R 제곱(adjusted R^2)
• 불필요한 독립변수가 추가돼도 감소하지 않음	• 불필요한 독립변수가 추가되면 감소함
• 단순회귀분석, 다중회귀분석에서 모두 표기	• 다중회귀분석에서만 표기
• R^2, R-square 등으로 표기	• $_{adj}R^2$, $_{adj}$R-square 등으로 표기

 여기서 잠깐!!

단순회귀분석에서는 모형의 설명력을 보기 위해 R 제곱값을 많이 보는 편이고, 다중회귀분석에서는 모형이 현상을 얼마나 설명하는지를 판단하기 위해 수정된 R 제곱값을 확인하는 편입니다.

단순회귀분석에서 설명했듯이, Durbin-Watson을 통해서는 잔차의 독립성 여부를 판단할 수 있습니다. 회귀분석에서는 일반적으로 잔차의 독립성을 가정하고 분석을 진행합니다. 잔차는 관측값에서 예측값을 뺀 수치이며, 회귀분석에서의 오차 개념입니다. 독립성은 쉽게 말해 랜덤한 것, 즉 규칙이 없는 것을 의미합니다. 그렇다면 잔차의 독립성이란, 회귀분석에서 나타나는 오차가 규칙 없이 랜덤하게 나타난다는 의미입니다. 오차에 플러스 값이 나왔다가 마이너스 값이 나오고, 커졌다가 작아졌다 해야 잔차에 독립성이 있다고 할 수 있습니다. 잔차가 점점 커진다든가, 점점 작아진다든가, 혹은 계속 플러스 값을 보인다든가, 계속 마이너스 값을 보인다면 이는 잔차가 규칙성을 보이는 것입니다. 회귀분석에서는 잔차가 규칙성을 보이면 안 됩니다. 즉 랜덤해야 합니다.

이 같은 잔차의 독립성 여부를 판단하기 위해 보는 수치가 Durbin-Watson 통계량입니다. 이 통계량이 2에 근사할수록 잔차에 독립성이 있다고 할 수 있습니다. 이 기준에 대해서는 여러 가지 의견이 있습니다. 1.5~2.5이면 잔차의 독립성을 충족한다고 보는 경우가 많지만, 1~3이면 문제가 없다는 의견도 존재합니다.[1] 결국 2에 적당히 근사하면 잔차의 독립성 가정을 만족한다고 생각하면 됩니다. [그림 21-8]의 〈모형 요약〉 결과표에서는 1.565로 나와 2에 근사하므로 잔차의 독립성 가정을 위배하지 않는 것으로 평가할 수 있습니다.

---

1 Field, A.P. (2009). Discovering statistics using SPSS: and sex and drugs and rock 'n' roll (3rd edition). London:Sage.

앞서 회귀모형이 유의한 것으로 나타났으므로, 이제 회귀계수가 유의한지 확인해야 합니다. 이때 회귀계수가 정(+)적으로 유의한지, 부(−)적으로 유의한지 판단해야 합니다. 하지만 그 전에 살펴볼 것이 하나 더 있습니다. 단순회귀분석에서는 변수가 하나이기 때문에 다중공선성을 살펴볼 필요가 없었지만, 다중회귀분석에서는 변수가 두 개 이상이므로 다중공선성을 봐야 합니다. 다중공선성이란 독립변수 간의 유사성을 의미하는데, 독립변수끼리 유사성이 너무 높으면 서로의 영향력을 감소시킬 수 있습니다. 너무 비슷한 변수 두 개가 투입됨으로써, 그 영향력이 불필요하게 나뉘는 것입니다. 즉 유의하게 나올 수 있는 변수인데도 불구하고 유의하지 않게 나올 수 있다는 의미입니다. 다중공선성은 분산팽창지수(Variance Inflation Factor: VIF)를 통해 판단하며, 10 미만이면 다중공선성이 문제가 없다고 판단합니다. 하지만 10 미만이더라도 5를 초과한다면 다중공선성을 의심해볼 수는 있습니다.

[그림 21-9]의 〈계수〉 결과표를 보면, VIF 값이 모두 10보다 훨씬 작으므로 다중공선성 문제는 없다고 판단할 수 있습니다. 만약 다중공선성 문제가 있는 변수가 있다면 그 변수는 제외해야 합니다. VIF 값이 큰 것부터 제외하면 됩니다.

계수[a]

모형		비표준화 계수 B	비표준화 계수 표준오차	표준화 계수 베타	t	유의확률	공선성 통계량 공차	공선성 통계량 VIF
1	(상수)	.588	.234		2.511	.013		
	품질	.145	.064	.129	2.275	.024	.748	1.337
	이용편리성	.177	.057	.179	3.115	.002	.730	1.370
	디자인	.264	.064	.250	4.090	.000	.645	1.551
	부가기능	.160	.054	.165	2.941	.004	.765	1.307

a. 종속변수: 전반적만족도

그림 21-9 | 다중 회귀분석 SPSS 출력 결과 : 계수

다중공선성에 문제가 없다면, 〈계수〉 결과표에서 유의확률 값을 확인합니다. 결과적으로 품질, 이용편리성, 디자인, 부가기능의 p값은 모두 .05 미만으로 유의하게 나타났습니다. 즉 품질, 이용편리성, 디자인, 부가기능은 전반적 만족도에 유의한 영향을 미치는 것으로 판단할 수 있습니다.

다음으로 정(+)의 영향인지 부(−)의 영향인지 알기 위해 회귀계수를 확인해야 합니다. [그림 21-9]의 〈계수〉 결과표를 보면, 네 가지 독립변수 모두 회귀계수가 양(+)의 값을 보입니다. 이를 바탕으로 품질, 이용편리성, 디자인, 부가기능은 모두 전반적 만족도에 정(+)의 영향을 미친다고 판단할 수 있습니다. 만약 회귀계수가 마이너스 값이라면 부(−)의 영향이라고 판단할 수 있겠습니다.

계수에는 '비표준화 계수'와 '표준화 계수' 두 가지가 있습니다. 비표준화 계수와 표준화 계수의 부호는 동일하기에 어느 수치를 보아도 상관없습니다. 다만 비표준화 계수는 독립변수가 1만큼 증가할 때 종속변수가 얼마만큼 증가 혹은 감소하는가를 의미합니다. 현재 품질, 이용편리성, 디자인, 부가기능은 모두 5점 척도로 측정이 되었기에, 대체로 비표준화 계수가 높은 변수가 표준화 계수도 높고, 비표준화 계수가 낮은 변수는 표준화 계수도 낮게 나타났습니다. 만약 품질은 5점 척도, 이용편리성은 9점 척도로 측정이 되었다면, 비표준화 계수는 어떻게 달라질까요? 품질에서의 1점은 굉장히 큰 점수가 되고, 이용편리성에서의 1점은 비교적 작은 점수가 됩니다. 비표준화 계수는 독립변수가 1점 증가할 때 종속변수의 증가량(감소량)을 의미하므로, 아무래도 만점이 5점으로 낮아 1점의 의미가 큰 품질에서 비표준화 계수가 높게 나타날 가능성이 큽니다. 즉 비표준화 계수로는 독립변수들의 종속변수에 대한 영향력 크기를 비교할 수 없습니다. 단위가 통일되지 않았기 때문이죠.

반면에 표준화 계수는 점수의 퍼진 정도를 고려해서 산출한 계수이기 때문에, 상대적으로 영향력을 비교할 수 있습니다. 즉 표준화 계수를 바탕으로 어떤 변수의 영향이 크고, 어떤 변수의 영향이 작은지 파악할 수 있습니다. 본 결과에서는 디자인이 전반적 만족도에 미치는 영향이 가장 크고(β=.250), 그다음으로 이용편리성, 부가기능, 품질 순으로 나타난 것을 확인할 수 있습니다.

 여기서 잠깐!!

결국 표준화 계수는 여러 독립변수의 상대적인 영향을 비교하는 다중회귀분석에서 많이 봅니다. 즉 유의확률이 .05 미만으로 나타났을 경우 독립변수 중에 어떤 변수가 종속변수에 가장 큰 영향력을 미치는지 확인하는 분석 방법으로 표준화 계수를 많이 씁니다. 그런데 연구자들과 함께 분석을 진행하다 보면, 독립변수들이 종속변수에 미치는 영향이 통계적으로 유의하지 않았는데, 표준화 계수 값의 차이만 보고 독립변수 1이 독립변수 2보다 종속변수에 더 큰 영향을 미쳤다고 해석하는 경우가 있습니다. 하지만 우선 통계적으로 그 가설이 유의하게 나와야 그 후에 다른 수치들을 보는 것이 의미가 있습니다. 이런 우(愚)를 범하지 않도록 유의확률을 먼저 보는 습관을 기르면 좋습니다.

표 21-2 | 비표준화 계수와 표준화 계수 비교

비표준화 계수	표준화 계수
• 단위가 통일되지 않음	• 단위가 통일됨
• 절대적인 영향력의 크기	• 상대적인 영향력의 크기
• 변수끼리 영향력 크기를 비교할 수 없음	• 변수끼리 영향력 크기를 비교할 수 있음
• 회귀식에 사용되는 계수 (독립변수 1점 증가 시 종속변수 증가량)	

만약 회귀식을 제시하고자 한다면, 비표준화 계수를 바탕으로 다음과 같이 제시할 수 있습니다.

(종속변수) = (상수) + B1 × (독립변수1) + B2 × (독립변수2) + B3 × (독립변수3) + B4 × (독립변수4)

실습한 결과를 회귀식으로 나타낸다면, 다음과 같이 적용할 수 있습니다.

(전반적 만족도) = 0.588 + 0.145 × (품질) + 0.177 × (이용편리성) + 0.264 × (디자인) + 0.160 × (부가기능)

회귀식을 보면, 품질이 1점 높아질 때 전반적 만족도는 0.145점 정도 높아지고, 이용편리성이 1점 높아질 때 전반적 만족도는 0.177점 정도 높아집니다. 또 디자인이 1점 높아질 때 전반적 만족도는 0.264점, 부가기능이 1점 높아질 때 전반적 만족도는 0.160점 정도 높아진다고 판단을 할 수 있습니다. 논문을 쓸 때 회귀식을 참고로 제시해도 되지만, 회귀식보다는 독립변수의 영향이 유의한지 판단하고, 유의한 영향이 정(+)의 영향인지, 부(−)의 영향인지 판단하는 게 더 중요합니다.

04 _ 논문 결과표 작성하기

1 다중회귀분석 결과표는 B, $S.E.$, β, t, p, VIF의 결과 값 열로 구성되고, 하단에 F값과 유의확률 수준, R 제곱과 수정된 R 제곱, Durbin-Watson 값을 넣습니다. 다중회귀분석이므로 상수와 4개의 독립변수에 대해 작성합니다.

표 21-3

종속변수	독립변수	B	$S.E.$	β	t	p	VIF
전반적 만족도	(상수)						
	품질						
	이용편리성						
	디자인						
	부가기능						
	$F=$ ($p<$), $R^2=$, $_{adj}R^2=$, $D-W=$						

2 다중회귀분석 엑셀 결과에서 〈계수〉 결과표의 비표준화 계수 B와 표준오차($S.E.$), t값의 표시를 '0.000' 형태로 동일하게 변경하기 위해, 비표준화 계수 B값과 표준오차($S.E.$), t값을 모두 선택하여 [Ctrl]+[1] 단축키로 셀 서식 창을 엽니다.

계수[a]

모형		비표준화 계수		표준화 계수			공선성 통계량	
		B	표준오차	베타	t	유의확률	공차	VIF
1	(상수)	0.588	0.234		2.511	0.013		
	품질	0.145	0.064	0.129	2.275	0.024	0.748	1.337
	이용편리성	0.177	0.057	0.179	3.115	0.002	0.730	1.370
	디자인	0.264	0.064	0.250	4.090	0.000	0.645	1.551
	부가기능	0.160	0.054	0.165	2.941	0.004	0.765	1.307

a. 종속변수: 전반적만족도

[Ctrl]+[1]

그림 21-10

3 셀 서식 창에서 **1** '범주'의 '숫자'를 클릭하고 **2** '음수'의 '−1234'를 선택합니다. **3** '소수 자릿수'를 '3'으로 수정한 후 **4** 확인을 클릭해서 소수점 셋째 자리의 수로 변경합니다.

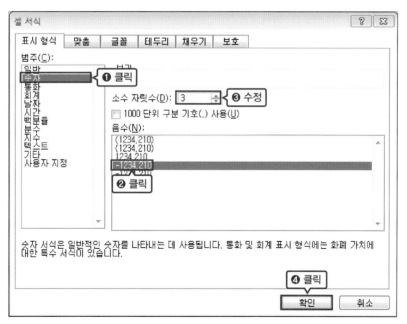

그림 21-11

4 〈계수〉 결과표의 ❶ 비표준화 계수 B값과 표준오차($S.E.$), 표준화 계수 베타(β), t값, 유의확률의 결과 값을 선택하여 복사합니다. 한글에 붙여넣은 후에 ❷ VIF 값도 선택하여 복사합니다.

계수[a]

모형		비표준화 계수		표준화 계수	t	유의확률	공선성 통계량	
		B	표준오차	베타			공차	VIF
1	(상수)	0.588	0.234		2.511	0.013		
	품질	0.145	0.064	0.129	2.275	0.024	0.748	1.337
	이용편리성	0.177	0.057	0.179	3.115	0.002	0.730	1.370
	디자인	0.264	0.064	0.250	4.090	0.000	0.645	1.551
	부가기능	0.160	0.054	0.165	2.941	0.004	0.765	1.307

a. 종속변수: 전반적만족도

❶ Ctrl + C   ❷ Ctrl + C

그림 21-12

5 한글에 만들어놓은 다중회귀분석 결과표에서 ❶ B 항목의 첫 번째 빈칸에 복사한 값을 붙여넣습니다. ❷ 복사한 VIF 값은 첫 번째 독립변수인 '품질'의 VIF 칸에 붙여넣기합니다.

종속변수	독립변수	B	$S.E.$	β	t	p	VIF
전반적 만족도	(상수)						
	품질	❶ Ctrl + V					
	이용편리성						❷ Ctrl + V
	디자인						
	부가기능						
	$F=$	($p<$), $R^2 =$, $_{adj}R^2=$, $D\text{-}W=$					

그림 21-13

6 셀 붙이기 창에서 ❶ '내용만 덮어 쓰기'를 클릭하고 ❷ 붙이기를 클릭합니다.

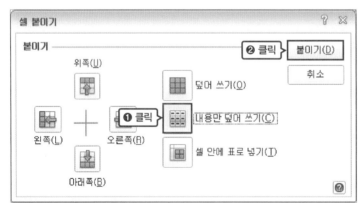

그림 21-14

7 다중회귀분석 엑셀 결과에서 〈모형 요약〉과 〈ANOVA〉의 결과표에 있는 ❶ F값, ❷ p 값, ❸ R 제곱값, ❹ 수정된 R 제곱값, ❺ Durbin-Watson 값을 순서대로 복사하여, 한글에 만들어놓은 다중회귀분석 결과표의 하단에 붙여넣기합니다.

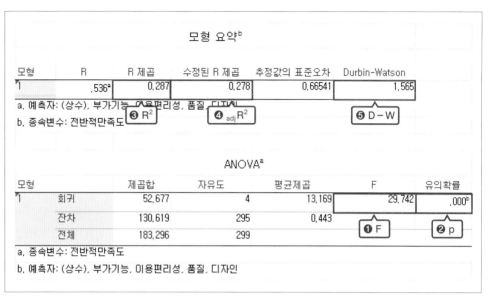

그림 21-15

8 입력한 모든 셀의 글자 모양을 양식에 맞게 변경하면 결과표가 완성됩니다. 상수와 독립변수인 '품질'의 유의확률 p가 0.01 이상∼0.05 미만이므로 t값에 *표 한 개를, 독립변수인 '이용편리성'과 '부가기능'의 유의확률 p가 0.001 이상∼0.01 미만이므로 t값에 *표 두 개를, 독립변수인 '디자인'의 유의확률 p가 0.001 미만이므로 t값에 *표 세 개를 위첨자로 달아줍니다.

표 21-4 | 품질, 이용편리성, 디자인, 부가기능이 전반적 만족도에 미치는 영향

종속변수	독립변수	B	S.E.	β	t	p	VIF
전반적 만족도	(상수)	0.588	0.234		2.511*	.013	
	품질	0.145	0.064	.129	2.275*	.024	1.337
	이용편리성	0.177	0.057	.179	3.115**	.002	1.370
	디자인	0.264	0.064	.250	4.090***	<.001	1.551
	부가기능	0.160	0.054	.165	2.941**	.004	1.307
	$F=29.742(p<.001)$, $R^2=.287$, $_{adj}R^2=.278$, $D-W=1.565$						

* $p<.05$, ** $p<.01$, *** $p<.001$

다중회귀분석 결과표에 대한 해석은 다음 3단계로 작성합니다.

❶ 분석 내용과 분석법 설명
"품질, 이용편리성, 디자인, 부가기능(독립변수)이 전반적 만족도(종속변수)에 미치는 영향을 검증하기 위해, 다중회귀분석(분석법)을 실시하였다."

❷ 회귀모형의 유의성, 설명력 설명
분산 분석의 F값과 유의확률로 회귀모형의 유의성을 설명하고, R 제곱으로 설명력을, Durbin-Watson 값으로 잔차의 독립성 가정 충족 여부를, VIF 값으로 다중공선성 문제 여부를 설명합니다.

❸ 독립변수의 유의성 검증 결과 설명
종속변수에 대한 독립변수의 영향이 유의한지를 β값과 유의확률로 설명하고, 독립변수의 베타값으로 영향력 순위를 나열합니다.

❶ 품질, 이용편리성, 디자인, 부가기능[2]이 전반적 만족도[3]에 미치는 영향을 검증하기 위해, 다중회귀분석(Multiple linear regression analysis)을 실시하였다.

❷ 그 결과 회귀모형은 통계적으로 유의하게 나타났으며(F=29.742[4], p<.001[5]), 회귀모형의 설명력은 약 28.7%[6](수정된 R 제곱은 27.8%[7])로 나타났다(R^2=.287[8], $_{adj}R^2$=.278[9]). 한편 Durbin-Watson 통계량은 1.565[10]로 2에 근사한 값을 보여 잔차의 독립성 가정에 문제는 없는 것으로 평가되었고, 분산팽창지수(Variance Inflation Factor: VIF)도 모두 10 미만으로 작게 나타나 다중공선성 문제는 없는 것으로 판단되었다.

❸ 회귀계수의 유의성 검증 결과, 품질(β=.129[11], p<.05[12]), 이용편리성(β=.179, p<.01), 디자인(β=.250, p<.001), 부가기능(β=.165, p<.01)은 모두 전반적 만족도에 유의한 정(+)

---

2 독립변수
3 종속변수
4 '분산 분석'의 F값
5 '분산분석'의 유의확률
6 '모형 요약'의 R 제곱 × 100
7 '모형 요약'의 수정된 R 제곱 × 100
8 '모형 요약'의 R 제곱
9 '모형 요약'의 수정된 R 제곱
10 '모형 요약'의 Durbin-watson
11 '품질'의 표준화 계수
12 '품질'의 p값

의 영향[13]을 미치는 것으로 나타났다. 즉 품질, 이용편리성, 디자인, 부가기능이 높아질수록 전반적 만족도도 높아지는[14] 것으로 평가되었다. 표준화 계수의 크기를 비교하면, 디자인(β=.250), 이용편리성(β=.179), 부가기능(β=.165), 품질(β=.129) 순으로 전반적 만족도에 큰 영향을 미치는 것으로 검증되었다.[15]

[다중회귀분석 논문 결과표 완성 예시]
스마트폰 만족도 주요 요인이 전반적 만족도에 미치는 영향

〈표〉품질, 이용편리성, 디자인, 부가기능이 전반적 만족도에 미치는 영향

종속변수	독립변수	B	S.E.	β	t	p	VIF
전반적 만족도	(상수)	0.588	0.234		2.511*	.013	
	품질	0.145	0.064	.129	2.275*	.024	1.337
	이용편리성	0.177	0.057	.179	3.115**	.002	1.370
	디자인	0.264	0.064	.250	4.090***	<.001	1.551
	부가기능	0.160	0.054	.165	2.941**	.004	1.307
	F=29.742(p<.001), R^2=.287, $_{adj}R^2$=.278, $D-W$=1.565						

* p<.05, ** p<.01, *** p<.001

품질, 이용편리성, 디자인, 부가기능이 전반적 만족도에 미치는 영향을 검증하기 위해, 다중회귀분석(Multiple linear regression analysis)을 실시하였다. 그 결과 회귀모형은 통계적으로 유의하게 나타났으며(F=29.742, p<.001), 회귀모형의 설명력은 약 28.7%(수정된 R 제곱은 27.8%)로 나타났다(R^2=.287, $_{adj}R^2$=.278). 한편 Durbin-Watson 통계량은 1.565로 2에 근사한 값을 보여 잔차의 독립성 가정에 문제는 없는 것으로 평가되었고, 분산팽창지수(Variance Inflation Factor: VIF)도 모두 10 미만으로 작게 나타나 다중공선성 문제는 없는 것으로 판단되었다.

회귀계수의 유의성 검증 결과, 품질(β=.129, p<.05), 이용편리성(β=.179, p<.01), 디자인(β=.250, p<.001), 부가기능(β=.165, p<.01)은 모두 전반적 만족도에 유의한 정(+)의 영향을 미치는 것으로 나타났다. 즉 품질, 이용편리성, 디자인, 부가기능이 높아질수록 전반적 만족도가 높아지는 것으로 평가되었다. 표준화 계수의 크기를 비교하면, 디자인(β=.250), 이용편리성(β=.179), 부가기능(β=.165), 품질(β=.129) 순으로 전반적 만족도에 큰 영향을 미치는 것으로 검증되었다.

---

13 회귀계수가 양(+)수이므로 정(+)의 영향, 음(−)수였다면 부(−)의 영향
14 회귀계수가 양(+)수이므로 '높아지는', 음(−)수였다면 '낮아지는'
15 영향력 크기 비교가 의미 없다고 판단된다면, 본 문장은 생략해도 됨

06 _ 노하우 : 상관관계 분석과 다중회귀분석의 차이

상관관계 분석과 다중회귀분석의 차이를 잘 모르는 분들이 많습니다. 실제 강의를 진행할 때도 이 둘의 차이에 대한 질문을 많이 받습니다. 여기서는 상관관계 분석도 복습할 겸 상관관계 분석과 다중회귀분석 결과를 비교해보겠습니다. '다중회귀분석-추가실습.sav' 파일을 활용해보겠습니다.

상관관계 분석

먼저 상관관계 분석을 진행해보겠습니다.

1 분석-상관분석-이변량 상관을 클릭합니다.

2 '쾌적성', '청결성', '시각성', '엔터테인먼트', '좌석편의성', '승무원친절', '전반적만족도'를 모두 오른쪽 '변수'로 옮깁니다.

3 확인을 누르면 상관관계 분석이 실행됩니다.

출력 결과에서 항공 서비스 요인 여섯 가지와 전반적 만족도 간 상관관계를 확인하면, 모두 유의한 정(+)적 상관관계를 보이는 것을 확인할 수 있습니다.

 여기서 잠깐!!

만약 유의한 정(+)적 상관관계의 의미를 모르신다면, SECTION 19에서 다룬 '상관관계 분석' 내용을 확인해주세요.

다중회귀분석

다음으로 다중회귀분석 결과를 확인해보겠습니다. 분석-회귀분석-선형을 클릭하여, '독립변수'에 '전반적만족도'를 제외한 모든 변수를 선택하고, '종속변수'에 '전반적만족도'를 설정하여 분석을 진행합니다. SPSS 결과 값을 확인해볼까요? 쾌적성, 엔터테인먼트, 좌석 편의성은 전반적 만족도에 유의한 정(+)의 영향을 미치는 것으로 나타났지만, 청결성, 시각성, 승무원 친절은 전반적 만족도에 유의한 영향을 미치지 못하는 것으로 나타났습니다. 모든 상관관계가 정(+)의 영향으로 유의하게 나타난 상관관계 분석과는 다른 결과를 보입니다.

상관관계 분석과 다중회귀분석 차이

앞에서 상관관계 분석은 변수 간 일대일 관계라고 설명했고, 다중회귀분석은 여러 개의 독립변수가 종속변수에 동시에 미치는 영향이라고 설명했습니다. 하지만 동시에 보는 것과 하나씩 보는 것에 무슨 차이가 있는지 감이 안 잡힐 수 있습니다.

전반적으로 항공 서비스의 쾌적성을 긍정적으로 생각한 사람들은 청결성도 긍정적으로 생각한 사람이 많을 것이고, 시각성, 엔터테인먼트, 좌석 편의성, 승무원 친절도 긍정적으로 생각한 사람이 많을 것입니다. 반대로 쾌적성에 불만이 있는 사람들은 청결성, 시각성, 엔터테인먼트, 좌석 편의성, 승무원 친절에도 불만이 있는 경우가 비교적 많을 것입니다. 아무래도 한 가지가 마음에 안 들면 다른 것도 다 마음에 안 드는 게 사람 심리니까요.

상관관계 분석에서는 쾌적성 vs 전반적 만족도, 청결성 vs 전반적 만족도, 시각성 vs 전반적 만족도, 엔터테인먼트 vs 전반적 만족도, 좌석 편의성 vs 전반적 만족도, 승무원 친절 vs 전반적 만족도 간 각각의 관계만 확인할 수 있습니다. 또한 쾌적성이 높아짐에 따라 청결성이 높아지는 효과, 청결성에 의해 시각성이 높아지는 효과 등 다른 독립변수에 의해 해당 독립변수가 높아지는 효과나 영향은 살펴볼 수 없고, 단순히 한 변수가 높은 사람은 대체로 다른 변수가 높은지, 낮은지에 대한 경향성만 확인할 수 있습니다.

반면 다중회귀분석은 독립변수 6개가 전반적 만족도에 미치는 영향을 동시에 고려해줌으로써, 청결성, 시각성, 엔터테인먼트, 좌석 편의성, 승무원 친절의 영향력을 배제한 쾌적성만의 순수한 효과, 쾌적성, 시각성, 엔터테인먼트, 좌석 편의성, 승무원 친절의 영향력을 배제한 청결성만의 순수한 효과, 쾌적성, 청결성, 엔터테인먼트, 좌석 편의성, 승무원 친절의 영향력을 배제한 시각성만의 순수한 효과, 쾌적성, 청결성, 시각성, 좌석 편의성, 승무원 친절의 영향력을 배제한 엔터테인먼트만의 순수한 효과, 쾌적성, 청결성, 시각성, 엔터테인먼트, 승무원 친절의 영향력을 배제한 좌석 편의성만의 순수한 효과, 쾌적성, 청결성, 시각성, 엔터테인먼트, 좌석 편의성의 영향력을 배제한 승무원 친절만의 순수한 효과를 확인할 수 있습니다.

즉 독립변수 서로의 영향력을 통제함으로써 각 독립변수의 순수한 영향력을 파악하는 것이기 때문에 상관관계 분석과는 결과가 다르게 나타나며, 일반적으로 상관관계 분석보다는 유의한 결과가 잘 나오지 않습니다. 상관관계 분석에서는 유의하게 결과가 나왔지만 다중회귀분석에서는 유의하지 않은 결과가 나온 경우, 다중회귀분석은 하지 않고 상관관계 분석을 가설 검증에 활용하면 안 되느냐는 질문을 자주 받습니다. 하지만 상관관계 분석은 일대일 관계만 검증하는 것이기에, 다른 변수의 영향력이 통제된 상황은 아니며, 실질적인 영향력과 거리가 있습니다. 해당 변수의 순수한 영향력을 확인하고자 한다면, 변수끼리의 영향력을 통제할 수 있는 다중회귀분석을 진행하는 게 맞습니다.

 여기서 잠깐!!

'통제'의 개념에 대해 더 자세히 알고 싶다면 SECTION 17의 '여기서 잠깐!! – 통제한다는 것은 무슨 의미일까요?'를 참고해주세요.

더미변환
: 회귀분석에서 범주형 변수를 통제할 때 활용

bit.ly/onepass-spss23

PREVIEW

- **더미변환** : 회귀분석에서 범주형 변수를 통제할 때 활용하는 변수 변환 방법

01 _ 기본 개념과 연구 가설

회귀분석은 연속형 독립변수가 연속형 종속변수에 미치는 영향을 검증하는 방법입니다. 이 때 통제변수를 투입해야 하는 상황이 생길 수 있습니다. 연속형 통제변수의 경우 독립변수와 함께 투입했을 때 연속형 변수의 영향력은 통제됩니다. 하지만 범주형 독립변수는 회귀분석에 그냥 투입할 수 없습니다. 왜냐하면 범주형 독립변수는 높아지거나 낮아지는 개념이 없기 때문이죠.

스마트폰 만족도 연구에서 브랜드를 범주형 통제변수로 회귀분석에 투입한다고 가정해봅시다. 브랜드가 높아질수록 전반적 만족도가 높아진다 혹은 낮아진다 형태의 결과가 나와야 하는데, 브랜드가 높아진다는 것 자체가 말이 안 되죠. 따라서 범주형 자료를 회귀분석에서 활용할 수 있는 형태로 만들어줘야 하는데, 이 작업을 더미변환이라고 합니다.

예를 들어 브랜드가 A사, B사, C사로 구성되어 있다면, A사 여부, B사 여부 형태로 변수를 만들어주는 것을 의미합니다. A사 여부 변수는 A사인 경우는 1, 아닌 경우 0으로 만들어주고, B사 여부 변수는 B사인 경우는 1, 아닌 경우 0으로 만들어주는 작업을 하는 것입니다. 만약 A사 여부와 B사 여부가 모두 0이라면 그건 C사에 해당된다는 것을 의미하므로, C사 여부 변수는 생성할 필요가 없습니다. 즉 [표 22-1]과 같이 세 개의 범주로 구성된 브랜드를 더미변환하면 두 개의 더미변수를 생성할 수 있습니다. C사는 A사 여부와 B사 여부가 모두 0인 경우에 기준 범주(참조 범주)가 되어, C사 대비 A사와 B사의 종속변수가 높은지 여부를 판단할 수 있습니다. 이는 회귀식을 통해 확인하면 보다 이해하기 쉽습니다.

표 22-1 | 더미변수 생성 개념

브랜드	더미변수	
	A사 여부	B사 여부
1(A사)	1	0
2(B사)	0	1
3(C사)	0	0

SECTION 21에서 다룬 다중회귀분석의 회귀식은 다음과 같았습니다.

(전반적 만족도) = (상수) + B1 × (품질) + B2 × (이용편리성) + B3 × (디자인) + B4 × (부가기능)

범주형 변수인 브랜드를 더미변환하여 회귀분석에 투입하면, 회귀식을 다음과 같이 작성할 수 있습니다.

(전반적 만족도) = (상수) + B1 × (품질) + B2 × (이용편리성) + B3 × (디자인) + B4 × (부가기능) + B5 × (A사 여부) + B6 × (B사 여부)

'A사 여부'와 'B사 여부'가 모두 0인 경우 브랜드가 C사임을 의미하므로, 둘 다 0인 경우와 대비해서 'A사 여부'가 1일 때는 B5에 들어가는 수치만큼 전반적 만족도가 높다고 할 수 있고, B사 여부'가 1일 때는 B6에 들어가는 수치만큼 전반적 만족도가 높다고 할 수 있습니다. 즉 C사 대비 A사는 B5만큼, C사 대비 B사는 B6만큼 전반적 만족도가 높다고 할 수 있습니다.

앞에서도 언급했듯이 애초에 브랜드는 범주형 자료이기 때문에 높아지거나 낮아지는 개념이 없습니다. 따라서 하나의 기준 범주(참조 범주)를 설정하여(여기서는 C사), 나머지 브랜드의 종속변수 수준이 높은지, 낮은지 확인하는 것입니다. 범주형 변수는 이렇게 더미변수를 생성하여 독립변수와 함께 모형에 투입함으로써 영향력을 통제할 수 있습니다.

만약 '기본 실습파일.sav'에서 품질, 이용편리성, 디자인, 부가기능이 전반적 만족도에 미치는 영향을 볼 때 브랜드의 영향력을 통제하고자 한다면 브랜드는 범주형 자료이기 때문에, 브랜드를 더미변환한 뒤 다중회귀분석을 실시해야 합니다.

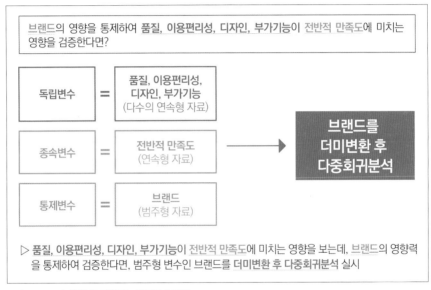

그림 22-1 | 더미변환을 사용하는 연구문제 예시

연구문제 22-1

브랜드의 영향을 통제했을 때 품질, 이용편리성, 디자인, 부가기능이 전반적 만족도에 미치는 영향

브랜드의 영향력을 통제하여 품질, 이용편리성, 디자인, 부가기능이 전반적 만족도에 미치는 영향을 검증해 보자.

[연구문제 22-1]에 대한 가설 형태는 회귀분석과 동일합니다. 통제변수는 독립변수의 순수한 영향력을 보기 위한 변수일 뿐, 통제변수의 영향력을 알고자 하는 것이 아니기 때문에 가설에 포함될 필요는 없습니다.

가설 형태 1 : (독립변수 1)이 (종속변수)에 유의한 영향을 미칠 것이다.
가설 형태 2 : (독립변수 2)가 (종속변수)에 유의한 영향을 미칠 것이다.
⋮
가설 형태 n : (독립변수 n)이 (종속변수)에 유의한 영향을 미칠 것이다.

방향성이 정(+)적으로 명확하다면, 다음과 같이 나타낼 수 있습니다.

가설 형태 1 : (독립변수 1)이 (종속변수)에 유의한 정(+)의 영향을 미칠 것이다.
가설 형태 2 : (독립변수 2)가 (종속변수)에 유의한 정(+)의 영향을 미칠 것이다.
⋮
가설 형태 n : (독립변수 n)이 (종속변수)에 유의한 정(+)의 영향을 미칠 것이다.

방향성이 부(−)적으로 명확하다면, 다음과 같이 나타낼 수 있습니다.

가설 형태 1 : (독립변수 1)이 (종속변수)에 유의한 부(−)의 영향을 미칠 것이다.
가설 형태 2 : (독립변수 2)가 (종속변수)에 유의한 부(−)의 영향을 미칠 것이다.
⋮
가설 형태 n : (독립변수 n)이 (종속변수)에 유의한 부(−)의 영향을 미칠 것이다.

여기서 독립변수 자리에 품질, 이용편리성, 디자인, 부가기능을, 종속변수 자리에 전반적 만족도를 적용하면 가설은 다음과 같이 나타낼 수 있습니다. 품질, 이용편리성, 디자인, 부가기능이 높을수록 전반적 만족도는 떨어지지 않을 것이기에, 가설에 정(+)의 영향이라는 말을 포함하였습니다.

가설 1 : (품질)은 (전반적 만족도)에 유의한 정(+)의 영향을 미칠 것이다.
가설 2 : (이용편리성)은 (전반적 만족도)에 유의한 정(+)의 영향을 미칠 것이다.
가설 3 : (디자인)은 (전반적 만족도)에 유의한 정(+)의 영향을 미칠 것이다.
가설 4 : (부가기능)은 (전반적 만족도)에 유의한 정(+)의 영향을 미칠 것이다.

다중회귀분석에서 진행한 실습 및 가설과 동일합니다. 여기에 브랜드의 영향력이 통제된 결과를 살펴보겠습니다.

02 _ SPSS 무작정 따라하기

1 변환–다른 변수로 코딩 변경을 클릭합니다.

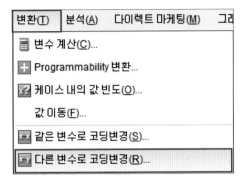

그림 22-2

2 다른 변수로 코딩변경 창에서 ❶ 더미변환을 진행할 '브랜드'를 클릭하고 ❷ 오른쪽 이동 버튼(➡)을 클릭합니다.

그림 22-3

3 ❶ '출력변수'의 '이름'에 'A사여부'를 입력하고 ❷ 변경을 클릭합니다.

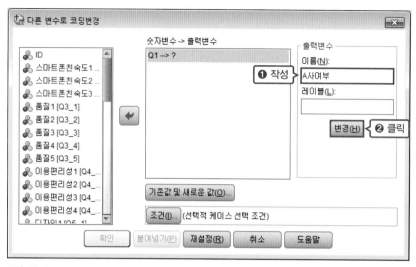

그림 22-4

 여기서 잠깐!!

변수 이름에 빈칸이 있으면 안 됩니다. 공백을 표현하고 싶다면 언더바(_)를 삽입합니다.

4 기존값 및 새로운 값을 클릭합니다.

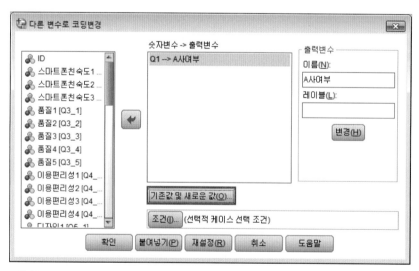

그림 22-5

5 다른 변수로 코딩변경: 기존값 및 새로운 값 창에서 ❶ '기존값'에 첫 범주 A사의 번호인 '1'을 입력하고 ❷ '새로운 값'에 '1'을 입력한 뒤 ❸ 추가를 클릭합니다.

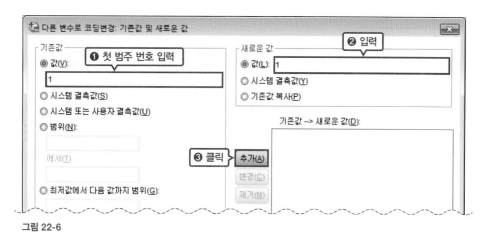

그림 22-6

6 ❶ '기타 모든 값'에 체크하고 ❷ '새로운 값'에 '0'을 입력한 뒤 ❸ 추가를 클릭합니다.

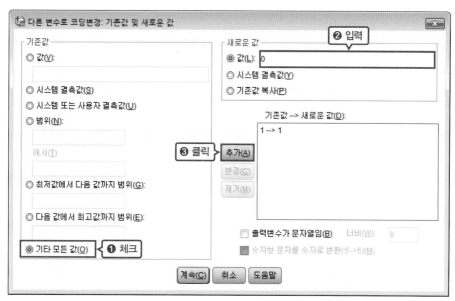

그림 22-7

여기서 잠깐!!

브랜드는 A사=1, B사=2, C사=3으로 입력되어 있습니다. 그런데 우리는 'A사 여부'에 대한 변수를 만들고 있으므로, A사에 해당되면 1, 아니면 0으로 만들어야 합니다. **5**와 **6**은 브랜드가 A사(=1)인 경우 'A사 여부'를 1로 변경하고, 브랜드가 A사에 해당되지 않는 1 이외의 모든 값은 'A사 여부'를 0으로 변경하는 작업입니다.

7 계속을 클릭합니다.

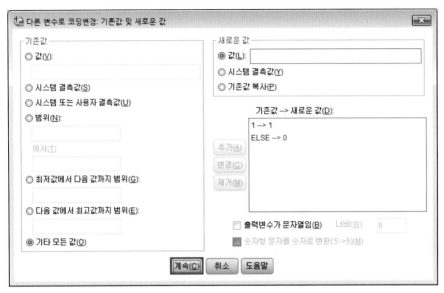

그림 22-8

8 다른 변수로 코딩변경 창에서 확인을 클릭합니다.

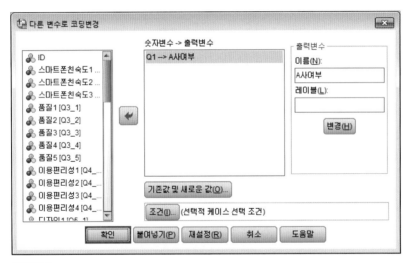

그림 22-9

여기까지가 A사에 대한 더미변수를 생성하는 과정입니다. 이제 B사에 대한 더미변수를 생성하겠습니다.

9 변환–다른 변수로 코딩 변경을 클릭합니다.

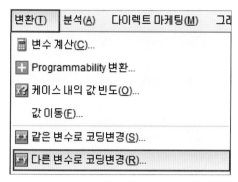

그림 22-10

10 다른 변수로 코딩변경 창에서 재설정을 클릭합니다.

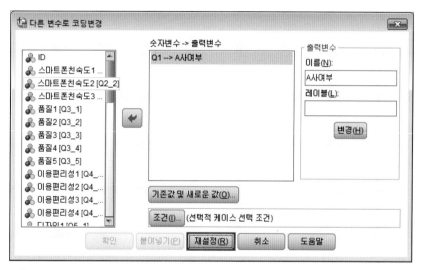

그림 22-11

여기서 잠깐!!

재설정 버튼은 어느 분석 메뉴에나 들어 있습니다. 이 버튼은 기존 세팅을 모두 지워버리는 버튼입니다. A사에 대한 더미변수 자료가 있기 때문에 재설정을 통해 초기화해야 합니다.

11 다른 변수로 코딩변경 창에서 ❶ 더미변환을 진행할 '브랜드'를 클릭하고 ❷ 오른쪽 이동 버튼(➡)을 클릭합니다.

그림 22-12

12 ❶ '출력변수'의 '이름'에 'B사여부'를 입력하고 ❷ 변경을 클릭합니다.

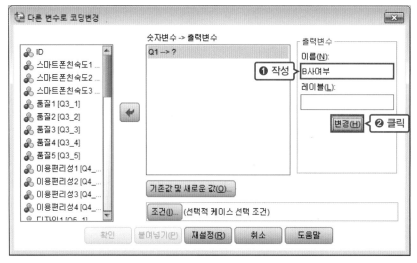

그림 22-13

13 기존값 및 새로운 값을 클릭합니다.

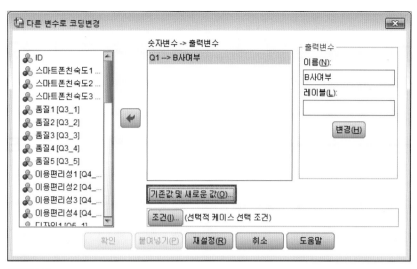

그림 22-14

14 다른 변수로 코딩변경: 기존값 및 새로운 값 창에서 ❶ '기존값'에 B사의 번호인 '2'를 입력하고 ❷ '새로운 값'에 '1'을 입력한 뒤 ❸ 추가를 클릭합니다.

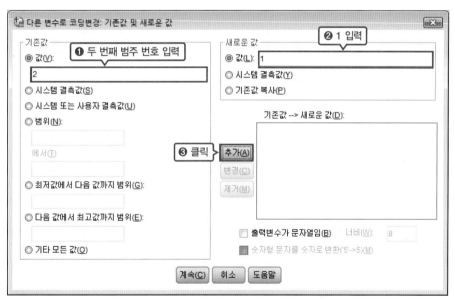

그림 22-15

15 ❶ '기타 모든 값'에 체크하고 ❷ '새로운 값'에 '0'을 입력한 뒤 ❸ 추가를 클릭합니다.

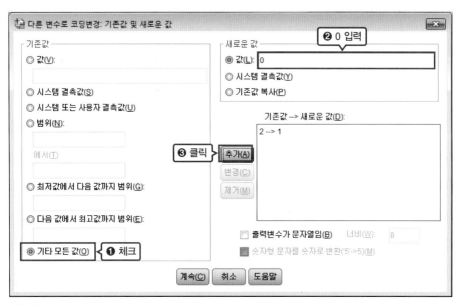

그림 22-16

여기서 잠깐!!

브랜드는 A사=1, B사=2, C사=3으로 입력되어 있습니다. 그런데 우리는 'B사 여부'에 대한 변수를 만들고 있으므로, B사에 해당되면 1, 아니면 0으로 만들어야 합니다. **14**와 **15**는 브랜드가 B사(=2)인 경우 'B사 여부'를 1로 변경하고, 브랜드가 B사에 해당되지 않는 2 이외의 모든 값은 'B사 여부'를 0으로 변경하는 작업입니다.

16 계속을 클릭합니다.

그림 22-17

17 다른 변수로 코딩변경 창에서 확인을 클릭합니다.

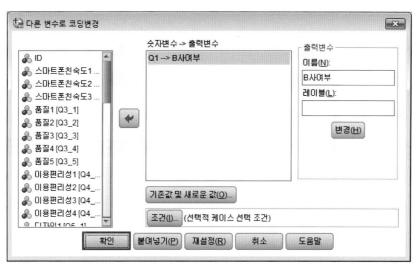

그림 22-18

 여기서 잠깐!!

브랜드 'C사'가 있지만, 'C사 여부' 변수는 만들지 않았습니다. A사와 B사가 모두 0이면 브랜드는 자연스럽게 C사에 해당되기 때문입니다. 즉 A사 여부와 B사 여부 변수만 확인해도 어느 브랜드에 해당되는지 파악할 수 있습니다. 결국 더미변수는 기존 변수의 범주 개수에서 1을 뺀 개수만큼 만들어집니다. 즉 브랜드는 범주가 3개(A사, B사, C사)이므로, 더미변수는 2개를 만드는 게 맞겠죠?

18 분석-회귀분석-선형을 클릭합니다.

분석(A)	다이렉트 마케팅(M)	그래프(G)	유틸리티(U)	확장(X)

보고서(P) ▶			
기술통계량(E) ▶			
표(B) ▶	값	결측값	열
평균 비교(M) ▶	음	없음	8
일반선형모형(G) ▶	A사}...	999	8
일반화 선형 모형(Z) ▶	음	999	8
혼합 모형(X) ▶	음	없음	8
상관분석(C) ▶	음	없음	8
회귀분석(R) ▶	음	999	12
로그선형분석(O) ▶	자동 선형 모델링(A)...		
	선형(L)...		

그림 22-19

19 선형 회귀 창에서 **❶** 새로 만든 더미변수 'A사여부, B사여부'를 '독립변수'에 추가하고 **❷** 확인을 클릭합니다.

그림 22-20

 여기서 잠깐!!

회귀분석의 통계 옵션 설정은 앞서 회귀분석에서 실습했으므로 생략했습니다. 혹시 회귀분석을 전혀 모르는 상태에서 더미변환을 보고 있다면, SECTION 20과 SECTION 21을 살펴본 후 더미변환 실습을 진행하기 바랍니다.

아무도 가르쳐주지 않는 Tip

통제변수와 독립변수의 차이는?

회귀분석에서 통제변수는 독립변수에 같이 투입해서 분석합니다. 그럼 통제변수와 독립변수는 아무런 차이가 없는 걸까요? 통계적으로 본다면 '차이가 없다', 연구 개념적으로 본다면 '차이가 있다'가 답입니다.

통계적 결과로 볼 때 통제변수는 독립변수와 같은 방식으로 분석되기에 전혀 차이가 없습니다. 그러나 연구 개념 측면에서 보면 어떤 개념으로 통제변수를 다루느냐에 따라 그 성격이 달라집니다. 즉 그 변수가 종속변수에 미치는 영향이 궁금한 경우라면 독립변수가 되고, 그 변수를 통제해 독립변수가 종속변수에 미치는 순수한 영향력을 보는 경우라면 통제변수가 됩니다.

03 _ 출력 결과 해석하기

[그림 22-21]의 〈계수〉 결과표를 보면, 더미변수인 A사 여부와 B사 여부는 p값이 .05보다 크기 때문에, 유의하지 않은 결과로 판단됩니다. 하지만 이 부분이 중요한 게 아닙니다. 브랜드는 독립변수의 순수한 영향을 보기 위해 함께 투입해주는 통제변수일 뿐 독립변수 개념이 아니기 때문입니다.

독립변수가 유의한지를 확인해야 합니다. 여기서는 품질, 이용편리성, 디자인, 부가기능이 유의확률 5% 기준에서 모두 유의하게 나타나 브랜드를 통제하지 않았을 때와 결과가 다르지 않은 것을 확인할 수 있습니다. 즉 브랜드의 영향력을 통제해도 품질, 이용편리성, 디자인, 부가기능은 전반적 만족도에 유의한 정(+)의 영향을 미치는 것으로 판단할 수 있습니다.

계수[a]

모형		비표준화 계수 B	표준오차	표준화 계수 베타	t	유의확률	공선성 통계량 공차	VIF
1	(상수)	.519	.237		2.191	.029		
	품질	.142	.064	.127	2.233	.026	.743	1.345
	이용편리성	.169	.057	.171	2.963	.003	.722	1.385
	디자인	.256	.064	.243	3.975	.000	.642	1.557
	부가기능	.156	.054	.162	2.880	.004	.764	1.308
	A사여부	.180	.107	.114	1.684	.093	.527	1.899
	B사여부	.152	.109	.094	1.400	.163	.530	1.886

a. 종속변수: 전반적 만족도

그림 22-21 | 더미변환을 통한 다중 회귀분석 SPSS 출력 결과 : 계수

04 _ 논문 결과표 작성하기

1 통제변수를 포함한 다중회귀분석 결과표는 B, $S.E.$, β, t, p, VIF의 결과 값을 열로 구성하고, 하단에 F값과 유의확률 수준, R 제곱과 수정된 R 제곱, Durbin−Watson 값을 넣습니다. 통제변수를 포함한 다중회귀분석이므로 상수와 4개의 독립변수, 그리고 3개 브랜드의 통제변수(C사는 기준범주)에 대해 작성합니다.

표 22-2

종속변수	독립변수	B	$S.E.$	β	t	p	VIF
전반적 만족도	(상수)						
	품질						
	이용편리성						
	디자인						
	부가기능						
	브랜드(C사=ref.)						
	A사						
	B사						
	$F=\quad(p<\quad)$, $R^2=\quad$, $_{adj}R^2=\quad$, $D-W=$						

2 다중회귀분석 엑셀 결과에서 〈계수〉 결과표의 비표준화 계수 B와 표준오차($S.E.$), t값의 표시를 '0.000' 형태로 동일하게 변경하기 위해, 비표준화 계수 B값과 표준오차($S.E.$), t값을 모두 선택하여 Ctrl + 1 단축키로 셀 서식 창을 엽니다.

계수[a]

모형		비표준화 계수		표준화 계수				공선성 통계량	
		B	표준오차	베타	t	유의확률		공차	VIF
1	(상수)	0.519	0.237		2.191	0.029			
	품질	0.142	0.064	0.127	2.233	0.026		0.743	1.345
	이용편리성	0.169	0.057	0.171	2.963	0.003		0.722	1.385
	디자인	0.256	0.064	0.243	3.975	0.000		0.642	1.557
	부가기능	0.156	0.054	0.162	2.880	0.004		0.764	1.308
	A사여부	0.180	0.107	0.114	1.684	0.093		0.527	1.899
	B사여부	0.152	0.109	0.094	1.400	0.163		0.530	1.886

a. 종속변수: 전반적만족도

Ctrl + 1

그림 22-22

3 셀 서식 창에서 ❶ '범주'의 '숫자'를 클릭하고 ❷ '음수'의 '−1234'를 선택합니다. ❸ '소수 자릿수'를 '3'으로 수정한 후 ❹ 확인을 클릭해서 소수점 셋째 자리의 수로 변경합니다.

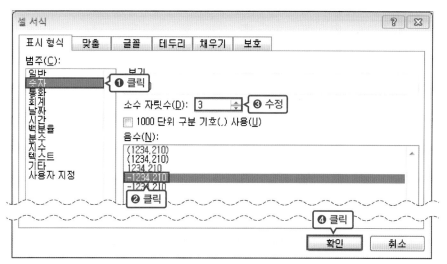

그림 22-23

4 한글 결과표에 기준범주인 C사 더미변수 행이 있으므로, 한 번에 결과 값을 옮기기 위해 빈 행을 추가하겠습니다. ❶ 'A사여부' 더미변수의 행을 클릭하고, ❷ Ctrl + + 단축키로 행을 삽입합니다.

	계수ᵃ							
		비표준화 계수		표준화 계수			공선성 통계량	
모형		B	표준오차	베타	t	유의확률	공차	VIF
1	(상수)	0.519	0.237		2.191	0.029		
	품질	0.142	0.064	0.127	2.233	0.026	0.743	1.345
	이용편리성	0.169	0.057	0.171	2.963	0.003	0.722	1.385
	디자인	0.256	0.064	0.243	3.975	0.000	0.642	1.557
	부가기능	0.156	0.054	0.162	2.880	0.004	0.764	1.308
	A사여부	0.180	0.107	0.114	1.684	0.093	0.527	1.899
	B사여부	0.152	0.109	0.094	1.400	0.163	0.530	1.886
	전반적만족도							

❶ 클릭 ❷ Ctrl + +

그림 22-24

여기서 잠깐!!

가끔 단축키를 눌렀는데도 실행되지 않는 경우가 있습니다. Ctrl + + 가 대표적인 예입니다. 그때는 삽입하려는 행을 오른쪽 마우스로 클릭하고 삽입을 누르면 같은 결과가 나옵니다.

5 C사에 해당하는 빈 행을 포함해서 〈계수〉 결과표의 ❶ 비표준화 계수 B값과 표준오차 (S.E.), 표준화 계수 베타(β), t값, 유의확률의 모든 결과 값을 선택하여 복사한 후 한글 결과표에 붙여넣기합니다. ❷ VIF 값도 선택하여 복사합니다.

계수[a]

모형		비표준화 계수 B	표준오차	표준화 계수 베타	t	유의확률	공선성 통계량 공차	VIF
1	(상수)	0.519	0.237		2.191	0.029		
	품질	0.142	0.064	0.127	2.233	0.026	0.743	1.345
	이용편리성	0.169	0.057	0.171	2.963	0.003	0.722	1.385
	디자인	0.256	0.064	0.243	3.975	0.000	0.642	1.557
	부가기능	0.156	0.054	0.162	2.880	0.004	0.764	1.308
	A사여부	0.180	0.107	0.114	1.684	0.093	0.527	1.899
	B사여부	0.152	0.109	0.094	1.400	0.163	0.530	1.886

a. 종속변수: 전반적만족도

❶ Ctrl + V   ❷ Ctrl + V

그림 22-25

6 한글에 만들어놓은 다중회귀분석 결과표에서 ❶ B 항목의 첫 번째 빈칸에 엑셀 결과에서 첫 번째 복사한 값을 붙여넣습니다. ❷ 복사한 VIF 값은 첫 번째 독립변수인 '품질'의 VIF 칸에 붙여넣기합니다.

종속변수	독립변수	B	S.E.	β	t	p	VIF
전반적 만족도	(상수)						
	품질	❶ Ctrl + V					
	이용편리성						❷ Ctrl + V
	디자인						
	부가기능						
	브랜드(C사=ref.)						
	A사						
	B사						

$F=$　($p<$　), $R^2=$　, $_{adj} R^2=$　, $D\text{-}W$[1]$=$

그림 22-26

여기서 잠깐!!

[그림 22-26]은 두 번 나눠서 **복사−붙여넣기**를 하고 있습니다. 한꺼번에 붙여넣으면 VIF 값이 아닌 다른 값이 들어가는 경우가 생기기 때문입니다. 혹시 결과가 책과 다르게 나왔다면 이 부분을 한번 의심해보세요.

7　셀 붙이기 창에서 **❶** '내용만 덮어 쓰기'를 클릭하고 **❷** 붙이기를 클릭합니다.

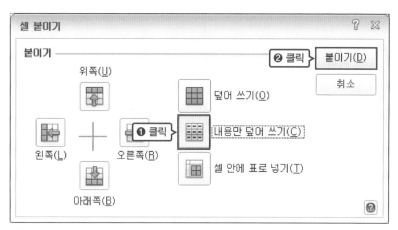

그림 22-27

8　다중회귀분석 엑셀 결과에서 〈모형 요약〉과 〈ANOVA〉의 결과표에 있는 **❶** F값, **❷** p값, **❸** R 제곱값, **❹** 수정된 R 제곱값, **❺** Durbin-Watson 값을 순서대로 한글에 만들어놓은 다중회귀분석 결과표의 하단으로 옮깁니다.

모형 요약[b]

모형	R	R 제곱	수정된 R 제곱	추정값의 표준오차	Durbin-Watson
1	,543[a]	0,295	0,280	0,66434	1,562

a. 예측자: (상수), B사여부, 이용편리성, 부가기능, 품질, 디자인, A사여부
b. 종속변수: 전반적만족도

❸ R^2　**❹** $_{adj}R^2$　**❺** D−W

ANOVA[a]

모형		제곱합	자유도	평균제곱	F	유의확률
1	회귀	53,981	6	8,997	20,385	,000[b]
	잔차	129,315	293	0,441		
	전체	183,296	299			

a. 종속변수: 전반적만족도
b. 예측자: (상수), B사여부, 이용편리성, 부가기능, 품질, 디자인, A사여부

❶ F　**❷** p

그림 22-28

9 입력한 모든 셀의 글자 모양을 양식에 맞게 변경하면 결과표가 완성됩니다. 상수와 독립변수인 '품질'의 유의확률 p가 0.01 이상~0.05 미만이므로 t값에 ＊표 한 개를, 독립변수인 '이용편리성'과 '부가기능'의 유의확률 p가 0.001 이상~0.01 미만이므로 t값에 ＊표 두 개를, 독립변수인 '디자인'의 유의확률 p가 0.001 미만이므로 t값에 ＊표 세 개를 위첨자로 달아줍니다.

표 22-3 | 품질, 이용편리성, 디자인, 부가기능이 전반적 만족도에 미치는 영향

종속변수	독립변수	B	S.E.	β	t	p	VIF
	(상수)	0.519	0.237		2.191*	.029	
	품질	0.142	0.064	.127	2.233*	.026	1.345
	이용편리성	0.169	0.057	.171	2.963**	.003	1.385
전반적 만족도	디자인	0.256	0.064	.243	3.975***	<.001	1.557
	부가기능	0.156	0.054	.162	2.880**	.004	1.308
	브랜드(C사=ref.)						
	A사	0.180	0.107	.114	1.684	.093	1.899
	B사	0.152	0.109	.094	1.400	.163	1.886
F=20.385(p<.001), R^2=.295, $_{adj}R^2$=.280, D-W=1.562							

* p<.05, ** p<.01, *** p<.001

05 _ 논문 결과표 해석하기

통제변수를 포함한 다중회귀분석 결과표에 대한 해석은 다음 3단계로 작성합니다.

❶ 분석 내용과 분석법 설명
"품질, 이용편리성, 디자인, 부가기능(독립변수)이 전반적 만족도(종속변수)에 미치는 영향을 검증하기 위해, 다중회귀분석(분석법)을 실시하였다. 한편 브랜드(통제변수)의 영향력을 통제하기 위해, 더미변환하여 통제변수로 투입하였다."

❷ 회귀모형의 유의성, 설명력 설명
분산 분석의 F값과 유의확률로 회귀모형의 유의성을 설명하고, R 제곱으로 설명력을, Durbin-Watson 값으로 잔차의 독립성 가정 충족 여부를, VIF 값으로 다중공선성 문제 여부를 설명합니다.

❸ 독립변수의 유의성 검증 결과 설명
종속변수에 대한 독립변수의 영향이 유의한지를 β값과 유의확률로 설명하고, 독립변수의 베타값으로 영향력 순위를 나열합니다.

❶ 품질, 이용편리성, 디자인, 부가기능[1]이 전반적 만족도[2]에 미치는 영향을 검증하기 위해, 다중회귀분석(Multiple linear regression analysis)을 실시하였다. 한편 브랜드[3]의 영향력을 통제하기 위해, 더미변환하여 통제변수로 투입하였다.

❷ 그 결과 회귀모형은 통계적으로 유의하게 나타났으며(F=20.385[4], p<.001[5]), 회귀모형의 설명력은 약 29.5%[6](수정된 R 제곱은 28.0%[7])로 나타났다(R^2=.295[8], $_{adj}R^2$=.280[9]). 한편 Durbin-Watson 통계량은 1.562[10]로 2에 근사한 값을 보여 잔차의 독립성 가정에 문제가 없는 것으로 평가되었고, 분산팽창지수(Variance Inflation Factor: VIF)도 모두 10 미만으로 작게 나타나 다중공선성 문제는 없는 것으로 판단되었다.

❸ 회귀계수의 유의성 검증 결과, 품질(β=.127[11], p<.05[12]), 이용편리성(β=.171, p<.01), 디자인(β=.243, p<.001), 부가기능(β=.162, p<.01)은 모두 전반적 만족도에 유의한 정(+)의 영향[13]을 미치는 것으로 나타났다. 즉 품질, 이용편리성, 디자인, 부가기능이 높아질수록 전반적 만족도도 높아지는[14] 것으로 평가되었다. 표준화 계수의 크기를 비교하면, 디자인(β=.243), 이용편리성(β=.171), 부가기능(β=.162), 품질(β=.127) 순으로 전반적 만족도에 큰 영향을 미치는 것으로 검증되었다.[15]

 여기서 잠깐!!

한글 결과표를 작성할 때 SPSS의 실제 출력 결과처럼 A사, B사만 독립변수 열에 넣어주면 A사, B사가 브랜드라는 것을 알아보기 어렵습니다. 따라서 중간에 한 줄을 만들어 변수 이름을 작성하고, 괄호 안에 참조 범주가 무엇인지 적어주는 것이 일반적으로 많이 통용되는 양식입니다. ref. 대신 기준이라는 의미로 숫자 0을 적어도 괜찮습니다.

---

1 독립변수
2 종속변수
3 통제변수
4 '분산 분석'의 F값
5 '분산분석'의 유의확률
6 '모형 요약'의 R 제곱 × 100
7 '모형 요약'의 수정된 R 제곱 × 100
8 '모형 요약'의 R 제곱
9 '모형 요약'의 수정된 R 제곱
10 '모형 요약'의 Durbin-watson
11 '품질'의 표준화 계수
12 '품질'의 p값
13 회귀계수가 양(+)수이므로 정(+)의 영향, 음(−)수였다면 부(−)의 영향
14 회귀계수가 양(+)수이므로 '높아지는', 음(−)수였다면 '낮아지는'
15 영향력 크기 비교가 의미 없다고 판단된다면, 본 문장은 생략해도 됨

[더미변환을 이용한 다중회귀분석 논문 결과표 완성 예시]

스마트폰 전반적 만족도에 미치는 요인

〈표〉 품질, 이용편리성, 디자인, 부가기능이 전반적 만족도에 미치는 영향

종속변수	독립변수	B	$S.E.$	β	t	p	VIF
	(상수)	0.519	0.237		2.191*	.029	
	품질	0.142	0.064	.127	2.233*	.026	1.345
	이용편리성	0.169	0.057	.171	2.963**	.003	1.385
전반적	디자인	0.256	0.064	.243	3.975***	<.001	1.557
만족도	부가기능	0.156	0.054	.162	2.880**	.004	1.308
	브랜드(C사=ref.)						
	A사	0.180	0.107	.114	1.684	.093	1.899
	B사	0.152	0.109	.094	1.400	.163	1.886
F=20.385(p<.001), R^2=.295, $_{adj}R^2$=.280, $D-W$=1.562							

* p<.05, ** p<.01, *** p<.001

    품질, 이용편리성, 디자인, 부가기능이 전반적 만족도에 미치는 영향을 검증하기 위해, 다중회귀분석(Multiple linear regression analysis)을 실시하였다. 한편 브랜드의 영향력을 통제하기 위해, 더미변환하여 통제변수로 투입하였다.

    그 결과 회귀모형은 통계적으로 유의하게 나타났으며(F=20.385, p<.001), 회귀모형의 설명력은 약 29.5%(수정된 R 제곱은 28.0%)로 나타났다(R^2=.295, $_{adj}R^2$=.280). 한편 Durbin-Watson 통계량은 1.562로 2에 근사한 값을 보여 잔차의 독립성 가정에 문제가 없는 것으로 평가되었고, 분산팽창지수(Variance Inflation Factor: VIF)도 모두 10 미만으로 작게 나타나 다중공선성 문제는 없는 것으로 판단되었다.

    회귀계수의 유의성 검증 결과, 품질(β=.127, p<.05), 이용편리성(β=.171, p<.01), 디자인(β=.243, p<.001), 부가기능(β=.162, p<.01)은 모두 전반적 만족도에 유의한 정(+)의 영향을 미치는 것으로 나타났다. 즉 품질, 이용편리성, 디자인, 부가기능이 높아질수록 전반적 만족도도 높아지는 것으로 평가되었다. 표준화 계수의 크기를 비교하면, 디자인(β=.243), 이용편리성(β=.171), 부가기능(β=.162), 품질(β=.127) 순으로 전반적 만족도에 큰 영향을 미치는 것으로 검증되었다.

06 _ 노하우 : 회귀모형 설명력을 높이는 방법

회귀분석에서 설명력이 대체로 0.2대 혹은 0.3대의 수치를 보였습니다. 겨우 20% 혹은 30% 밖에 안 되는 수치이므로 설명력이 매우 낮다고 생각할 수 있는데, 이 값이 그리 낮은 수치는 아닙니다. SECTION 21에서 종속변수였던 전반적 만족도를 설명하는 변수는 사실 굉장히 많을 텐데, 그중 쾌적성, 청결성, 시각성, 엔터테인먼트, 좌석 편의성, 승무원 친절, 항공사 만으로 약 30.1% 정도 설명했으니까요.

하지만 모형의 설명력을 보다 높여주고 싶다면, 항공사와 같은 통제변수를 좀 더 투입하면 됩니다. 예를 들면, 설문조사에서 마지막에 항상 들어가는 일반적 특성(성별, 연령 등) 변수들을 더미변환하여 모형에 투입해주면 통제변수들의 설명력이 반영되어, 모형의 설명력이 상승할 수 있습니다. 하지만 너무 무분별하게 더미변수를 투입하기보다는 종속변수에 유의한 영향을 미칠 만한 변수들을 투입하는 것이 효율적입니다.

연령의 경우, 20대, 30대, 40대, 50대, 60대와 같은 객관식 형태로 설문을 받았다면 더미변환을 해주는 것이 맞지만, (   )세 같은 주관식 형태로 설문을 받았다면, 이는 연속형 자료이므로 더미변환을 할 필요 없이 그냥 통제변수로 투입해주면 됩니다.

위계적 회귀분석
: 변수를 추가해가면서 단계적으로 진행하는 회귀분석

bit.ly/onepass-spss24

PREVIEW

· **위계적 회귀분석** : 변수를 추가해가면서 여러 단계에 걸쳐 진행하는 회귀분석

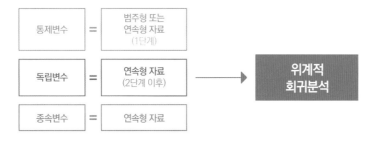

01 _ 기본 개념과 연구 가설

위계적 회귀분석(Hierarchical regression analysis)은 앞서 배운 회귀분석을 여러 번 진행하는 것을 의미합니다. 처음에는 적은 숫자의 독립변수만 투입하고, 그다음 단계에서 추가로 독립변수를 투입하며, 또 다음 단계에서 더 많은 독립변수를 투입하는 형태로 진행하는 회귀분석입니다.

위계적 회귀분석은 일반적으로 매개효과와 조절효과를 검증할 때 가장 많이 활용됩니다. 그러나 1단계에서는 일반적 특성 변수의 영향을 보고, 2단계에서는 일반적 특성 변수와 독립변수의 영향을 보는 형태로 진행하는 연구도 다수 있습니다. 또 독립변수의 단계를 분리하여 3단계 이상으로 위계적 회귀분석을 진행하는 연구도 많습니다. 이렇게 단계에 걸쳐 변수를 추가하면서 회귀분석을 진행하는 이유는 단계별로 설명력이 어떻게 변화하는지 확인하기 위함입니다.

이미 회귀분석에 대해 살펴보았으므로, 바로 실습해보겠습니다.

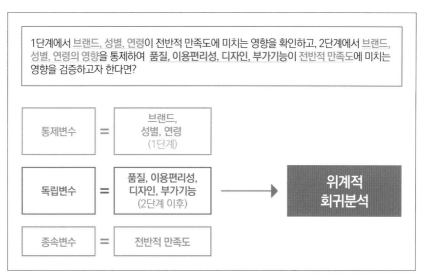

그림 23-1 | 위계적 회귀분석을 사용하는 연구문제 예시

연구 문제 23-1 **품질, 이용편리성, 디자인, 부가기능이 전반적 만족도에 미치는 영향**

품질, 이용편리성, 디자인, 부가기능이 전반적 만족도에 미치는 영향을 위계적 회귀분석을 통해 검증해보자. 단, 1단계에서는 브랜드, 성별, 연령의 영향을 확인하고, 2단계에서는 품질, 이용편리성, 디자인, 부가기능을 투입하여 분석해보자.

위계적 회귀분석의 가설 형태는 SECTION 21에서 다룬 다중회귀분석과 같습니다. 따라서 바로 그 가설에 따라 분석을 진행하겠습니다.

02 _ SPSS 무작정 따라하기

1 먼저 브랜드를 더미변환하여 'A사여부', 'B사여부' 변수를 만들어줍니다.[1]

2 성별을 더미변환하여 '남자여부' 변수를 만들겠습니다. 먼저 변환–다른 변수로 코딩변경
을 클릭합니다.

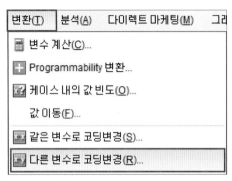

그림 23-2

3 다른 변수로 코딩변경 창에서 **1** '성별'을 클릭하고 **2** 오른쪽 이동 버튼(➡)을 클릭합니다.

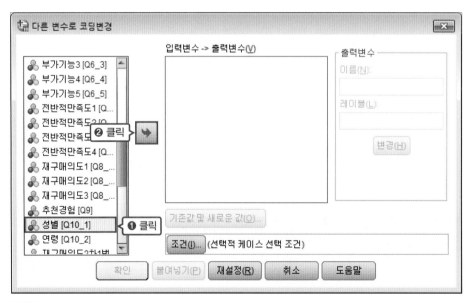

그림 23-3

---

4 ❶ '출력변수'의 '이름'에 '남자여부'를 입력하고 ❷ 변경을 클릭합니다.

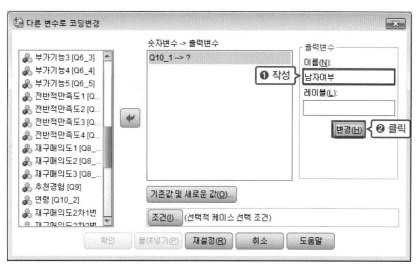

그림 23-4

5 기존값 및 새로운 값을 클릭합니다.

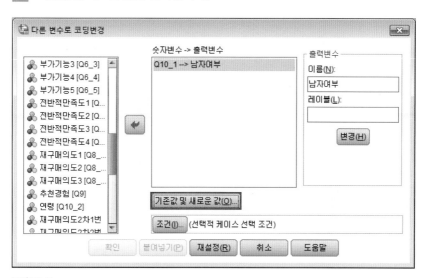

그림 23-5

6 다른 변수로 코딩변경: 기존값 및 새로운 값 창에서 ❶ '기존값'에 남자 범주의 번호인 1을 입력하고 ❷ '새로운 값'에 '1'을 입력한 뒤 ❸ 추가를 클릭합니다.

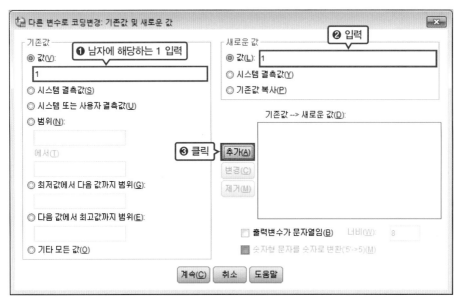

그림 23-6

7 ❶ '기타 모든 값'에 체크하고 ❷ '새로운 값'에 '0'을 입력한 뒤 ❸ 추가를 클릭합니다.

그림 23-7

8 계속을 클릭합니다.

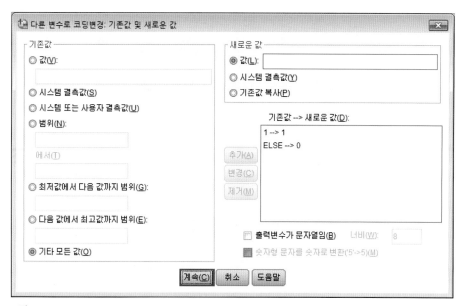

그림 23-8

9 다른 변수로 코딩변경 창에서 확인을 클릭합니다.

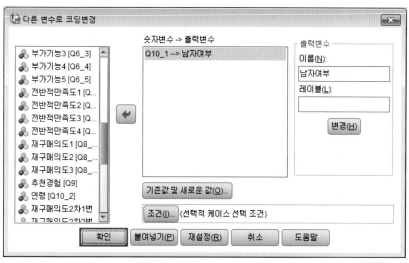

그림 23-9

10 분석-회귀분석-선형을 클릭합니다.

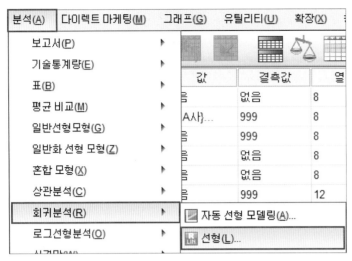

그림 23-10

11 선형 회귀 창에서 ❶ 브랜드에 해당되는 더미변수 'A사여부', 'B사여부', 성별에 해당되는 더미변수 '남자여부', 그리고 '연령[Q10_2]'를 '독립변수'로 옮기고 ❷ 다음을 클릭합니다.

그림 23-11

12 ❶ '품질', '이용편리성', '디자인', '부가기능'을 '독립변수'로 옮기고 ❷ '전반적만족도'를 '종속변수'로 옮긴 후 ❸ 통계량을 클릭합니다.

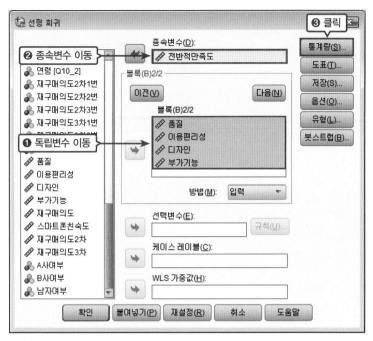

그림 23-12

13 선형 회귀: 통계량 창에서 ❶ '공선성 진단'에 체크하고 ❷ 'Durbin−Watson'에 체크합니다. 그리고 ❸ 'R 제곱 변화량'에도 체크한 후 ❹ 계속을 클릭합니다.

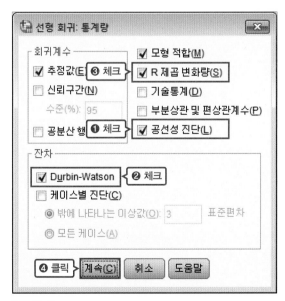

그림 23-13

14 확인을 클릭합니다.

그림 23-14

아무도 가르쳐주지 않는 Tip

[그림 23-11]을 보면, '성별' 더미변수는 '남자여부'만 만들었습니다. 왜 '남자여부' 더미변수만 만들었는지 궁금한가요? SECTION 22에서 설명한 바 있지만, 브랜드에 A사, B사, C사가 있을 때 C사를 기준변수로 두고 'A사여부'와 'B사여부'라는 2개의 더미변수를 만들었습니다. 성별 역시 남자와 여자가 있기 때문에 여자를 기준변수로 두고, '남자여부'라는 1개의 더미변수를 만든 것이죠.

더미변수를 몇 개 만들어야 할지 고민된다면, 보고자 하는 범주 변수의 개수에서 기준변수 1개를 빼세요. 그러면 더미변환해야 할 총 수가 나옵니다. 예를 들어 브랜드는 '3개 범주 변수 − 1 기준 변수 = 2개 더미변수', 성별은 '2개 범주 변수 − 1 기준 변수 = 1개 더미변수'로 계산할 수 있습니다.

또한 기준변수를 남자로 설정하여 '남자여부'가 아닌 '여자여부'로 더미변수를 만들 수 있습니다. 그러면 2를 1로, 기타 모든 값을 0으로 바꿔주면 됩니다.

03 _ 출력 결과 해석하기

위계적 회귀분석도 회귀분석이므로 독립변수들의 유의성 여부를 확인하기 전에, 회귀모형의 적합도 및 설명력을 확인해야 합니다. 적합도는 [그림 23-15]의 〈ANOVA〉 결과표를 확인하면 됩니다. 여기서 1단계 모형의 F값은 2.597, 2단계 모형의 F값은 15.496으로 모두 p값이 .05 미만임을 확인할 수 있습니다. 즉 회귀모형이 적합하다고 할 수 있습니다.

R 제곱은 독립변수가 종속변수를 얼마나 설명하는지를 판단하는 수치입니다. [그림 23-15]의 〈모형 요약〉 결과표를 보면 R 제곱이 1단계 모형에서는 .034, 2단계 모형에서는 .299라서, 1단계 모형에서는 설명력이 약 3.4%, 2단계 모형에서는 설명력이 약 29.9%인 것을 확인할 수 있습니다. 수정된 R 제곱 기준으로는 1단계 .021, 2단계 .279로 나타나, 수정된 R 제곱 기준의 모형 설명력은 1단계에서 약 2.1%, 2단계에서 약 27.9%임을 확인할 수 있습니다. 그리고 R 제곱 변화량을 보면, 1단계 모형에 비해 2단계에서는 약 26.5% 증가한 것을 확인할 수 있습니다. 이는 2단계의 R 제곱(29.9%)에서 1단계의 R 제곱(3.4%)을 뺀 값으로, 1단계 대비 2단계에서의 설명력 증가량을 확인할 수 있습니다.

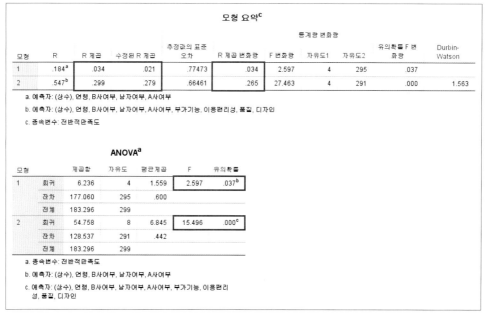

그림 23-15 | 위계적 회귀분석 SPSS 출력 결과 : 모형 요약과 ANOVA

[그림 23-16]의 〈계수〉 결과표를 보면, 1단계에서 브랜드, 성별, 연령의 영향력을 검증한 결과, 브랜드 변수인 A사여부와 B사여부는 정(+)적으로 유의하게 나타났습니다. 즉 A사나 B사인 경우는 C사보다 전반적 만족도가 높다는 것을 확인할 수 있습니다.

2단계에서는 독립변수들을 추가로 투입한 결과, 품질, 이용편리성, 디자인, 부가기능이 정(+)적으로 유의하게 나타났습니다. 즉 품질, 이용편리성, 디자인, 부가기능이 높아질수록 전반적 만족도도 높아진다고 판단할 수 있습니다.

계수ª

모형		비표준화 계수 B	비표준화 계수 표준오차	표준화 계수 베타	t	유의확률	공선성 통계량 공차	공선성 통계량 VIF
1	(상수)	2.708	.177		15.273	.000		
	A사여부	.371	.123	.235	3.031	.003	.543	1.843
	B사여부	.327	.126	.203	2.605	.010	.541	1.848
	남자여부	.061	.091	.039	.670	.503	.970	1.031
	연령	-.001	.003	-.013	-.222	.824	.973	1.028
2	(상수)	.532	.267		1.992	.047		
	A사여부	.176	.107	.112	1.647	.101	.525	1.906
	B사여부	.143	.109	.088	1.304	.193	.527	1.898
	남자여부	.102	.080	.065	1.277	.203	.935	1.070
	연령	-.001	.003	-.026	-.522	.602	.968	1.033
	품질	.129	.065	.115	1.993	.047	.722	1.385
	이용편리성	.172	.057	.174	3.008	.003	.721	1.387
	디자인	.265	.065	.252	4.086	.000	.635	1.574
	부가기능	.159	.054	.165	2.927	.004	.759	1.317

a. 종속변수: 전반적 만족도

그림 23-16 | 다중 회귀분석 위계적 회귀분석 SPSS 출력 결과 : 계수

04 _ 논문 결과표 작성하기

1 위계적 회귀분석 결과표는 모형별 B, β, t, p의 결과 값을 열로 구성하고, 하단에 F값과 유의확률, R 제곱과 수정된 R 제곱값을 넣습니다. 모형 1의 독립변수인 브랜드와 성별, 연령과 모형 2의 독립변수 4개를 넣어 결과표를 작성합니다.

표 23-1

종속변수	독립변수	모형 1				모형 2			
		B	β	t	p	B	β	t	p
전반적 만족도	(상수)								
	브랜드(C사=ref.)								
	A사								
	B사								
	성별(여자=ref.)								
	남자								
	연령								
	품질								
	이용편리성								
	디자인								
	부가기능								
	F			$(p<\ \ )$				$(p<\ \ )$	
	R^2								
	$_{adj}R^2$								

2 위계적 회귀분석 결과는 모형별 결과 값을 모두 기입해야 하므로 값을 많이 입력해야 합니다. 그러므로 비교적 덜 중요한 표준오차($S.E.$)값은 제외하겠습니다. 위계적 회귀분석 엑셀 결과에서 〈계수〉 결과표의 표준오차($S.E.$)에 해당하는 ❶ D열을 선택하고 ❷ Ctrl + - 단축키로 D열을 삭제합니다.

그림 23-17

3 한글 결과표에 브랜드와 성별의 기준범주를 표시한 행이 있으므로 한 번에 결과 값을 옮기기 위해 빈 행을 추가하겠습니다. ❶ 모형 1과 모형 2의 'A사여부' 더미변수의 행과 '남자여부' 더미변수의 행을 Ctrl + 클릭하고 ❷ Ctrl + + 단축키로 행을 삽입합니다.

그림 23-18

4 위계적 회귀분석 엑셀 결과에서 〈계수〉 결과표의 비표준화 계수 B와 t값의 표시를 '0.000' 형태로 동일하게 변경하기 위해, 비표준화 계수 B값과 t값을 모두 선택하여 [Ctrl] + [1] 단축키로 셀 서식 창을 엽니다.

계수[a]

모형		비표준화 계수	표준화 계수				공선성 통계량	
		B	베타	t	유의확률	공차	VIF
1	(상수)	2,708		15,273	0,000		
	A사여부	0,371	0,235	3,031	0,003	0,543	1,843
	B사여부	0,327	0,203	2,605	0,010	0,541	1,848
	남자여부	0,061	0,039	0,670	0,503	0,970	1,031
	연령	-0,001	-0,013	-0,222	0,824	0,973	1,028
2	(상수)	0,532		1,992	0,047		
	A사여부	0,176	0,112	1,647	0,101	0,525	1,906
	B사여부	0,143	0,088	1,304	0,193	0,527	1,898
	남자여부	0,102	0,065	1,277	0,203	0,935	1,070
	연령	-0,001	-0,026	-0,522	0,602	0,968	1,033
	품질	0,129	0,115	1,993	0,047	0,722	1,385
	이용편리성	0,172	0,174	3,008	0,003	0,721	1,387
	디자인	0,265	0,252	4,086	0,000	0,635	1,574
	부가기능	0,159	0,165	2,927	0,004	0,759	1,317

a. 종속변수: 전반적만족도

[Ctrl] + [1]

그림 23-19

5 셀 서식 창에서 ❶ '범주'의 '숫자'를 클릭하고 ❷ '음수'의 '-1234'를 선택합니다. ❸ '소수 자릿수'를 '3'으로 수정한 후 ❹ 확인을 클릭해서 소수점 셋째 자리의 수로 변경합니다.

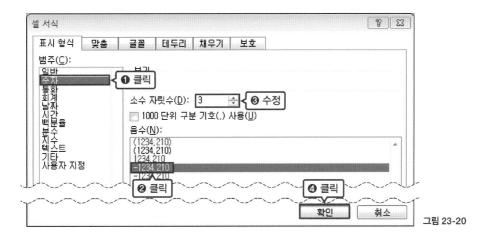

그림 23-20

6 더미변수의 기준범주에 해당하는 빈 행을 포함하여 〈계수〉 결과표에서 모형 1의 비표준화 계수 B와 표준화 계수 β, t값, 유의확률의 결과값을 선택하여 복사합니다.

계수[a]							
		비표준화 계수	표준화 계수			공선성 통계량	
모형		B	베타	t	유의확률	공차	VIF
1	(상수)	2,708		15,273	0,000		
	A사여부	0,371	0,235	3,031	0,003	0,543	1,843
	B사여부	0,327	0,203	2,605	0,010	0,541	1,848
	남자여부	0,061	0,039	0,670	0,503	0,970	1,031
	연령	-0,001	-0,013	-0,222	0,824	0,973	1,028
2	(상수)	0,532		1,992	0,047		
	이용편리성	0,172	0,144	3,006	0,003	0,721	1,387
	디자인	0,265	0,252	4,086	0,000	0,635	1,574
	부가기능	0,159	0,165	2,927	0,004	0,759	1,317

Ctrl + C

a. 종속변수: 전반적만족도

그림 23-21

7 한글에 만들어놓은 위계적 회귀분석 결과표에서 모형 1의 B 항목 첫 번째 빈칸에 엑셀 결과에서 복사한 값을 붙여넣기합니다.

종속변수	독립변수	모형 1				모형 2			
		B	β	t	p	B	β	t	p
전반적 만족도	(상수)								
	브랜드(C사=ref.)								
	A사								
	B사								
	성별(여자=ref.)								
	남자								
	연령								
	품질								
	이용편리성								
	디자인								
	부가기능								
	F			($p<$)				($p<$)	

Ctrl + V

그림 23-22

8 셀 붙이기 창에서 **①** '내용만 덮어 쓰기'를 클릭하고 **②** 붙이기를 클릭합니다.

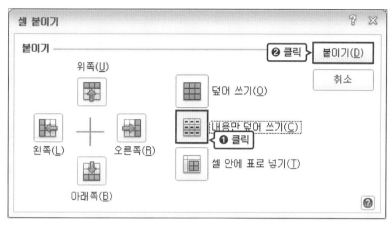

그림 23-23

9 위계적 회귀분석 엑셀 결과의 〈계수〉 결과표에서 모형 2의 비표준화 계수 B와 표준화 계수 β, t값, 유의확률의 결과 값을 선택하여 복사합니다.

		계수[a]					
		비표준화 계수	표준화 계수			공선성 통계량	
모형		B	베타	t	유의확률	공차	VIF
1	(상수)	2.708		15.273	0.000		
	A사여부	0.371	0.235	3.031	0.003	0.543	1.843
	B사여부	0.327	0.203	2.605	0.010	0.541	1.848
	남자여부	0.061	0.039	0.670	0.503	0.970	1.031
	연령	-0.001	-0.013	-0.222	0.824	0.973	1.028
2	(상수)	0.532		1.992	0.047		
	A사여부	0.176	0.112	1.647	0.101	0.525	1.906
	B사여부	0.143	0.088	1.304	0.193	0.527	1.898
	남자여부	0.102	0.065	1.277	0.203	0.935	1.070
	연령	-0.001	-0.026	-0.522	0.602	0.968	1.033
	품질	0.129	0.115	1.993	0.047	0.722	1.385
	이용편리성	0.172	0.174	3.008	0.003	0.721	1.387
	디자인	0.265	0.252	4.086	0.000	0.635	1.574
	부가기능	0.159	0.165	2.927	0.004	0.759	1.317

a. 종속변수: 전반적만족도

Ctrl + C

그림 23-24

10 한글에 만들어놓은 위계적 회귀분석 결과표의 모형 2에서 B 항목의 첫 번째 빈칸에 엑셀 결과에서 복사한 값을 붙여넣기합니다.

종속변수	독립변수	모형 1				모형 2			
		B	β	t	p	B	β	t	p
전반적 만족도	(상수)	2.708		15.273	.000				
	브랜드(C사=ref.)								
	A사	0.371	.235	3.031	.003				
	B사	0.327	.203	2.605	.010				
	성별(여자=ref.)								
	남자	0.061	.039	0.670	.503				
	연령	-0.001	-.013	-0.222	.824				
	품질								
	이용편리성								
	디자인								
	부가기능								
	F			$(p<$ $)$				$(p<$ $)$	
	R^2								
	$_{adj}R^2$								

Ctrl + V

그림 23-25

11 위계적 회귀분석 엑셀 결과의 〈모형 요약〉과 〈ANOVA〉 결과표에서 모형 1과 모형 2의 ❶ F값, ❷ p값, ❸ R 제곱값, ❹ 수정된 R 제곱값을 순서대로 한글에 만들어놓은 위계적 회귀분석 결과표의 하단으로 옮깁니다.

모형 요약[c]

통계량 변화량

모형	R	R 제곱	수정된 R 제곱	추정값의 표준오차	R 제곱 변화량	F 변화량	자유도1	자유도2	유의확률 F 변화량	Durbin-Watson
1	.184[a]	0.034	0.021	0.77473	0.034	2.597	4	295	0.037	
2	.547[b]	0.299	0.279	0.66461	0.265	27.463	4	291	0.000	1.563

a. 예측자: (상수), 연령, B사여부, 남자여부, A사여부
b. 예측자: (상수), 연령, B사여부, 남자여부, A사여부, 부가기능, 이용편리성, 품질, 디자인
c. 종속변수: 전반적만족도

❸ R² ❹ _{adj}R²

ANOVA[a]

모형		제곱합	자유도	평균제곱	F	유의확률
1	회귀	6.236	4	1.559	2.597	.037[b]
	잔차	177.060	295	0.600		
	전체	183.296	299			
2	회귀	54.758	8	6.845	15.496	.000[c]
	잔차	128.537	291	0.442		
	전체	183.296	299			

❶ F ❷ p

a. 종속변수: 전반적만족도
b. 예측자: (상수), 연령, B사여부, 남자여부, A사여부

그림 23-26

여기서 잠깐!!

2 에서 표준오차($S.E.$)를 제외하기 위해 D열을 삭제했습니다. 따라서 **11**을 진행하기 전에 Ctrl + Z 단축키를 사용해 D열 삭제 전으로 되돌려야 합니다. 그렇지 않으면 '수정된 R 제곱' 열이 보이지 않을 수 있으므로 주의하세요.

12 입력한 모든 셀의 글자 모양을 양식에 맞게 변경하면 결과표가 완성됩니다. 모형1에서는 상수의 유의확률 p가 0.001 미만이므로 t값에 *표 세 개를, A사와 B사의 유의확률 p가 0.001 이상~0.01 미만이므로 t값에 *표 두 개를 위첨자 형태로 달아줍니다. 모형 2에서는 상수와 '품질'의 유의확률 p가 0.01 이상~0.05 미만이므로 t값에 *표 한 개를, '이용편리성'과 '부가기능'의 유의확률 p가 0.001 이상~0.01 미만이므로 t값에 *표 두 개를, '디자인'의 유의확률 p가 0.001 미만이므로 t값에 *표 세 개를 위첨자로 달아줍니다.

표 23-2 | 전반적 만족도에 영향을 미치는 요인

종속변수	독립변수	모형 1				모형 2			
		B	β	t	p	B	β	t	p
전반적 만족도	(상수)	2.708		15.273***	<.001	0.532		1.992*	.047
	브랜드(C사=ref.)								
	A사	0.371	.235	3.031**	.003	0.176	.112	1.647	.101
	B사	0.327	.203	2.605**	.010	0.143	.088	1.304	.193
	성별(여자=ref.)								
	남자	0.061	.039	0.670	.503	0.102	.065	1.277	.203
	연령	−0.001	−.013	−0.222	.824	−0.001	−.026	−0.522	.602
	품질					0.129	.115	1.993*	.047
	이용편리성					0.172	.174	3.008**	.003
	디자인					0.265	.252	4.086***	<.001
	부가기능					0.159	.165	2.927**	.004
F		2.597(p<.05)				15.496(p<.001)			
R^2		.034				.299			
$_{adj}R^2$		.021				.279			

* p<.05, ** p<.01, *** p<.001

05 _ 논문 결과표 해석하기

위계적 회귀분석 결과표에 대한 해석은 다음 4단계로 작성합니다.

❶ 분석 내용과 분석법 설명
"브랜드, 성별, 연령(모형 1 독립변수) 및 품질, 이용편리성, 디자인, 부가기능(모형 2 독립변수)이 전반적 만족도(종속변수)에 미치는 영향을 검증하기 위해, 위계적 회귀분석(분석법)을 실시하였다.

❷ 회귀모형의 유의성, 설명력 설명
모형별 분산 분석의 F값과 유의확률로 회귀모형의 유의성을 설명하고, R 제곱으로 설명력을, Durbin-Watson 값으로 잔차의 독립성 가정 충족 여부를, VIF 값으로 다중공선성 문제 여부를 설명합니다.

❸ 모형 1의 독립변수 유의성 검증 결과 설명
모형 1에서 종속변수에 대한 독립변수의 영향이 유의한지를 β값과 유의확률로 설명합니다.

❹ 모형 2의 독립변수 유의성 검증 결과 설명
모형 2에서 종속변수에 대한 독립변수의 영향이 유의한지를 β값과 유의확률로 설명하고, 독립변수의 베타값으로 영향력 순위를 나열합니다.

❶ 브랜드, 성별, 연령[2] 및 품질, 이용편리성, 디자인, 부가기능[3]이 전반적 만족도[4]에 미치는 영향을 검증하기 위해, 위계적 회귀분석(Hierarchical regression analysis)을 실시하였다.

❷ 그 결과 회귀모형은 1단계($F=2.597$[5], $p<.05$[6])와 2단계($F=15.496$[7], $p<.001$[8])에서 모두 통계적으로 유의하게 나타났으며, 회귀모형의 설명력은 1단계에서 3.4%[9](수정된 R 제곱은 2.1%[10])로 나타났고($R^2=.034$[11], $_{adj}R^2=.021$[12]), 2단계에서는 29.9%[13](수정된 R 제곱은 27.9%[14])로 나타났다($R^2=.299$[15], $_{adj}R^2=.279$[16]). 한편 Durbin-Watson 통계량은 1.563[17]

---

2   1단계 투입변수
3   2단계 투입변수
4   종속변수
5   1단계 모형 '분산 분석'의 F값
6   1단계 모형 '분산분석'의 유의확률
7   2단계 모형 '분산 분석'의 F값
8   2단계 모형 '분산분석'의 유의확률
9   '모형 요약'의 R 제곱 × 100
10 '모형 요약'의 수정된 R 제곱 × 100
11 '모형 요약'의 R 제곱
12 '모형 요약'의 수정된 R 제곱
13 '모형 요약'의 R 제곱 × 100
14 '모형 요약'의 수정된 R 제곱 × 100
15 '모형 요약'의 R 제곱
16 '모형 요약'의 수정된 R 제곱
17 '모형 요약'의 Durbin-watson

으로 2에 근사한 값을 보여 잔차의 독립성 가정에 문제는 없는 것으로 평가되었고, 분산팽창지수(Variance Inflation Factor: VIF)도 모두 10 미만으로 작게 나타나 다중공선성 문제는 없는 것으로 판단되었다.

❸ 회귀계수의 유의성 검증 결과, 1단계에서는 브랜드가 유의하게 나타났으며, A사(β=.235[18], $p<.01$[19])와 B사(β=.203, $p<.01$)가 정(+)적으로 유의하게 나타났다. 즉 A사와 B사는 C사보다 전반적 만족도가 높은 것으로 검증되었다.

❹ 2단계에서 통제변수는 모두 통계적으로 유의하지 않았고, 품질(β=.115, $p<.05$), 이용편리성(β=.174, $p<.01$), 디자인(β=.252, $p<.001$), 부가기능(β=.165, $p<.01$)은 모두 전반적 만족도에 유의한 정(+)의 영향[20]을 미치는 것으로 나타났다. 즉 품질, 이용편리성, 디자인, 부가기능이 높아질수록 전반적 만족도도 높아지는[21] 것으로 평가되었다. 표준화 계수의 크기를 비교하면, 디자인(β=.252), 이용편리성(β=.174), 부가기능(β=.165), 품질(β=.115) 순으로 전반적 만족도에 큰 영향을 미치는 것으로 검증되었다.[22]

[위계적 회귀분석 결과표 완성 예시]

브랜드, 성별, 연령과 스마트폰 만족도 주요 요인이 전반적 만족도에 미치는 영향

〈표〉 전반적 만족도에 영향을 미치는 요인

종속변수	독립변수	모형 1				모형 2			
		B	β	t	p	B	β	t	p
전반적 만족도	(상수)	2.708		15.273***	<.001	0.532		1.992*	.047
	브랜드(C사=ref.)								
	A사	0.371	.235	3.031**	.003	0.176	.112	1.647	.101
	B사	0.327	.203	2.605**	.010	0.143	.088	1.304	.193
	성별(여자=ref.)								
	남자	0.061	.039	0.670	.503	0.102	.065	1.277	.203
	연령	−0.001	−.013	−0.222	.824	−0.001	−.026	−0.522	.602
	품질					0.129	.115	1.993*	.047
	이용편리성					0.172	.174	3.008**	.003
	디자인					0.265	.252	4.086***	<.001
	부가기능					0.159	.165	2.927**	.004
	F	2.597($p<.05$)				15.496($p<.001$)			
	R^2	.034				.299			
	$_{adj}R^2$	.021				.279			

* $p<.05$, ** $p<.01$, *** $p<.001$

18 'A사' 더미변수의 표준화 계수
19 'A사' 더미변수의 p값
20 회귀계수가 양(+)수이므로 정(+)의 영향, 음(−)수였다면 부(−)의 영향
21 회귀계수가 양(+)수이므로 '높아지는', 음(−)수였다면 '낮아지는'
22 영향력 크기 비교가 의미 없다고 판단된다면, 본 문장은 생략해도 됨

브랜드, 성별, 연령 및 품질, 이용편리성, 디자인, 부가기능이 전반적 만족도에 미치는 영향을 검증하기 위해, 위계적 회귀분석(Hierarchical regression analysis)을 실시하였다.

그 결과 회귀모형은 1단계(F=2.597, p<.05)와 2단계(F=15.496, p<.001)에서 모두 통계적으로 유의하게 나타났으며, 회귀모형의 설명력은 1단계에서 3.4%(수정된 R 제곱은 2.1%)로 나타났고 (R^2=.034, $_{adj}R^2$=.021), 2단계에서는 29.9%(수정된 R 제곱은 27.9%)로 나타났다(R^2=.299, $_{adj}R^2$=.279). 한편 Durbin-Watson 통계량은 1.563으로 2에 근사한 값을 보여 잔차의 독립성 가정에 문제는 없는 것으로 평가되었고, 분산팽창지수(Variance Inflation Factor: VIF)도 모두 10 미만으로 작게 나타나 다중공선성 문제는 없는 것으로 판단되었다.

회귀계수의 유의성 검증 결과, 1단계에서는 브랜드가 유의하게 나타났으며, A사(β=.235, p<.01)와 B사(β=.203, p<.01)가 정(+)적으로 유의하게 나타났다. 즉 A사와 B사는 C사보다 전반적 만족도가 높은 것으로 검증되었다.

2단계에서 통제변수는 모두 통계적으로 유의하지 않았고, 품질(β=.115, p<.05), 이용편리성 (β=.174, p<.01), 디자인(β=.252, p<.001), 부가기능(β=.165, p<.01)은 모두 전반적 만족도에 유의한 정(+)의 영향을 미치는 것으로 나타났다. 즉 품질, 이용편리성, 디자인, 부가기능이 높아질수록 전반적 만족도도 높아지는 것으로 평가되었다. 표준화 계수의 크기를 비교하면, 디자인 (β=.252), 이용편리성(β=.174), 부가기능(β=.165), 품질(β=.115) 순으로 전반적 만족도에 큰 영향을 미치는 것으로 검증되었다.

로지스틱 회귀분석
: 연속형 독립변수가 범주형 종속변수에 미치는 영향 검증

bit.ly/onepass-spss25

PREVIEW

· **로지스틱 회귀분석** : 연속형 독립변수가 범주형 종속변수에 미치는 영향을 검증하는 통계분석 방법

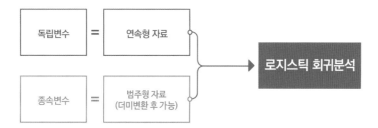

01 _ 기본 개념과 연구 가설

로지스틱 회귀분석(Logistic regression analysis)은 연속형 독립변수가 범주형 종속변수에 미치는 영향을 검증하는 방법입니다.

스마트폰 만족도 연구에서 품질, 이용편리성, 디자인, 부가기능이 스마트폰 추천 가능성에 미치는 영향을 검증한다고 가정해봅시다. 이때 품질, 이용편리성, 디자인, 부가기능은 연속형 자료이고, 스마트폰 추천 여부는 범주형 자료이기 때문에, 로지스틱 회귀분석을 실시할 수 있습니다.

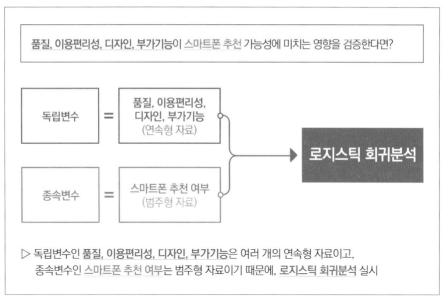

그림 24-1 | 로지스틱 회귀분석을 사용하는 연구문제 예시

연구문제 24-1 **품질, 이용편리성, 디자인, 부가기능이 스마트폰 추천에 미치는 영향**

품질, 이용편리성, 디자인, 부가기능이 스마트폰 추천에 미치는 영향을 검증해보자.

[연구문제 24-1]에 대한 가설 형태를 정리하면 다음과 같습니다.

가설 형태 1 : (독립변수 1)이 (종속변수) 발생 가능성에 유의한 영향을 미칠 것이다.
가설 형태 2 : (독립변수 2)가 (종속변수) 발생 가능성에 유의한 영향을 미칠 것이다.
⋮
가설 형태 n : (독립변수 n)이 (종속변수) 발생 가능성에 유의한 영향을 미칠 것이다.

여기서 독립변수 자리에 품질, 이용편리성, 디자인, 부가기능을, 종속변수 자리에 스마트폰 추천을 적용하면 가설은 다음과 같이 나타낼 수 있습니다.

가설 1 : (품질)은 (스마트폰 추천) 가능성에 유의한 정(+)의 영향을 미칠 것이다.
가설 2 : (이용편리성)은 (스마트폰 추천) 가능성에 유의한 정(+)의 영향을 미칠 것이다.
가설 3 : (디자인)은 (스마트폰 추천) 가능성에 유의한 정(+)의 영향을 미칠 것이다.
가설 4 : (부가기능)은 (스마트폰 추천) 가능성에 유의한 정(+)의 영향을 미칠 것이다.

02 _ SPSS 무작정 따라하기

1 분석−회귀분석−이분형 로지스틱을 클릭합니다.

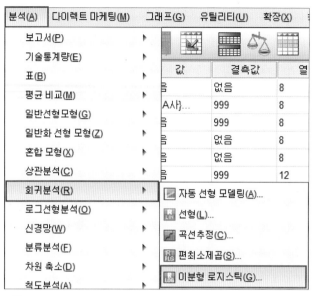

그림 24-2

2 이분형 로지스틱 창에서 ❶ '품질', '이용편리성', '디자인', '부가기능'을 '공변량'으로 옮기
고 ❷ '추천경험'을 '종속변수'로 옮긴 후 ❸ 옵션을 클릭합니다.

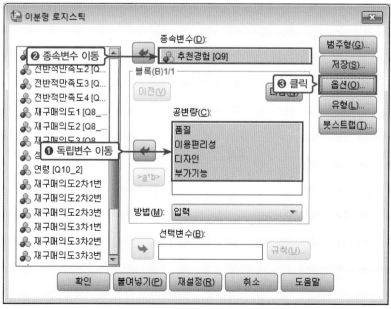

그림 24-3

3 로지스틱 회귀: 옵션 창에서 ❶ 'Hosmer–Lemeshow 적합도'에 체크하고 ❷ 'exp(B)에 대한 신뢰구간'에 체크한 후 ❸ 계속을 클릭합니다.

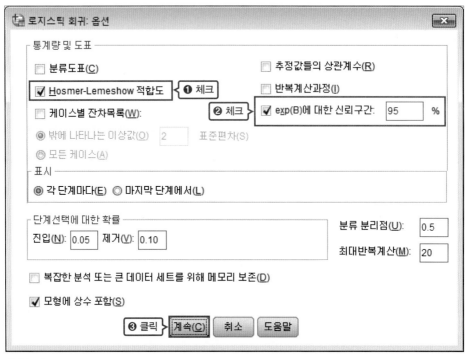

그림 24-4

4 확인을 클릭합니다.

그림 24-5

여기서 잠깐!!

실습파일에서 **변수 보기**를 누르면, 각 변수들의 레이블과 값을 어떻게 입력했는지 알 수 있습니다. 그중 Q9인 '추천 경험'의 '값'을 보면, '0=추천 안함, 1=추천 함'으로 입력되어 있습니다. 또한 SECTION 11에 있는 '설문 구성' 중 문제 9번을 살펴보면, 질문에 대한 답변이 '0=아니요(추천 안 함), 1=예(추천함)'으로 구성되어 있습니다.

원래 설문지를 작성할 때 0과 1로 기록하는 경우는 거의 본 적이 없죠? 대부분 '1=아니요, 2=예'로 구성합니다. 그래서 원래 스마트폰 추천 경험 여부를 종속변수로 설정하고 로지스틱 회귀분석을 진행할 경우에는 SECTION 22에 배운 **다른 변수로 코딩변경**을 실시하여 '1=0으로, 2=1로 바꾸는 작업'을 진행해야 합니다. 지금은 여러분이 살펴보기 쉽게 0과 1로 구성하였습니다.

03 _ 출력 결과 해석하기

로지스틱 회귀분석도 앞서 진행한 단순/다중 회귀분석과 마찬가지로, 회귀계수를 확인하기 전에 모형의 적합도를 확인해야 합니다.

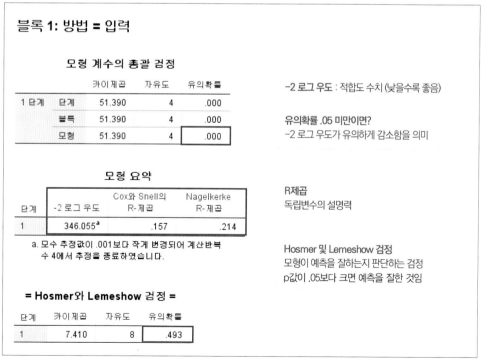

그림 24-6 | 로지스틱 회귀분석 SPSS 출력 결과 : 모형 적합도 검정

출력 결과를 보면 '블록 0: 시작 블록'과 '블록 1: 방법 = 입력'으로 결과가 구분되어 있는데, '블록 0: 시작 블록'은 변수가 투입되지 않은 모형이기 때문에 큰 의미가 없습니다. [그림 24-6]의 〈모형 요약〉 결과표부터 보면, -2 로그 우도, Cox와 Snell의 R-제곱, Nagelkerke R-제곱 등의 수치가 보입니다.

-2 로그 우도란 모형의 적합도를 판단하는 수치인데, 특별히 기준치가 정해져있는 것은 아니지만 수치가 낮을수록 적합도가 더 좋다고 판단합니다. 그리고 〈모형 계수의 총괄 검정〉 결과표에 카이제곱과 유의확률이 나오는데, 이는 독립변수가 투입되지 않은 모형과 비교했을 때 -2 로그 우도가 유의한 수준으로 감소했는지를 의미하는 수치입니다. 모형에서 유의확률이 .000으로 나타났기에 변수가 투입되었을 때 모형의 적합도가 개선된 것으로 확인됩니다. 즉 투입된 4개의 변수가 종속변수를 설명하는 데 의미가 있다고 할 수 있겠죠.

Cox와 Snell의 R-제곱과 Nagelkerke R-제곱은 회귀분석의 R 제곱과 유사한 개념입니다. 모형의 설명력 정도를 나타내는데, 아무래도 종속변수가 범주형 자료이다 보니 일반적으로 설명력이 회귀분석보다는 낮게 나타납니다. 특별한 기준은 없고 수치가 높을수록 좋습니다. 하지만 R 제곱은 참고로 확인만 할 뿐, 큰 의미를 부여할 필요는 없습니다.

〈Hosmer와 Lemeshow 검정〉 결과표를 보면, 여기서도 카이제곱과 유의확률을 확인할 수 있습니다. 이 검정은 예측 모형과 실제 모형 사이에 유의한 차이가 있는지 검증하는 것입니다. 예측한 모형이 실제와 유사해야 모형 예측이 잘 되었다고 할 수 있겠죠. 바꿔 말해서, 예측한 모형이 실제와 차이가 있으면 예측이 잘 안 된 겁니다. 가설 검증을 할 때도 유의확률이 .05 미만이면 유의한 차이가 있고 .05 이상이면 유의한 차이가 없다고 판단하듯이, Hosmer와 Lemeshow 검정 결과도 유의확률이 .05 미만이면 예측 모형과 실제 모형 간에 차이가 있다고 판단할 수 있고 .05 이상이면 예측 모형과 실제 모형 간에 차이가 없다고 판단할 수 있습니다. 즉 유의확률이 .05 이상이면 모형이 예측을 잘한다고 판단할 수 있습니다. 여기서는 유의확률이 .493으로 .05보다 크게 나타났으므로, 모형이 예측을 잘하는 것으로 판단됩니다.

그럼 적합도에는 큰 문제가 없으니, 이어서 회귀계수 유의성을 확인해보도록 하겠습니다.

〈방정식의 변수〉 결과표를 보면, 품질, 이용편리성, 디자인에서 유의확률이 .05 미만으로 나타납니다. 즉 품질, 이용편리성, 디자인은 통계적으로 유의하다고 할 수 있고, 부가기능은 통계적으로 유의하지 않은 것으로 판단할 수 있습니다.

방정식의 변수

		B	S.E.	Wald	자유도	유의확률	Exp(B)	EXP(B)에 대한 95% 신뢰구간 하한	상한
1 단계ª	품질	.536	.217	6.071	1	.014	1.709	1.116	2.617
	이용편리성	.402	.190	4.477	1	.034	1.494	1.030	2.167
	디자인	.687	.224	9.443	1	.002	1.987	1.282	3.080
	부가기능	.076	.189	.161	1	.688	1.079	.745	1.562
	상수항	-5.915	.943	39.345	1	.000	.003		

a. 변수가 1: 품질, 이용편리성, 디자인, 부가기능 단계에 입력되었습니다.

B 〉 0 (또는 OR 〉 1) : 독립변수 증가시 종속변수 발생 가능성 증가
B 〈 0 (또는 OR 〈 1) : 독립변수 증가시 종속변수 발생 가능성 감소

품질 한 단계 증가 시 추천 가능성 1.709배로 증가
이용편리성 한 단계 증가 시 추천 가능성 1.494배로 증가
디자인 한 단계 증가 시 추천 가능성 1.987배로 증가

그림 24-7 | 로지스틱 회귀분석 SPSS 출력 결과 : 방정식의 변수

그러나 여기서도 회귀분석의 정(+)의 영향과 부(−)의 영향처럼 방향을 확인해야 합니다. 결과표를 보면 B값이 있는데, 이 값이 0보다 크면 독립변수가 증가할 때 종속변수가 발생할 가능성이 높아지고, 0보다 작으면 독립변수가 증가할 때 종속변수가 발생할 가능성이 낮아진다고 판단할 수 있습니다. 여기서는 품질, 이용편리성, 디자인의 B값이 모두 0보다 크므로, 품질, 이용편리성, 디자인이 높아질수록 종속변수 발생 가능성이 높아진다고 할 수 있습니다.

Exp(B) 값은 고등학교 수학 시간에 배운 지수함수 개념으로, e^B라고 할 수 있습니다. B가 0이면 Exp(B)는 1이 되고, B가 0보다 크면 Exp(B)는 1보다 크며, B가 0보다 작으면 Exp(B)는 1보다 작게 나타납니다. 즉 Exp(B)를 기준으로 보면, Exp(B)가 1보다 클 경우 독립변수가 증가할 때 종속변수가 발생할 가능성이 높아지고, 1보다 작을 경우 독립변수가 증가할 때 종속변수가 발생할 가능성이 낮아진다고 판단할 수 있습니다.

Exp(B)의 경우 보통 논문에서는 Odds ratio(오즈비)라고 합니다. Exp(B)가 수학적인 개념이라면, Odds ratio는 연구적인 개념입니다. Odds ratio는 줄여서 대개 *OR*로 표현합니다. *OR*을 독립변수가 한 단계 증가할수록 종속변수 발생 가능성이 몇 배 증가 혹은 감소하는가

를 의미합니다. 1에 가까울수록 독립변수 변화에 따라 종속변수 변화가 거의 없다는 의미이고, 1에서 멀어질수록 독립변수 변화에 따라 종속변수 변화가 크다는 의미입니다.

예를 들어 품질의 *OR*은 1.709이므로 품질이 한 단계 증가하면 스마트폰 추천 경험이 있을 가능성은 1.709배 정도 높아진다고 할 수 있습니다. 이런 식으로 이용편리성과 디자인도 해석해보면, 이용편리성은 한 단계 증가 시 추천 가능성이 1.494배, 디자인은 한 단계 증가 시 추천 가능성이 1.987배 정도 높아진다고 할 수 있습니다. 부가기능은 *OR*이 1.079인데, 1에 근사한 수치를 보였으므로 유의하지 않게 나타났다고 볼 수 있습니다.

Exp(B) 오른쪽 열에 '95% 신뢰구간'이라는 표현이 보입니다. 신뢰구간은 영어로 Confidence Interval이기 때문에 약자를 써서 '*CI*'로 표기하기도 합니다. 신뢰수준 95%를 기준으로 봤을 때, 오차를 고려하면 몇부터 몇까지의 *OR*이 나올 수 있는지를 표현한 수치입니다. 유의한 결과가 나왔다면 95% 신뢰구간 안에 1이 포함되지 않고, 유의한 결과가 나오지 않았다면 95% 신뢰구간 안에 1이 포함됩니다. 여기서는 품질, 이용편리성, 디자인은 유의확률이 .05 미만이기에, 신뢰구간에 1이 포함되지 않지만(하한과 상한 모두 1보다 크지만), 부가기능은 유의확률이 .05를 초과하기에, 신뢰구간에는 1이 포함된 것(하한은 1보다 작고, 상한은 1보다 큰 것)을 확인할 수 있습니다.

04 _ 논문 결과표 작성하기

1 로지스틱 회귀분석 결과표는 *B*, *S.E.*, *OR*, 95% *CI*, *p*값이 열로 구성되고, 하단에 −2 로그 우도(−2LL), Nagelkerke R 제곱, Hosmer & Lemeshow 검정의 카이제곱과 유의확률을 넣습니다. 그리고 독립변수 4개를 작성합니다.

표 24-1

종속변수	독립변수	*B*	*S.E.*	*OR*	95% *CI*	*p*
스마트폰 추천	품질					
	이용편리성					
	디자인					
	부가기능					
	−2*LL* = , NagelKerke R^2 = , Hosmer & Lemeshow test: χ^2 = (*p* =)					

2 95% *CI* 하한과 상한을 '(0.000~0.000)'와 같은 형태로 결과표에 넣기 위해 엑셀의 CONCATENATE 함수를 활용합니다. 사용할 함수 구문은 다음과 같습니다.

=CONCATENATE("(",FIXED(하한셀,3),"~",FIXED(상한셀,3),")")

로지스틱 회귀분석 엑셀 결과의 〈방정식의 변수〉 결과표에서 L112 빈 셀에 위의 함수를 넣습니다. **①** '하한*품질'에 해당하는 'I112' 셀을 하한셀에, **②** '상한*품질'에 해당하는 'J112' 셀을 상한셀에 넣습니다.

=CONCATENATE("(",FIXED(I112,3),"~",FIXED(J112,3),")")

	A	B	C	D	E	F	G	H	I	J	K	L
	L112				f_x	=CONCATENATE("(",FIXED(I112,3),"~",FIXED(J112,3),")")						
109						방정식의 변수						
110									EXP(B)에 대한 95% 신뢰구간			
111			B	S.E.	Wald	자유도	유의확률	Exp(B)	하한	상한		
112	1 단계ª	품질	0.536	0.217	6.071	1	0.014	1.709	1.116	2.617		(1.116~2.617)
113		이용편리성	0.402	0.190	4.477	1	0.034	1.494	1.030	2.167		
114		디자인	0.687	0.224	9.443	1	0.002	1.987	1.282	3.080		
115		부가기능	0.076	0.189	0.161	1	0.688	1.079	0.745	1.562		
116		상수항	-5.915	0.943	39.345	1	0.000	0.003				
117	a. 변수가 1: 품질, 이용편리성, 디자인, 부가기능 단계에 입력되었습니다.											

그림 24-8

3 함수가 제대로 입력되면 L112셀에 '(1.116~2.617)'이 출력됩니다. 나머지 '이용편리성'~'부가기능' 독립변수의 Exp(B)에 대한 95% 신뢰구간도 변환하기 위해 **①** L112 셀을 선택하고 **②** L115 셀까지 드래그해서 복사합니다.

	A	B	C	D	E	F	G	H	I	J	K	L
	L112				f_x	=CONCATENATE("(",FIXED(I112,3),"~",FIXED(J112,3),")")						
109						방정식의 변수						
110									EXP(B)에 대한 95% 신뢰구간			① 선택
111			B	S.E.	Wald	자유도	유의확률	Exp(B)	하한	상한		
112	1 단계ª	품질	0.536	0.217	6.071	1	0.014	1.709	1.116	2.617		(1.116~2.617)
113		이용편리성	0.402	0.190	4.477	1	0.034	1.494	1.030	2.167		
114		디자인	0.687	0.224	9.443	1	0.002	1.987	1.282	3.080		② 드래그
115		부가기능	0.076	0.189	0.161	1	0.688	1.079	0.745	1.562		
116		상수항	-5.915	0.943	39.345	1	0.000	0.003				
117	a. 변수가 1: 품질, 이용편리성, 디자인, 부가기능 단계에 입력되었습니다.											

그림 24-9

4 로지스틱 회귀분석 엑셀 결과의 〈방정식의 변수〉 결과표에서 값을 *B*, *S.E.*, *OR*, 95% *CI*(95% 신뢰구간), *p*값 순서대로 정렬하겠습니다. 먼저 ❶ 독립변수와 *B*, *S.E.*의 값을 복사하여 ❷ 빈 셀에 붙여넣습니다.

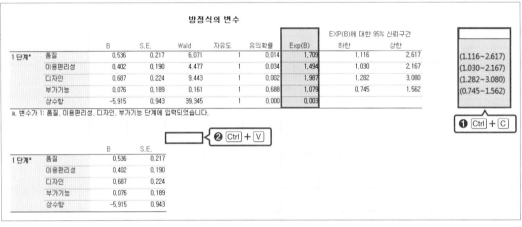

방정식의 변수

		B	S.E.	Wald	자유도	유의확률	Exp(B)	EXP(B)에 대한 95% 신뢰구간		
								하한	상한	
1 단계ª	품질	0.536	0.217	6.071	1	0.014	1.709	1.116	2.617	(1.116~2.617)
	이용편리성	0.402	0.190	4.477	1	0.034	1.494	1.030	2.167	(1.030~2.167)
	디자인	0.687	0.224	9.443	1	0.002	1.987	1.282	3.080	(1.282~3.080)
	부가기능	0.076	0.189	0.161	1	0.688	1.079	0.745	1.562	(0.745~1.562)
	상수항	-5.915	0.943	39.345	1	0.000	0.003			

a. 변수가 1: 품질, 이용편리성, 디자인, 부가기능 5번에 입력되었습니다.

❷ Ctrl + V   ❶ Ctrl + C

그림 24-10

5 *OR*값(Exp(B))과 변경한 95% *CI*(95% 신뢰구간) 하한~상한 값도 ❶ 복사하여 ❷ 붙여 넣습니다.

방정식의 변수

		B	S.E.	Wald	자유도	유의확률	Exp(B)	EXP(B)에 대한 95% 신뢰구간		
								하한	상한	
1 단계ª	품질	0.536	0.217	6.071	1	0.014	1.709	1.116	2.617	(1.116~2.617)
	이용편리성	0.402	0.190	4.477	1	0.034	1.494	1.030	2.167	(1.030~2.167)
	디자인	0.687	0.224	9.443	1	0.002	1.987	1.282	3.080	(1.282~3.080)
	부가기능	0.076	0.189	0.161	1	0.688	1.079	0.745	1.562	(0.745~1.562)
	상수항	-5.915	0.943	39.345	1	0.000	0.003			

a. 변수가 1: 품질, 이용편리성, 디자인, 부가기능 단계에 입력되었습니다.

❶ Ctrl + C

❷ Ctrl + V

		B	S.E.
1 단계ª	품질	0.536	0.217
	이용편리성	0.402	0.190
	디자인	0.687	0.224
	부가기능	0.076	0.189
	상수항	-5.915	0.943

그림 24-11

6 *p*값도 ❶ 복사하여 ❷ 붙여넣습니다.

방정식의 변수

		B	S.E.	Wald	자유도	유의확률	Exp(B)	EXP(B)에 대한 95% 신뢰구간		
								하한	상한	
1 단계ª	품질	0.536	0.217	6.071	1	0.014	1.709	1.116	2.617	(1.116~2.617)
	이용편리성	0.402	0.190	4.477	1	0.034	1.494	1.030	2.167	(1.030~2.167)
	디자인	0.687	0.224	9.443	1	0.002	1.987	1.282	3.080	(1.282~3.080)
	부가기능	0.076	0.189	0.161	1	0.688	1.079	0.745	1.562	(0.745~1.562)
	상수항	-5.915	0.943	39.345	1	0.000				

❶ Ctrl + C

a. 변수가 1: 품질, 이용편리성, 디자인, 부가기능 단계에 입력되었습니다.

❷ Ctrl + V

		B	S.E.	Exp(B)	
1 단계ª	품질	0.536	0.217	1.709	(1.116~2.617)
	이용편리성	0.402	0.190	1.494	(1.030~2.167)
	디자인	0.687	0.224	1.987	(1.282~3.080)
	부가기능	0.076	0.189	1.079	(0.745~1.562)
	상수항	-5.915	0.943	0.003	

그림 24-12

7 *B*와 *S.E.*값의 표시를 '0.000' 형태로 동일하게 변경하기 위해, *B*와 *S.E.*값을 모두 선택하여 Ctrl + 1 단축키로 셀 서식 창을 엽니다.

		B	S.E.	Exp(B)		유의확률
1 단계ª	품질	0.536	0.217	1.709	(1.116~2.6:	0.014
	이용편리성	0.402	0.190	1.494	(1.030~2.1(	0.034
	디자인	0.687	0.224	1.987	(1.282~3.0(	0.002
	부가기능	0.076	0.189	1.079	(0.745~1.5(	0.688
	상수항	-5.915	0.943	0.003		0.000

Ctrl + 1

그림 24-13

8 셀 서식 창에서 ❶ '범주'의 '숫자'를 클릭하고 ❷ '음수'의 '−1234'를 선택합니다. ❸ '소수 자릿수'를 '3'으로 수정한 후 ❹ 확인을 클릭해서 소수점 셋째 자리의 수로 변경합니다.

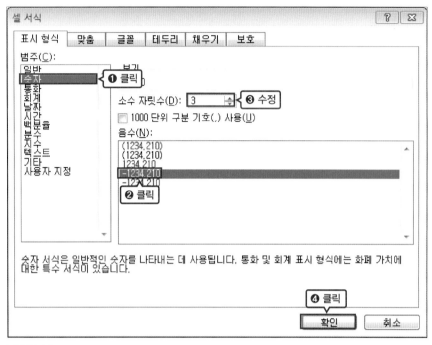

그림 24-14

9 변경해서 옮겨놓은 결과 값에서 '품질' ~ '부가기능'의 *B*, *S.E.*, *OR*, 95% *CI*(95% 신뢰 구간), *p*값을 선택하여 복사합니다.

		B	S.E.	Exp(B)		유의확률
1 단계ª	품질	0.536	0.217	1.709	(1.116~2.6?	0.014
	이용편리성	0.402	0.190	1.494	(1.030~2.1(	0.034
	디자인	0.687	0.224	1.987	(1.282~3.0?	0.002
	부가기능	0.076	0.189	1.079	(0.745~1.5(	0.688
	상수항	−5.915	0.943	0.003	Ctrl + C	0.000

그림 24-15

10 한글에 만들어놓은 로지스틱 회귀분석 결과표에서 B 항목의 첫 번째 빈칸에 엑셀 결과에서 복사한 값을 붙여넣기합니다.

종속변수	독립변수	B	S.E.	OR	95% CI	p
스마트폰 추천	품질	|				
	이용편리성	Ctrl + V				
	디자인					
	부가기능					
$-2LL=$, NagelKerke $R^2=$, Hosmer & Lemeshow test: $\chi^2=$ ($p=$)

그림 24-16

11 셀 붙이기 창에서 ❶ '내용만 덮어 쓰기'를 클릭하고 ❷ 붙이기를 클릭합니다.

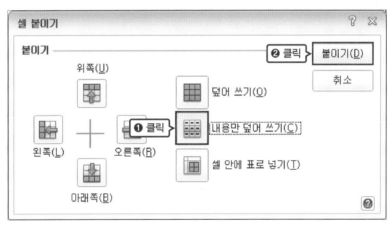

그림 24-17

12 로지스틱 회귀분석 엑셀 결과의 〈모형 요약〉과 〈Hosmer와 Lemeshow 검정〉 결과표에서 **❶** −2 로그 우도(−2LL), **❷** Nagelkerke R 제곱, **❸** Hosmer & Lemeshow 검정의 카이제곱과 **❹** 유의확률 값을 순서대로 한글에 만들어놓은 로지스틱 회귀분석 결과표의 하단으로 옮깁니다.

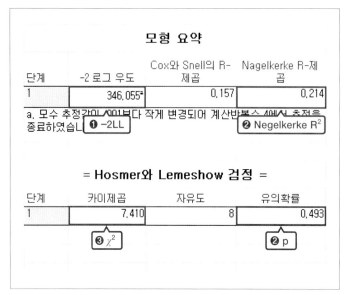

그림 24-18

13 입력한 모든 셀의 글자 모양을 양식에 맞게 변경하면 결과표가 완성됩니다. '품질', '이용편리성'의 유의확률 p가 0.01 이상~0.05 미만이므로 OR값에 ＊표 한 개를, '디자인'의 유의확률 p가 0.001 이상~0.01 미만이므로 OR값에 ＊표 두 개를 위첨자로 달아줍니다.

표 24-2 | 품질, 이용편리성, 디자인, 부가기능이 스마트폰 추천에 미치는 영향

종속변수	독립변수	B	S.E.	OR	95% CI	p
스마트폰 추천	품질	0.536	0.217	1.709*	(1.116~2.617)	.014
	이용편리성	0.402	0.190	1.494*	(1.030~2.167)	.034
	디자인	0.687	0.224	1.987**	(1.282~3.080)	.002
	부가기능	0.076	0.189	1.079	(0.745~1.562)	.688
	$-2LL$=346.055, NagelKerke R^2=.214, Hosmer & Lemeshow test: χ^2=7.410(p=.493)					

* p<.05, ** p<.01

05 _ 논문 결과표 해석하기

로지스틱 회귀분석 결과표에 대한 해석은 다음 3단계로 작성합니다.

❶ 분석 내용과 분석법 설명
"품질, 이용편리성, 디자인, 부가기능(독립변수)이 스마트폰 추천(종속변수) 가능성에 미치는 영향을 검증하기 위해, 로지스틱 회귀분석(분석법)을 실시하였다."

❷ 회귀모형의 유의성, 설명력 설명
Hosmer & Lemeshow 검정의 카이제곱과 유의확률로 회귀모형의 유의성을 설명하고, Nagelkerke R 제곱으로 회귀모형의 설명력을 제시합니다.

❸ 독립변수 유의성 검증 결과 설명
종속변수에 대한 독립변수의 영향이 유의한지를 OR값과 유의확률로 설명하고, 독립변수의 OR값으로 영향력 크기를 설명합니다.

❶ 품질, 이용편리성, 디자인, 부가기능[1]이 스마트폰 추천[2]에 미치는 영향을 검증하기 위해, 로지스틱 회귀분석(Logistic regression analysis)을 실시하였다.

❷ 그 결과 로지스틱 회귀모형은 통계적으로 유의하게 나타났으며(Hosmer & Lemeshow χ^2=7.410[3], p=.493[4]), 회귀모형의 설명력은 약 21.4%[5]로 나타났다(Nagelkerke R^2=.214[6]).

❸ 회귀계수의 유의성 검증 결과, 품질(OR=1.709[7], p<.05[8]), 이용편리성(OR=1.494, p<.05), 디자인(OR=1.987, p<.01)[9]은 스마트폰 추천 가능성에 유의한 영향을 미치는 것으로 나타났다. 품질은 한 단계 증가하면 스마트폰 추천 가능성은 약 1.709배로 증가하고, 이용편리성은 한 단계 증가하면 스마트폰 추천 가능성은 약 1.494배로 증가하며, 디자인은 한 단계 증가하면 스마트폰 추천 가능성은 약 1.987배로 증가하는 것으로 평가되었다. 반면에 부가기능[10]은 스마트폰 추천에 유의한 영향을 미치지 못하는 것으로 나타났다.

1 독립변수
2 종속변수
3 'Hosmer 및 Lemeshow 검정'의 '카이제곱' 값
4 'Hosmer 및 Lemeshow 검정'의 유의확률
5 '모형 요약'의 Nagelkerke R 제곱 × 100
6 '모형 요약'의 Nagelkerke R 제곱
7 '품질'의 Exp(B) 값
8 '품질'의 p값
9 유의한 변수들
10 유의하지 않은 변수

[로지스틱 회귀분석 논문 결과표 완성 예시]

스마트폰 만족도 주요 요인이 스마트폰 추천에 미치는 영향

〈표〉 품질, 이용편리성, 디자인, 부가기능이 스마트폰 추천에 미치는 영향

종속변수	독립변수	*B*	*S.E.*	*OR*	*95% CI*	*p*
스마트폰 추천	품질	0.536	0.217	1.709*	(1.116~2.617)	.014
	이용편리성	0.402	0.190	1.494*	(1.030~2.167)	.034
	디자인	0.687	0.224	1.987**	(1.282~3.080)	.002
	부가기능	0.076	0.189	1.079	(0.745~1.562)	.688
$-2LL$=346.055, NagelKerke R^2=.214, Hosmer & Lemeshow test: χ^2=7.410(p=.493)						

* $p<.05$, ** $p<.01$

    품질, 이용편리성, 디자인, 부가기능이 스마트폰 추천에 미치는 영향을 검증하기 위해, 로지스틱 회귀분석(Logistic regression analysis)을 실시하였다. 그 결과 로지스틱 회귀모형은 통계적으로 유의하게 나타났으며(Hosmer & Lemeshow χ^2=7.410, p=.493), 회귀모형의 설명력은 약 21.4%로 나타났다(Nagelkerke R^2=.214).

    회귀계수의 유의성 검증 결과, 품질(OR=1.709, $p<.05$), 이용편리성(OR=1.494, $p<.05$), 디자인(OR=1.987, $p<.01$)은 스마트폰 추천 가능성에 유의한 영향을 미치는 것으로 나타났다. 품질은 한 단계 증가하면 스마트폰 추천 가능성은 약 1.709배로 증가하고, 이용편리성은 한 단계 증가하면 스마트폰 추천 가능성은 약 1.494배로 증가하며, 디자인은 한 단계 증가하면 스마트폰 추천 가능성은 약 1.987배로 증가하는 것으로 평가되었다. 반면에 부가기능은 스마트폰 추천에 유의한 영향을 미치지 못하는 것으로 나타났다.

에필로그
우리는 어떤 꿈을 꾸는 회사인가?

대학교 시절, 경제적 가치와 사회적 가치를 같이 추구하는 사회적 기업을 알게 되었고, 많은 사회적 기업들이 자립하거나 이윤을 남기지 못하고 망하는 현실을 바라보게 되었습니다. 또한 많은 사회취약계층들이 일자리를 갖지 못하거나 단순 직업에 종사하여 경제가 어려울 때 해고되는 1순위가 되는 현실도 알게 되었습니다. 그때부터 사회적 기업이 시장에서 경쟁력을 가질 수 있는 방법, 사회취약계층이 전문가가 될 수 있는 방법은 무엇인지 고민했습니다.

❶ 데이터분석 사업 모델을 가지고 있는 사회적 기업

회사 설립 목적과 꿈 (1)_ 데이터 분석 기반의 사회적 기업

저희는 처음 장애인 연구를 통해 논문을 접하게 되었고, 연구를 하며 회사를 유지하기 위해 2013년 1월에 회사를 설립하고 '논문통계 컨설팅'이라는 사업을 시작하게 되었습니다. 그리고 2017년 11월에 사회적 기업이 되었습니다. 앞으로 각 사회취약계층의 장애와 열악한 환경이 재능이 될 수 있는지를 분석하고, 그에 맞는 직무 교육을 통해 전문가로 양성하는 소셜벤처를 꿈꾸고 있습니다. 또한 데이터 분석과 머신러닝 알고리즘을 사용하여 사회취약계층에게 적합한 직무와 교육을 제공해주고, 정부 복지사업과 공공 정책의 효율성을 높여주는 의미 있는 일을 하고 싶습니다. 마지막으로 국내에서나 해외에서도 데이터분석과 머신러닝 사업을 하는 사회적 기업은 없는데, 논문통계와 같은 좋은 사업모델을 취약계층 유형에 맞게 계속 개발하여 전 세계적으로 소셜벤처와 사회적 기업의 좋은 롤모델이 되고 싶습니다.

❷ 사회취약계층의 특별함을 연구하고 교육하는 기관 : 히든스쿨

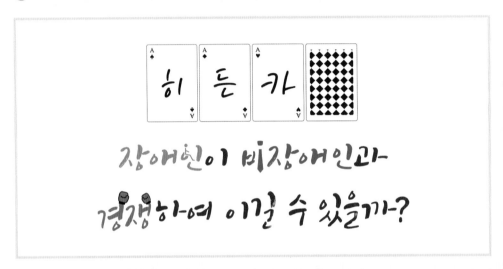

회사 설립 목적과 꿈 (2)_ 사회취약계층을 세상의 히든카드로 만들기

장애인과 비장애인은 서로 경쟁 대상이 아닙니다. 같이 협업해야 하는 동료죠. 하지만 세상은 그렇게 녹록지 않고, 비장애인들도 취업을 하지 못해 많이 힘들어합니다. 국가가 사회취약계층을 지원하는 데는 한계가 있습니다. 그래서 그들이 스스로 자립할 수 있고, 많은 기업에서 그들을 채용할 수 있도록 환경을 만드는 것이 중요하다고 생각합니다. 아직 펴보지 않은 히든카드가 '꽝'이 될 수도 있고, '조커'가 되어서 그 게임을 승리할 수 있게 하는 것처럼, 사회취약계층은 잠재력이 무한한 히든카드라고 생각합니다.

회사 설립 목적과 꿈 (3)_ 장애인 전문가 양성 학교, 히든스쿨

그래서 이들의 재능을 분석하고, 그에 맞는 직무와 연결하며, 그 직무교육을 체계적으로 할 수 있는 커리큘럼을 만들어 전문가를 양성하는 특수 전문 교육 학교, 히든스쿨을 만드는 것이 우리 회사의 꿈입니다. 많은 기도와 응원 부탁드립니다.

우리는 왜 무료 논문 강의를 진행하는가?
https://tv.naver.com/v/2994401

우리는 어떤 꿈을 꾸는 사회적 기업/
소셜벤처인가?
https://tv.naver.com/v/2994499

참고문헌

[1] 김동배, 유병선, 정규형(2012). 노인일자리사업의 교육만족도가 사업효과성에 미치는 영향과 직무만족도의 매개효과. 사회복지연구, 43(2), 267–293.

[2] West, S. G, Finch, J. F., & Curran, P. J.(1995). Structural equation models with nonnormal variables: Problems and remedies, In R. H. Hoyle(Ed), *Structural equation modeling: Concepts, issues, and applications, Thounsand Oaks,* CA: Sage Publications.

[3] Hong S, Malik, M. L., & Lee M. K.(2003). Testing Configural, Metric, Scalar, and Latent Mean Invariance Across Genders in Sociotropy and Autonomy Using a Non–Western Sample. *Educational and Psychological Measurement,* 63, 636–654.

[4] DeVellis, R.F.(2012). *Scale development: Theory and applications.* Los Angeles: Sage. 109–110.

[5] Field, A.P.(2009). *Discovering statistics using SPSS: and sex and drugs and rock 'n' roll (3rd edition).* London: Sage.

[6] 히든그레이스(2013). 논문통계분석방법. blog.naver.com/gracestock_1

[7] 한빛아카데미(2017). 한번에 통과하는 논문 : 논문 검색과 쓰기 전략